U0197551

海洋防污抗菌功能材料

陈守刚 李 文 王 巍等 编著

科学出版社
北京

内 容 简 介

本书结合近年来海洋生物污损机制及防污新技术研究的进展情况，系统介绍海洋生物污损机制及海洋防污涂料的发展方向，重点阐述新型防污剂的表界面调控策略及研究进展。首先通过介绍海洋生物污损的危害及海洋生物污损防治的主要方法，指出目前海洋防污抗菌功能材料研究遇到的重大挑战；然后从氧化亚铜防污剂及低铜化改性、环境友好型碳基功能化防污剂、环境友好型有机类防污剂、抑菌防污智能高分子材料四个方面重点阐述当今海洋防污剂的研究现状及发展趋势；最后总结新型海洋防污剂在防污涂层中的应用及防污涂层最新的构筑方法。

本书面向的读者主要是从事海洋防污新材料研究的科研工作者，同时可作为海洋材料学、海洋化学、环境科学等学科和专业的高校教师与研究生的教学参考用书。

图书在版编目 (CIP) 数据

海洋防污抗菌功能材料 / 陈守刚等编著 . —北京：科学出版社，2021. 10
ISBN 978-7-03-069666-3

Ⅰ. ①海… Ⅱ. ①陈… Ⅲ. ①海洋工程–水工材料 Ⅳ. ①P754. 5

中国版本图书馆 CIP 数据核字 (2021) 第 175669 号

责任编辑：周 杰 王勤勤 / 责任校对：樊雅琼
责任印制：吴兆东 / 封面设计：无极书装

科 学 出 版 社 出版
北京东黄城根北街 16 号
邮政编码：100717
http://www.sciencep.com
北京中石油彩色印刷有限责任公司 印刷
科学出版社发行 各地新华书店经销
*
2021 年 10 月第 一 版 开本：787×1092 1/16
2021 年 10 月第一次印刷 印张：15 3/4
字数：370 000
定价：168.00 元
(如有印装质量问题，我社负责调换)

前　言

21 世纪是海洋的世纪，海洋资源的合理开发与利用关系到国家的安全和长远发展。党的十八大报告首次将"建设海洋强国"提升至国家发展战略高度，明确我国将"提高海洋资源开发能力，发展海洋经济，保护海洋生态环境，坚决维护国家海洋权益"。国家与社会需求是海洋和材料两大类学科交叉融合的动力及必然结果，培养既懂海洋又谙熟材料科学的复合型人才，既是国家海洋战略发展的要求，也是沿海地区经济发展的需要。海洋材料研究有强烈的学科交叉特性，材料研究者需要在海洋这个大背景下研究和制备材料，涉海相关学科对海洋的深入探索和研究也需要特种材料与装备的支持。进入 21 世纪以来，随着人类海洋活动的增加和造船业的快速增长，生物污损危害日渐突出，逐渐成为一个世界性难题，各国政府也高度重视防污材料和防治技术的研发。近年来我国船舶和海洋平台涂料产量与种类虽高速增长，但高端海洋防腐防污涂料还主要依赖进口，尤其是防污剂的环保设计和可控释放已经成为制约防污涂料长效使用性能的制约因素，所以理解海洋生物污损过程及机制、发展新型海洋高效防污抗菌材料具有重要的理论和实际意义。

本书在编写过程中结合近年来海洋生物污损机制及防污新技术研究的进展情况，论述海洋生物污损的过程、生物污损防治过程中需要解决的关键科学问题及海洋生物污损防治措施，并重点阐述近年来海洋防污剂的新成就和新的发展趋势。以往对海洋防污技术的著作大都从海洋防污涂料的角度来介绍，然而海洋防污涂料的关键还在于所添加的防污剂性能，本书针对涉海材料所处环境的特殊性，重点从材料表界面性能调控的角度来介绍新型环保防污剂的研究进展，这也是本书的主要特色。

全书共分六章。第 1 章主要介绍海洋生物污损的危害及海洋生物污损防治方法的发展进程，指出目前海洋防污抗菌材料研究遇到的重大挑战，内容包括海洋生物污损概况、危害、研究方法及发展现状。第 2 章介绍当前应用最为广泛的氧化亚铜基海洋防污剂研究进展，内容包括氧化亚铜防污剂简介、低铜化改性、铜离子控释策略等，以应对海洋防污剂日益严苛的环境友好型要求。第 3 章和第 4 章分别介绍环境友好型碳基功能化防污剂及有机类防污剂，内容包括碳纳米管/石墨烯基功能防污剂及季铵盐、辣椒碱、萜类、蛋白多肽类等有机类防污剂。第 5 章介绍抑菌防污智能高分子材料，内容包括智能响应型高分子材料概述、智能响应纳米胶囊防污抗菌材料、智能响应水凝胶防污抗菌材料概述。第 6 章总结海洋防污抗菌材料在防污涂层中的应用及防污涂层最新的构筑方法。

本书由中国海洋大学材料科学与工程学院陈守刚、李文、王巍等合作编著，陈守刚负责本书的统稿和第 1 章、第 5 章内容的编写，李文负责第 3 章、第 4 章内容的编写，王巍负责第 2 章、第 6 章内容的编写，参与本书撰写的还有郝湘平、魏双、冯荟蒙、马程成、孙天翔、孙丽芳、李世明等。

本书中部分章节所涉及的研究成果是在国家自然科学基金–山东联合基金项目（U1806223）和中国海洋大学教材建设基金的资助下完成的。本书在编写过程中得到科学出版社的大力支持，同时向本书援引参考文献的作者表示诚恳的谢意和致敬。

由于作者水平有限，书中不当之处在所难免，敬请读者批评指正，以便修订时完善。

笔　者

2021 年 5 月

目　　录

|第1章| 海洋生物污损与防治

海洋污损生物（marine fouling organisms）是海洋环境中附着、栖息在船舶和各类海洋工程设施上，引起经济损失、造成安全危害的动物、植物和微生物的总称[1]。随着人类海洋活动的增加及海洋经济产业的快速发展，生物污损危害日渐突出。据不完全统计，每年全世界因海洋生物污损造成的损失多达数百亿美元，因此防污材料和防治技术的研发受到沿海各国政府的高度重视，已成为一个世界性的课题。近年来，纳米材料和环保型树脂涂料的合成技术发展迅速，模拟鲨鱼、海豚等动物表皮结构研发的仿生型纳米材料及含有绿色防污剂、主链可降解的高分子涂料被相继合成，并已初步应用于生物污损防治领域。这些体现生态、环保理念的防污材料受到学界的广泛青睐，是目前研发的重点。本章以海洋污损生物为对象，简要介绍海洋生物污损的过程、黏附机制及对船舶、工业设施和渔业养殖设施的危害，重点总结新型环保海洋防污涂料的最新研究成果，并探讨涂层的结构和表面性质与生物黏附之间的关系，旨在为防污涂层的合理设计、性能的优化提供借鉴，促进海洋生物污损防治技术的发展。

1.1　海洋生物污损概况

1.1.1　海洋污损生物简介

海洋污损生物根据其生物学特征，可以分为动物类、植物类和海洋细菌类。动物类海洋污损生物主要有藤壶、贻贝等，植物类海洋污损生物主要有石莼、硅藻等，如图 1-1 所示。

根据国内外目前对海洋污损生物的研究，海洋污损生物具有以下生态特点：

1）种类多且种类附着季节的变化而不同，具有全年附着的特点。生物种类涉及藻类、腔肠动物、苔藓虫、环节动物、软体动物、海鞘类、海绵动物、涡虫、棘皮动物等。

2）群落结构、形态复杂，在达到污损生物顶级群落后，常形成彼此重叠附着的多层污损生物。

3）在开阔水域，污损生物种类多、生长快、生物量大；在入海口盐度低的海域，附着量较少。

4）在空间上，污损生物分布表现出垂直分层现象。在时间上，污损生物全年附着，但是有明显的季节变化，一年中常出现两个附着高峰。夏秋季节附着种类和生物量较多，春冬季节较少。

5）幼虫发育期较长的种类，可以被海流长距离挟带到栖息空间和饵料供应等竞争压力较小的地方附着，并迅速发展成该地区生物群落的优势种，如牡蛎。

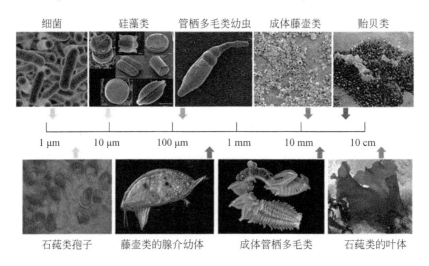

| 细菌 | 硅藻类 | 管栖多毛类幼虫 | 成体藤壶类 | 贻贝类 |

| 1 μm | 10 μm | 100 μm | 1 mm | 10 mm | 10 cm |

| 石莼类孢子 | 藤壶类的腺介幼体 | 成体管栖多毛类 | 石莼类的叶体 |

图 1-1　附着污损生物群落的构成和尺寸

1.1.2　海洋生物污损的主要过程

海洋生物污损附着在人工设施基材表面是一个非常复杂的过程，国内外也进行了很多研究工作[2,3]。一般来说，海洋生物污损过程包括四个阶段，如图 1-2 所示。

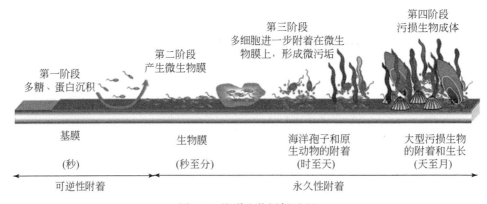

第四阶段
污损生物成体

第三阶段
多细胞进一步附着在微生物膜上，形成微污垢

第二阶段
产生微生物膜

第一阶段
多糖、蛋白沉积

| 基膜 | 生物膜 | 海洋孢子和原生动物的附着 | 大型污损生物的附着和生长 |
| （秒） | （秒至分） | （时至天） | （天至月） |

| 可逆性附着 | 永久性附着 |

图 1-2　海洋生物污损过程

1）第一阶段，当干净的基材放入天然海水后，基材的表面会迅速通过物理吸附附着上蛋白质、多糖和脂类等有机物与一些无机物，形成一层"基膜"（basement membrane），且这层膜可在数秒内生成。

2）第二阶段，数小时内，细菌和硅藻等微生物将迅速在基膜表面进行附着生长。附着生长过程中，这些微生物分泌胞外聚合物（extracellular polymeric substance，EPS），以蛋白质、多糖为主，增强了微生物的附着强度。这个阶段基材表面有机物、微生物及其胞外分泌物和代谢产物等混合形成了一层"生物膜"（biofilm）。这种黏附是可逆的，因为仅形成弱的非共价相互作用，如范德瓦耳斯力（又称范德华力）、静电力和酸碱力。然后细菌通过细胞外物质和胞外聚合物不可逆地锚定在表面上。随着细胞分泌物的不断积累，在最佳条件下生物膜可以发展为宏观尺度几米的成熟阶段。

3）第三阶段，由第二阶段产生的宏观生物膜可为其他多细胞生物（如大型藻类的孢子）的生长提供足够的营养物质，进一步促进生物膜的发展，通常将这一阶段称为微污垢（黏液）阶段。

4）第四阶段，硬壳污损生物（如藤壶等和形体较大的海藻等）附着生长。这类大型污损生物的繁殖与生长往往依赖于基膜和生物膜，但基膜和生物膜并非大型污损生物附着的必需条件。大型污损生物包括大型藻类、刺胞动物、软体动物、藤壶类、苔藓动物等。

1.1.3　影响海洋生物污损过程的因素

无论是海洋生物污损过程调节膜的初步形成过程，还是初始附着过程，附着基底表面的表面能及粗糙度等因素都会影响小分子或细菌的附着过程。此外，海水流速及海水中的营养物浓度和细菌的浓度等因素也会对这两个过程产生一定的影响；对于二次附着过程，海水的温度、pH及盐度等因素会影响多细胞污损生物的物种类别和浓度；对于三次吸附过程，吸附的藻类、太阳辐射强度及海水中的CO_2含量等因素也会对藻类的生长有较大的影响。

通过简单分析各个附着过程中的影响因素，影响海洋生物污损过程的非生物因素可归结为两大类：海水理化因素和基体表面因素。海水理化因素[4]主要包括温度、盐度、含氧量、海水流速、pH及海水压强等因素。这些影响因素都可以随着时间和空间的变化而变化。基体表面因素主要包括基体的表面能[5]、粗糙度[6,7]及其他因素。

（1）海水理化因素

1）温度。温度无疑是影响生物生长最重要的参数之一。海水表面的平均温度随着纬度的不同而变化，从极点的−2℃到赤道的28℃，有时局部地区可以达到35℃。在季节性变化较为明显的地区，低温时，许多物种的生长发育和繁殖较为缓慢，在温暖的几个月才能进行必要的生长繁殖，这段时期，生物污损就较为多发；相反，在热带海洋地区，温度变化较小，生物的生长会全年不断，生物污损一直持续存在。

2）盐度。不同海域、不同深度海水的盐度是不同的。公海海水的含盐量较为稳定，盐度基本维持在33‰~38‰（质量分数，下同）；由于没有表面蒸发和降水的影响，深度超过4 km海水的盐度稳定在34.6‰~34.8‰；而近海岸环境的盐度受到淡水流入和高蒸发量等因素的影响，波动范围较大。大多数常见的海洋污损生物的生长都会受到盐度的影响，一般来说，盐度越低，这些生物的生长速度越缓慢，但也有少数微生物（如苔藓虫）更偏向在低盐度环境中生长。

3）含氧量。海水中的溶解氧来源于大气中氧气的溶解和海水中植物光合作用的释放。

海水中的溶解氧除了在垂直方向上的含量不同外，在区域分布上由于受海洋环流以及与海岸的距离影响，各区域的含量也不同。此外，在相同区域内，海水含氧量也随季节变化而存在周期性变化，如渤海每年夏季由于温度较高，藻类植物光合作用效率降低，其他生物由于生长繁殖需要消耗大量氧气，造成短时间内海水中含氧量骤降，甚至影响到海洋生物及人工养殖水产生物的生长发育。一般来说，海水中含氧量越高，越有利于污损生物的生长及附着过程。

除上述提到的因素外，太阳辐射强度、海水流速、pH及海水压强等因素也会影响海洋生物污损过程。太阳辐射强度的强弱会影响海水中藻类等植物的光合作用，进而影响区域内的含氧量及营养物质的浓度。底栖生物的传播和扩散主要凭借其幼虫在水体中被动传送，因此海流状况将对其传播和分布范围起决定性作用，进而对污损生物的附着分布产生一定影响。通常情况下，海水流速的变化也会引起生物污损程度的变化。在静态条件下，船舶基体表面的生物污损情况要比动态情况下的生物污损严重，即船舶在行驶过程中，生物污损情况要远低于停泊状态。海水偏碱性，天然海水的pH一般稳定在8.0～8.3，具体变化受海水与大气之间的CO_2交换动态平衡影响，海水中CO_2的浓度直接影响藻类等植物的光合作用速率。海水压强对生物污损的过程也有一定影响，但是对于船舶等海水表层人工构筑物，海水压强对生物污损过程影响并不明显。

（2）基体表面因素

1）表面能。所有物质表面均具有表面能，物质表面能势差决定了水能够从一个物体表面自动延伸（润湿）至其他相邻物体表面，表面能越高，越利于吸附、黏附和润湿。海洋生物喜欢吸附于粗糙的表面上，即具有向触性[8]。随着基体表面能的增加，细菌的吸附能力有可能减少或增加，这主要取决于细菌类型、基底的物理或化学性质，以及海水溶液的性质。研究表明，受表面能的影响，生物污损的主要表现形式有三种：苔藓虫优先在低能（10～30 mN/m）的表面固定，藤壶优先在高能（30～35 mN/m）的表面固定，而水螅虫则偏向于与自身表面能相等的表面固定。尽管相关研究至今还存在很大的争议，但从一些研究结果中不难发现，调节膜的形成可能会对海水中基体表面的物理化学性质产生一定影响。

2）粗糙度。一般来说，基底表面粗糙度的增加会加大生物污损的可能性。海洋生物污损过程的第一步为调节膜的形成，调节膜的形成一定程度上受到海水流速的影响。表面粗糙度的增加，会减小基底凹陷及缝隙区域的海水流速，从而为蛋白质、多糖等营养成分的附着提供吸附位点，促进调节膜的形成。然而，也有研究表明，生物污损程度并不会随着表面粗糙度的增加而一直加重，Kerr和Cowling[7]通过研究不同粗糙度的316 L不锈钢与海洋细菌生物污垢积累的影响，得出表面粗糙度值为10 nm左右时，生物污垢会更容易积累。

（3）污损生物的固有特性

形态结构和生活习性也是影响污损生物附着的一个重要因素。污损生物附着和生长受不同海域的环境条件和季节变化影响，呈现出多样性的特点。不同海域污损生物调查研究结果表明，不同海域污损生物种类是不同的。例如，我国平潭岛东北部近岸海域污损生物的优势种为网纹藤壶、大室别藻苔虫、三角藤壶和中胚花筒螅，以及自由生活的镰形叶钩虾和齿掌细身钩虾[9]等，而青岛中港的污损生物种类主要有被覆型苔藓虫、草苔虫、柄海鞘、玻璃海鞘、石莼、藤壶等，优势种为苔藓虫、柄海鞘[10]。此外，污损生物生长受当地环境及气候条件影响，同一种污损生物附着的高峰期不同。平潭岛沿岸污损生物附着盛期为 6~8 月，洋山港污损生物附着盛期为 6~10 月[11]，厦门沿海一带污损生物附着盛期为 3~7 月[12]，三亚一带几乎全年都有污损生物附着[13]。

（4）其他因素

除上述因素外，污损基底的颜色及表面化学成分也会影响海洋生物污损过程。海洋生物污损过程是由海洋污损生物、污损基底及海水环境共同作用的复杂过程。不同污损生物的优先附着性不同，具体影响因素将在 1.2 节进行详细阐述。

1.2　海洋生物污损的危害

1.2.1　海洋生物污损对船舶的危害

船舶处于海洋环境中，其水下部分除受海水强烈的电化学腐蚀外，还受海洋生物附着的污损。许多海洋生物和微生物都吸附于船底或其他金属结构表面，并生长和繁殖。特别是在温暖的海域和春夏两季，这些有害生物迅速生长繁殖，导致污损特别严重。这些海洋生物能破坏金属表面防腐蚀保护层（如漆膜脱落），加速金属结构的局部腐蚀。而有些附着海洋生物本身就对金属有腐蚀作用，这些腐蚀同样降低船舶的使用寿命。众所周知，对营运中的船舶来说，随着营运时间的增加，船舶航速会逐渐降低。这是由海水腐蚀、海洋生物侵蚀和附着而造成船体浸水表面粗糙度增加的结果。船体表面粗糙度增加引起船体摩擦阻力增加，在主机功率不变的情况下，降低航速，欲保持原航速则燃料消耗增加。无论哪种情况，都大大降低了船舶营运的经济性。因此，防止海水腐蚀和海洋生物污损已成为防腐蚀科学的重要研究内容，具有重要的经济意义和实用价值。

海洋生物污损对海洋中航行和作业的各种船舶危害极大，主要包括以下几个方面。

1）增加船舶重量。海洋污损生物附着在船体表面，增加了船舶的自身质量，一艘水下面积 40 000 m² 左右的大型远洋船舶船体表面若生长了污损生物，在半年内的附着量即可达到 150 kg/m²，污损生物总量将达到 6000 t。据调查，琼州海峡浮标底部的污损生物每年达 57 kg/m²，厦门港浮动码头历时 5 年清除出污损生物约 14 t。

2）增加船舶航行阻力。海洋污损生物大量附着会降低船舶航速，增加耗油量，增加入坞次数和时间，既影响设备，又加重经济负担。巨大的附着量改变了船体流线型结构，螺旋桨推进效率降低，航行阻力大幅增大，从而增加了燃油消耗和二氧化碳、二氧化硫等温室气体的排放。

3）影响水下设备性能。海洋污损生物附着在舵板、声呐等仪器和设备上（图 1-3），导致仪器和设备失灵，出现噪声增大、声呐受到干扰等故障现象。据报道，海洋污损生物的厚度每增加 1 in①，会降低声波发射率 3 dB，使波形发生变化。藤壶和其他污损生物（如鼓虾）的噪声对声呐会产生直接干扰。我国乳山白沙口潮汐发电站建于 1970 年，未进行防污处理，运转至 1972 年因大量藤壶附着阻塞叶轮和主轴而不能运转。

图 1-3 海洋生物污损对船舶的危害

4）加速金属腐蚀。藤壶在生长过程中常破坏金属表面的保护层，其代谢产物会改变周围海水的 pH，破坏电化平衡，促进离子交换，加速金属腐蚀，甚至对不锈钢也能产生很大的影响，常在其基底和试板表面间产生裂隙腐蚀。例如，美国在加利福尼亚州怀尼米港（Hueneme）的实验证明，去除在蒙乃尔合金上生长 24 个月的藤壶后，其下面出现 10～37 mm 的腐蚀凹陷。

5）堵塞管道。海洋污损生物附着在船舶通海管路和海底阀门内壁，会导致管道堵塞和阀门失效。船只和工厂冷却系统中污损生物不断生长会使管道口径减小，污损生物脱落时又会堵塞阀门。沿海的原子能发电站，常因污损生物危害而停工检修，造成极大损失。例如，日本鹤见第二火力电子能发电站在长 20 m 的管道里清除出污损生物 190 t，紫贻贝 2.5 亿个。山东威海电厂由于贻贝附着，管径从 310 mm 减小到 20 mm，使通流面积减少了 58%，有时又因贻贝脱落，堵塞冷凝铜管而被迫停电。青岛红旗冷藏厂直径 350 mm 的管子，一年后被堵塞只剩下一条小缝。

6）影响军事作战。海洋污损生物的生长常使水雷及防潜栅网的重量增加，致使其定深位置变移而失去战斗力。触发性水雷上有污损生物会使引信失效，失去战斗作用，更严重的是，敌人可利用海洋污损生物的种类及其地理分布和生长，判断舰艇的活动情况。

——————————

① 1 in=2.54 cm。

7）对水产业的危害。藤壶与牡蛎、贻贝等养殖贝类有相同的生态习性，因此常与之争夺附着基及饵料，使珍珠贝的钙代谢异常，珍珠质量下降。污损经济藻类降低其商品价值。污损渔具，不利于操作，堵塞定置网，导致渔获量下降等。

总之，严重的生物污损将迫使舰船提前进坞以清除污损生物，这会严重影响舰船服役与战斗力，并造成巨大经济损失。

污损生物造成的经济损失主要包括：①燃油消耗增加导致燃料费用增加；②清除污损生物和旧涂层，重新涂装船底防锈防污涂料所带来的涂料和涂装费用等。这些费用中，燃油消耗增加造成的损失占较大比例。美国海军学院的统计研究表明[14]，DDG-51 级驱逐舰的污损率达到 30% 时，每艘舰燃油消耗约增加 10.3%，燃料费用约增加 115 万美元；而污损率增加至 70% 时，燃料费用呈急速增加趋势。该型舰因生物污损造成的经济损失每年达到 5600 万美元。

船舶污损生物的适生区主要包括螺旋桨、螺旋桨轴、海水吸入箱、海水吸入口格筛、艏侧推器、减摇龙骨、锚、锚链和锚链舱、海水吸入和排放口、舵、舵杆及船坞墩木剥落防污漆的位置。在这些适生区，有的是由于位置比较隐蔽，无法施涂防污漆或防污漆没有经过良好的打磨；有的是防污漆由于机械操作、紊流等过早受到磨损、破坏或腐蚀，上述这些位置尤其适合污损生物生长。

污损生物的种类、数量及其造成的危害程度与以下因素有关：①是否施涂了防污底漆及其质量和施涂水平；②防污底漆的使用时间、类型、与船舶运行状况的匹配性和防污底漆的状况；③水线高度及适生区的位置；④在码头和锚地的停泊时间；⑤地理位置和环境状况；⑥清除污损生物操作。

1.2.2　海洋生物污损对工业设施的危害

近年来，随着工业的高速发展，工业用水的需求量亦逐年增多。特别是在经济发达的沿海城市和地区，淡水资源危机问题日趋紧迫。人们在寻求各种解决淡水危机途径的同时，对海水资源比以往更加关注。海水作为水资源的利用，已有近百年的发展历史。国外许多拥有海水资源的发达国家都大量采用海水作工业用水，且主要是作工业冷却用水；其应用领域主要分布在电力、钢铁、化工、能源（石油、煤炭）、建材、有色金属和食品七大行业，海水使用量占总取用量的 99% 以上。

1980 年日、美两国统计数字表明，城市用水中 80% 以上是工业用水（美国 86%、日本 91%），工业用水中 80% 以上是工业冷却用水（美国 86%、日本 82%）。据预测，2000年日本海水取用量约 3000 亿 m³，而我国海水取用量仅有 141 亿 m³ 左右，可见差距之大[15]。

随着社会的不断发展，在我国国民经济迅速发展的今天，我国海洋工程设施也不断增加，包括滨海电厂、石油平台、港口码头、大型船舶、海底输油输水管线等大型固定和移动设施设备。这些设施设备通常整体或部分处于海水潮间带或海水全浸区环境中，在该环境中，它们会遭受到微生物腐蚀和生物污损的侵蚀破坏。

海洋生物污损对工业设施的危害主要表现在以下三个方面。

1）海洋污损生物第一大显著危害是增加构筑物的载荷。污损生物在海水中的工业基础设施进行附着和大量繁殖，随着附着面积和附着厚度的增加，构筑物的载荷也随之增大。例如，石油平台、港口码头等大型固定设施，一般生物污损附着厚度能达到5 cm，在我国南海等热带、亚热带地区，附着厚度甚至达到10 cm，一般来说这些大型固定设施的海水接触面积较大，总的生物附着质量估计达百吨，严重影响构筑物的安全。对于移动设施（如大型船舶）来说，污损生物的大量附着也会增大船舶的载荷，此外，水下船体粗糙的附着表面也会显著降低船舶的水动力性能。据估计，由于生物污损的影响，船舶的额外耗油占8%以上，仅2007年，世界航运业因生物污损而多消耗的燃油损失就达196亿美元。

2）海洋生物污损的另一危害表现在降低管道内壁的有效直径。管道内壁有效直径的降低对滨海电厂、滨海化工厂的海水冷却管道及海底输油输水管线有着重大影响[16]。对于内径较大的海底管道，几厘米内的生物污损厚度影响可能不大，但是增加了管道运输及管道维护的成本；而对于内径较小的海底管道，生物污损的厚度影响就较为显著了。据有关研究[17]，深圳市东江水源工程长距离输水管涵内壁，连续2~3年不清洗，内壁污损生物会降低有效管径的5%，同时污损生物自然死亡脱落下来的贝壳，会在管道转折处或分水口大面积沉降，造成管道堵塞。

3）海洋生物污损对工业设施危害的其他行为表现在污损生物对设施进行生物腐蚀（图1-4），降低设施的使用寿命。生物腐蚀中最具代表性的为硫酸盐还原菌（sulfate

图1-4　海洋污损生物对工业设施的危害（桥梁、核电站）

reducing bacteria，SRB）的厌氧腐蚀活动，SRB 会对钢铁腐蚀造成严重的破坏，导致腐蚀加速、局部腐蚀穿孔等现象，严重影响海底管道及其他设施。对于其他大多数污损生物，在生长繁殖过程中，都会分泌一些生物酸及其他的有机物质。此外，大量的污损生物会消耗水中的溶解氧，而其代谢的产物也会对附近区域内海水的 pH 造成影响。这些由污损生物改变的海水环境条件或多或少会影响到海水设施局部的腐蚀环境，对海水设施的寿命产生影响。

1.2.3 海洋生物污损对渔业养殖设施的危害

相对具有几千年历史的船舶制造业而言，海洋渔业养殖属于一种新兴产业。随着野生鱼类捕捞量的下滑，渔业养殖产量在第二次世界大战结束后稳步增长，特别是在 20 世纪 60 年代后，网箱养殖技术在海洋渔业养殖中得到极大推广，渔业养殖已成为世界食品经济中增长最快的部分。据联合国粮食及农业组织（Food and Agriculture Organization of the United Nations，FAO）《2018 年世界渔业和水产养殖状况》统计，2016 年全球水产养殖产量为 1.102 亿 t，其中包括 5410 万 t 鱼类、1710 万 t 软体动物和 3010 万 t 水生植物，总价值达 2435 亿美元。据估计，在 2025 年前，水产养殖产量将超过野生海产品捕捞量。目前，生物污损是海水养殖高效率生产及可持续生产的主要阻碍因素[18]，如图 1-5 所示。据估计[19]，生物污损治理的直接经济成本占总生产成本的 5% ～10%，另有其他间接经济影响并未得到充分的评估统计。

图 1-5 海洋污损生物对渔业养殖设施的危害

有研究通过对局部海域养殖区的污损生物物种调查分析发现[20,21]，对养殖网箱污损的生物有几十种。其中，优势物种为藤壶、苔藓虫及钩虾等。各物种含量都随着季节的变换而变化，如藤壶每个月都会有附着，但在7～8月达到附着高峰；苔藓虫的附着盛期则在8～10月。这些污损生物不仅会对养殖设施造成危害，且造成一定的经济损失，也会对养殖产物造成损害。

（1）生物污损对贝类养殖的危害

一方面，污损生物在养殖网箱等养殖设施上大量附着，很大程度上增加了养殖设施的重量，进而增加了浮力与锚定系统的成本；另一方面，有个别的钙质污损生物会对贝类生物的贝壳进行污损附着，虽然一定程度上不会影响贝类的正常生长繁殖，但会影响贝类的美观，导致产品贬值。此外，也有研究表明，由于食物、氧气及其他资源的激烈竞争，贝类水产养殖中的生物污损会降低贝类生物的适应性，具体表现在质量生长方面。

（2）生物污损对鱼类养殖的危害

生物污损对鱼类养殖的危害主要表现在水产养殖中网箱和其他基础设施重量的增加与寿命的减少，此外严重的生物污损可能会导致网箱堵塞，限制箱内外水体交换，影响箱内外水体的含氧量、营养物质以及鱼类产出的废弃物的交换平衡，降低有效的养殖密度和产率。污损生物除了附着于网箱对鱼类生长进行间接影响外，还有部分污损生物可能会对鱼类进行直接损害，如带有线虫囊的污损生物会直接损伤鱼的鳃和皮肤。

（3）生物污损对藻类养殖的危害

生物污损对藻类养殖的危害主要表现在污损生物与养殖的藻类物种进行光、空间及海水中溶解养分的争夺，Marroig和Reis[22]通过研究生物污损对卡帕藻光合作用的影响发现，生物污损的存在，会显著减少藻类接收到的太阳辐射，导致藻类维持较低的光合速率。另外，生物污损的存在，会增加养殖海藻的重量，使其易于破碎和脱落，从而降低藻类养殖的收集效率。

综上所述，生物污损对不同类型的水产养殖都存在危害，直接或间接危害养殖物种的产量及质量。

1.3　海洋生物污损的研究方法

在海洋生物污损研究中，附着在材料表面微生物的种类和数量一直是污损研究工作者关注的问题。微生物学中的一些研究手段可以用来解决这些问题，这些研究手段可分为微生物培养法和直接检测技术两大类。

1.3.1　微生物研究方法

（1）微生物培养法

在微生物污损研究中，大多数实验是在有微生物生长的培养基中进行的。可以通过将少量的液体样品或含有固体样品的悬浊液加入到含有营养物质的溶液中培养微生物，这样的少量悬浊液称为接种体，含有营养物质的溶液称为培养基。这种培养技术的优点是敏锐，使用少量微生物很快就可以培养出大量可用于实验的微生物。在有大量微生物存在的培养基中可以进行各种污损实验，通常实验是在不流动的培养基中进行的，但应当注意实验过程中时间和条件的控制，以防止培养基中微生物种类和数量在实验期间发生变化。但是，微生物培养法很难模拟出微生物实际生存的环境，所以在配制培养基时培养基组成要与微生物实际的生存环境相似。通过控制所采集接种体的量以及所用培养基的种类，可以最大限度地减少微生物培养法的固有缺点。微生物培养法可以提供大量实验所用的微生物，如果需要对微生物进行种属鉴定，还需要进行一系列的生理和生化实验，生物学的聚合酶链反应（polymerase chain reaction，PCR）、凝胶电泳和DNA序列测定等技术也经常用到。

微生物培养法不仅能够培养出含有大量微生物的介质以研究材料的污损，而且还能对介质中微生物的数量进行计数。微生物污损中最常用的计数方法包括CFU（colony forming units，平板菌落计数）法和MPN（most probable number，最大可能数）法。

CFU法是对固体培养基上菌落进行计数，而一个菌落代表由一个单细胞繁殖而成。计数时，先将待测样品进行逐级稀释，再取一定量的稀释菌液接种到固体培养基的表面，在一定条件下培养后统计菌落数目即可换算出样品的含菌数。CFU法是对好氧体系中微生物计数的最常用方法。对厌氧微生物的计数主要用液体培养基，这利于除去氧气，其中最常用的就是MPN法。在微生物污损研究中，MPN法主要用于SRB等厌氧菌的计数。

平板菌落计数法，如图1-6所示。

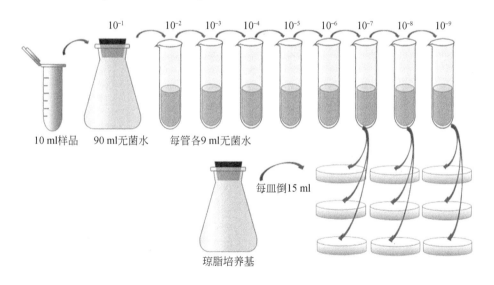

10^{-1} 10^{-2} 10^{-3} 10^{-4} 10^{-5} 10^{-6} 10^{-7} 10^{-8} 10^{-9}

10 ml样品   90 ml无菌水   每管各9 ml无菌水

每皿倒15 ml

琼脂培养基

图1-6　平板菌落计数法示意

液体培养基的配置：分别称取0.5 g蛋白胨、0.25 g氯化钠、0.25 g酵母提取物于50 ml超纯水中，充分搅拌，待其溶解后将其置于灭菌锅中，在121 ℃下高温高压灭菌30 min。

细菌的活化：将 50 μl 菌液从无菌超净台中转移到灭菌后液体培养基中，随后置于摇床中，在 37 ℃、100 r/min 下培养 18 h。

菌种的转移：将上述步骤中培养好的菌液取出，按一定比例用液体培养基稀释后，将一系列不同浓度的材料体系按一定的体积加入到培养好的稀释菌液中，随后置于摇床中，在 37 ℃、100 r/min 下培养 18 h 后取出，用于平板菌落计数。

平板菌落计数：将上述中培养好的待测样品取出，用 0.9% 的生理盐水梯度稀释 10^4 倍后，取 20 μl 样品置于营养琼脂配成的固体培养基中，用三角刮刀均匀涂抹，至表面干燥且没有划痕，随后将培养皿放入恒温恒湿箱中。在 37 ℃、65% 相对湿度下培养 18 h，取出后用菌落计数仪计数，用式（1-1）计算抑菌率：

$$抑菌率 = (空白样品菌落数 - 样品菌落数)/空白样品菌落数 \times 100\% \qquad (1-1)$$

（2）直接检测技术

直接检测技术可以获得材料表面微生物膜中微生物数量和种类的信息，结合现代显微镜技术还能观察到其在微生物膜中的分布。直接检测技术包括对微生物膜中三磷酸腺苷（adenosine triphosphate，ATP）含量测定法、核酸探针和接触酶测量法等。

1）ATP 含量测定法。ATP 是生物体内的主要能量来源。测定微生物体内的 ATP 是一种快速、灵敏地检测单位体积液体环境或面积中活性微生物数量的方法，这种方法在水生微生物学中经常用到。其原理是荧光素酶以荧光素、ATP 和氧气为底物，当 Mg^{2+} 存在时，将化学能转化为光能。ATP 既是荧光素酶催化发光的必需底物，也是所有生物生命活动的能量来源。在荧光素酶催化的发光反应中，ATP 在一定的浓度范围内，且其浓度与发光强度呈线性关系。研究表明，各生长期的细菌均有较恒定水平的 ATP 含量。因此，提取细菌的 ATP，利用生物发光法测出 ATP 含量后，即可推算出样品中的含菌量。生物发光法无需培养，操作简便、灵敏度高，在短时间内即可得到检测结果，因此具有其他微生物检测方法无可比拟的优势。实验前，首先将微生物膜分散在无菌的溶液中，当细胞外有 ATP 存在时，可先测得此时 ATP 含量，然后向试样中加入使细胞内核苷释放出来的试剂，此试剂可使 ATP 分解酶失去活性，此时测得的 ATP 含量为总含量。总含量减去开始测定的含量即细胞内 ATP 的含量。此方法测定速度快，但对试剂和仪器有一定要求，所以不适合在野外进行。

2）核酸探针。随着生物技术的飞速发展，在分子生物学中经常用到的荧光原位杂交（fluorescence in situ hybridization，FISH）技术也被引用到微生物污损研究中来。荧光标记核酸探针在微生物生态研究中应用较多，它可以灵敏地原位分辨我们所感兴趣的微生物种类。在每个活细胞中存在着大量的 5S、16S 和 23S，其中 16S 可以不通过培养而直接从所研究微生物中获得并能提供足够的遗传信息。此外，现在有许多关于 16S 的数据库。因此，以 16S 为目标进行的杂交有着比其他分子杂交更大的优势。荧光标记核酸探针就是经过设计，以细胞中 5S、16S 和 23S 为目标进行杂交的一种核酸。寡核苷酸探针因可以快速方便地合成而得到广泛应用。寡核苷酸上可以连接荧光物质或其他生物素，这样就可以在激发光照射下通过显微镜对其发出荧光进行观察。技术的操作通常是对微生物试样进行固定等处理，然后在一定条件下杂交，最后洗去核酸探针并进行显微观察。荧光标记 RNA

探针技术不能对所有微生物进行检测，只能对数据库中已有种类进行检测。原位杂交技术操作比较复杂，对实验人员，尤其是非生物背景的实验工作者操作水平要求较高。

3）接触酶测量法。通过测定微生物膜或环境中酶的含量也可以获得微生物数量的信息。一种称为 bioreporter 的荧光物质被用来计数浮游或黏附在基体表面的微生物量。该荧光物质可以和微生物体内的某些酶，如脱氢酶发生反应，使荧光物质的荧光强度发生变化。微生物发生反应后的荧光强度和反应前的荧光强度的比值被用来判断微生物的活性。微生物的活性和荧光强度的比值是成比例的。该方法可以用来监测水体中或附着在工业系统中微生物活性的变化，以便及时向水体中添加灭菌剂。一种名为 L-leucine-β-naphthylamide 的非荧光物质被用来分析附着的微生物膜，样品中的胞外蛋白质水解酶可使这种非荧光物质释放出发荧光的萘胺，而荧光强度又与微生物量呈线性关系，这种方法被用来分析防污剂诱导细菌产生的氧化应激产物（reactive oxidative species，ROS）的生成量。ROS 是生物体有氧代谢产生的一类活性含氧化合物的总称，ROS 主要包括过氧化氢（H_2O_2）、超氧阴离子自由基（$\cdot O_2^-$）、羟基自由基（$\cdot OH$）等。

1.3.2 密度泛函理论计算方法

近年来，基于密度泛函理论（density functional theory，DFT）发展起来的第一性原理计算也被应用到海洋生物污损研究中。第一性原理方法（first-principles method）又称从头算法（ab-initio method），它将多原子体系当作由电子和原子核构成的多粒子系，用量子力学中的基本原理，在不引入任何实验参数情况下对多原子体系进行处理，其困难之处在于如何处理原子中的多电子体系计算问题。DFT 为解决这一问题提供了简便高效的途径，其是一种用于研究多原子体系电子结构的计算量子力学建模方法。根据有关分子结构和结合能的计算结果，DFT 可以为分子间和分子内相互作用提供准确的预测。DFT 使复杂的电子波函数及相应的薛定谔方程化为简单的电子密度函数 $\rho(r)$ 及其对应的计算体系，为化学和固体物理中的电子结构计算提供了一种新的途径。采用 DFT 计算固体材料的能带结构已经成为一种成熟方法，在无机防污剂及新型氧化亚铜基防污剂的设计中显示出了越来越重要的作用。

氧化亚铜（Cu_2O）是一种 p 型直接带隙半导体，Yang 等[23]利用基于 DFT 的第一性原理计算对 Cu_2O-Ag 防污剂的电子结构和光学性质进行了理论研究，探索了 Cu_2O 和 Cu_2O-Ag 产生 ROS 的机理。Cu_2O 的电子跃迁传输过程中，激发能主要促进 H_2O_2 的形成，其具有氧化作用和杀菌作用。因此，Cu_2O 通过在 ROS 光催化杀菌过程中生成 H_2O_2 来提供杀菌功能。但是，对于 Cu_2O-Ag 来说，激发能主要促进 $\cdot O_2^-$ 形成，$\cdot O_2^-$ 在前文提到的三种 ROS 组分中氧化性最强，因此 Cu_2O-Ag 具有更好的杀菌性能。同时通过第一性原理计算得出，Cu_2O-Ag 的窄带隙有助于光生电子的传输，也有效地避免了光腐蚀。

新型 2D 材料 MXene 的结构通式为 $M_{n+1}X_nT_x$，其中 M 代表早期过渡金属，X 代表碳或氮，T 代表表面端基（—OH、—F 和＝O）。MXene 已与各种半导体（如 TiO_2 和 g-C_3N_4）耦合形成异质结，从而促进光生电子-空穴的分离并改善光催化反应的光吸收。通过引入肖特基异质结以生成内建电场，这已被认为是改善载流子分离的有效策略。Ti_3C_2具有出色的金属导电性，因此可能在 Ti_3C_2–半导体界面处形成肖特基异质结。同时，Rasool 等[24]发现 Ti_3C_2 纳米片具有出色的抗菌活性，可在不到 3 h 的时间内显著破坏细菌细胞，并导致 DNA 在细胞中释放，然后细菌细胞分散。因此，可以选择具有抗菌效果且与 MXene 偶联的半导体用于光催化抑菌应用。在这方面，可以设计基于 Ti_3C_2 的肖特基催化剂以提高光催化抑菌活性的效率。Feng 等[2]利用基于 DFT 的第一性原理计算得出，Ag@ Ti_3C_2@ Cu_2O 复合结构的功函数为 4.36 eV，低于 Cu_2O 和 Ti_3C_2 的功函数，略高于 Ag 的功函数。在增加光吸收的条件下，仍然可以有效地确保光生电子的逸出，以防止光致腐蚀。Ag@ Ti_3C_2@ Cu_2O 层之间存在范德华力和化学键，使 Ag@ Ti_3C_2@ Cu_2O 复合结构形成具有 MXene 特性的稳定二维层状结构。对于 Ti_3C_2@ Cu_2O 界面，复合结构的功函数降低，这有利于光生电子的逸出。对于 Ag@ Ti_3C_2 界面，Ag 替代 Ti_3C_2 表面的官能团，形成与 Ti_3AlC_2 相似的最大相结构。范德华力对其影响不大，极低的功函数极大地促进了界面处光生电子的传输。在最大相中，Ti_3C_2 结构对费米能级附近的能带有很大贡献。而且，Ag 是一种良好的导体，并极大地促进了费米能级附近的能带，这使 Ag@ Ti_3C_2 界面中的电子极易流动，提高了载流子的迁移率，并大大减少了可能的光腐蚀。通过 Cu_2O、Ti_3C_2 和 Ag 的复合，在复合结构中形成三个界面，这三个界面的形成有利于材料利用沿多个方向入射的光子，这种界面结构有效地抑制了光生电子–空穴的复合，从而证明 Ag@ Ti_3C_2@ Cu_2O 复合结构具有突出的光催化抑菌效果。

1.3.3　表面分析方法

微生物污损是一个复杂的界面过程，涉及微生物学、化学、电化学等多个领域。研究因微生物附着引起的材料污损过程和机理必须考虑到材料与微生物之间的相互作用。因此，在金属和微生物界面的混合体系中，通过表面分析技术手段，检测或显示出微生物在金属表面的生命活动、分布聚集以及对金属表面的物理化学影响等微观变化，具有重要的理论和实际意义。

（1）荧光显微技术（fluorescent microscopy）

表面荧光显微镜观察依赖于专一性荧光染料和落射光显微镜的应用（落射荧光显微镜克服了透射光显微镜的不足，使其可以对不透明物体表面进行直接观察[25]）。专一性荧光染料可以和细胞中核酸等物质特异结合，在特定激发光照射下，染色细胞会发出特定颜色的荧光。这项技术可以对微生物的结构及其在材料表面的分布进行原位观察。细菌所处的生长状态和样品处理过程会对菌体荧光的颜色造成影响。

（2）激光共聚焦显微镜（confocal laser scanning microscopy，CLSM）

CLSM 是以激光为光源，在传统光学显微镜基础上采用共轭聚焦原理和相应装置，并利用计算机对所观察分析的对象进行数字图像处理的一套观察和分析系统。它可以给出所观察物体的三维图像，并获得微生物膜厚度和覆盖度的信息，这对计算物质在微生物膜内的扩散、液体介质中材料表面摩擦阻力和热扩散系数很有帮助。与扫描电子显微镜和生命科学中常用的冷冻切片技术相比，CLSM 观察操作简单，可以在保持微生物膜原有水分和附着在基质上的条件下使用。CLSM 在不损害微生物的情况下，可以给出微生物膜的内部结构。该技术的优点是可以实时、在线观察微生物膜及材料点蚀的形成过程；缺点是设备昂贵，不能观察含有不透明杂质颗粒的微生物膜。

（3）扫描电子显微镜（scanning electron microscope，SEM）

SEM 是生命科学和材料科学研究中应用广泛的一种表征技术，在微生物污损研究中也经常使用。SEM 利用二次电子和背散射电子来获得所测防污剂样品性质的信息，包括形状、组成、晶体结构、电子结构和内部电场或磁场。非导电的微生物样品在电子束的作用下会产生电荷聚积，影响入射电子束斑和样品发射的二次电子运动轨迹，使图像质量下降，因此这类试样在观察前要喷涂导电层进行处理。此外，因为微生物体内 90%以上都是水，所以对微生物膜观察前样品的预处理还可能导致微生物膜收缩和胞外分泌物结构损失，从而影响对微生物膜真实结构信息的获得。此外，SEM 也不能对微生物膜内部结构进行观察。

（4）原子力显微镜（atomic force microscope，AFM）

AFM 技术属于扫描探针方法的范畴，AFM 利用电子探针针尖与材料表面原子形成的力的变化给出材料表面纳米级三维图像。这些力与样品的性质、探针与样品之间距离、探针尺寸以及样品表面洁净程度有关。根据探针和样品之间作用力的类型，AFM 成像模式可以分为非接触模式和接触模式。非接触模式下探针和样品间是吸引力，这只适用于观察和基底接触不牢而其表面松软的样品；接触模式下探针和样品间是斥力，这是一种标准模式，可用于观察水层下或有柔软表面的样品。AFM 在微生物污损研究中应用越来越多，AFM 不仅可以准确地确定微生物膜下金属表面点蚀的深度和程度，还可以定量地给出细菌之间以及细菌和材料表面之间的作用力，包括范德华力、静电力、溶剂化力以及空间结构之间的作用力。此外，AFM 还可以观察流动体系中活的生物体，所以可用于原位观察细菌的附着、细胞膜的形成以及之后发生的微生物污损。AFM 的缺点是探针容易被细菌附着或被其他物质污染，从而影响观察。

（5）环境扫描电镜（environmental scanning electron microscope，ESEM）

ESEM 近几年在微生物污损中应用较多。ESEM 使用压差光阑把镜筒的高真空和样品室的低真空隔离，样品室在接近大气压的环境下工作，能直接观察未经脱水等处理而保持自然状态的生物样品。ESEM 中所指的环境并非真正意义上的大气环境，与传统 SEM 样品室的真空度相比，ESEM 样品室的真空度很低，非常接近大气环境，但不等同于大气环境。样品室还可增加冷却、加热、充气等功能，实现动态观察样品的物理和化学反应。环境方式下对样品的观察和图像的记录等操作应尽快完成，这样可减少样品内水分蒸发而使样品变形降至最低。

（6）高分辨电子显微镜技术

材料的性能取决于其组织结构，尤其取决于材料的微结构。微生物附着在材料表面上会改变其微观结构，因此，直接观察和研究材料的微观结构对于海洋新材料的研制和开发、材料性能的改进以及材料可靠性的评价是十分重要的。高分辨电子显微镜技术正是一种直接观察材料微观结构的实验技术。为了拍摄能充分反映电子显微镜高分辨率特性的像，必须制备污染小和缺陷少的薄膜试样。因此，选择适合的制样方法和寻找它们最佳的制备条件至关重要。一般高分辨电子显微镜主要有粉碎法、电解减薄法、超薄切片法、离子减薄法、聚焦离子束法及真空蒸镀法六种制样方法。它们的应用范围不同，特点也不同，其中超薄切片法是较常用的方法。

在金属表面微生物附着的研究中，应用透射电镜有一定的困难，首先是制样非常困难，要在不伤害微生物膜的前提下，把试样减薄到电子可以透过的厚度是十分困难的，除了减薄过程中对生物膜的损害，透射电子本身是否也会改变微生物膜的状态现在还没有定论，总之，怎样能在不伤害生物膜的情况下对污损表面进行观测是微生物污损界面研究的关键，有关这方面的报道在国内外还都较少。

1.4 海洋防污涂料发展现状

海洋防污涂料，也称为船底防污漆，是为了防止海洋附着生物的污损，保持船体周围光滑、整洁的一种专用有机高分子涂料。防污涂料包括成膜物质、防污剂、溶剂、助剂和颜料五种主要组成成分，其中发挥主要防污作用的是防污剂。从防污剂的发展历史来看，经历了无锡、低铜、无重金属，以至无防污剂的历程，本节基于以上发展历程，总结了不同类型的防污剂。

1.4.1 海洋防污涂料发展历程

海洋防污涂料发展历程如图1-7所示。19世纪中期以前，木船是主要的航海工具，沥青、焦油、砷化合物等作为常用的防污材料在木船上得到应用。由于金属铜具有良好的防污作用，使用铜板包覆木船的防污技术也获得了广泛的应用。铁船的出现是航海史上的一次大飞跃，使船舶大型化成为可能。由于铜板包覆钢铁船体加速了船体的腐蚀而被废止，人们将铜化合物添加到基料树脂中发明了防污涂料。松香是松树分泌出的天然树脂酸，主要成分为松香酸，可微溶于弱碱性的天然海水中。利用这个特性，以松香或松香衍生物为基料树脂，Cu_2O 为防污剂，发明出溶解型防污涂料[26]。当溶解型防污涂层材料浸泡在天然海水中时，松香树脂首先溶解，填充在涂膜中的 Cu_2O 防污剂也随之溶解，形成具有防污作用的 Cu^{2+} 离子，扩散到海水中而起到防止海洋生物附着的作用。该类材料的防污作用是通过树脂及防污剂的溶解作用实现的，因而被称为溶解型防污涂层材料。松香是小分子树脂酸，质硬而脆，制备而成的防污涂膜脆性大，且不耐海水浸泡。因此，通常加入一定量的沥青或干性油等疏水性树脂和增塑剂，改善涂膜力学性能，提高其耐水性。该类防污涂层材料实际应用中，表现出涂膜溶蚀速率不可控，初期 Cu_2O 防污剂渗出率往往很高，而后期逐步降低，致使防污期效仅为1~1.5年。传统的可溶性基体涂料不能维持超过15个月的防污涂层保护，因为在早期浸泡期间，腐蚀和释放率太高，之后迅速下降，研究人员开发了可控损耗聚合物涂料。它们的黏合剂由比松香衍生物更耐腐蚀的合成有机树脂加固，并控制可溶黏合剂的水化和溶解。然而，它们的工作机理被认为与传统的松香涂料相似。在与海水接触时，杀菌剂与可溶黏合剂一起溶解，溶解过程中的控制成分从表面被"冲洗"出来。可控损耗聚合物漆和自抛光共聚物漆的主要区别在于其烧蚀机理是水化溶解，而不是水解。可控损耗聚合物技术的有效期可达36个月。

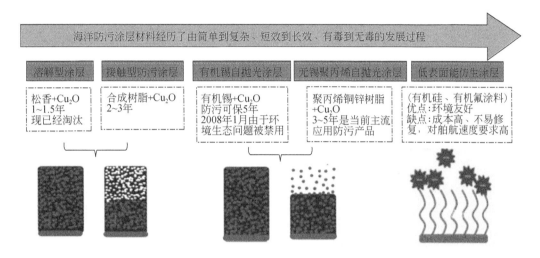

海洋防污涂层材料经历了由简单到复杂、短效到长效、有毒到无毒的发展过程

| 溶解型涂层 | 接触型防污涂层 | 有机锡自抛光涂层 | 无锡聚丙烯自抛光涂层 | 低表面能仿生涂层 |

松香+Cu$_2$O
1~1.5年
现已经淘汰

合成树脂+Cu$_2$O
2~3年

有机锡+Cu$_2$O
防污可保5年
2008年1月由于环境生态问题被禁用

聚丙烯铜锌树脂+Cu$_2$O
3~5年是当前主流应用防污产品

(有机硅、有机氟涂料)
优点:环境友好
缺点:成本高、不易修复,对船航速度要求高

图1-7 海洋防污涂料发展历程

随着合成树脂工业的迅速发展，具有优异的柔韧性、耐水性和黏结性能的新型合成树脂实现了工业化生产，在涂料工业中获得了广泛的应用，也被用于开发船舶防污涂层材料。接触浸出防污涂层涂料使用不溶于海水的高分子量黏合剂，如丙烯酸、乙烯基聚合物、环氧或氯化橡胶聚合物[4]。基于这类耐水性优异树脂的防污涂层，海水难以渗透到涂膜内，因此需混合一定质量的松香，并填充大量的防污剂Cu$_2$O，高Cu$_2$O填充量确保了防污剂颗粒在涂膜中相互接触，而树脂优异的柔韧性和黏结性确保了高Cu$_2$O添加量下涂膜仍然具有良好的附着力和柔韧性。考虑到它们良好的机械强度特性，这些涂料也被称为硬质防污涂层涂料。丙烯酸、乙烯基聚合物等活性分子与Cu$_2$O可以彼此直接接触，因此Cu$_2$O可以逐渐释放。由于黏合剂不溶于海水，当其所含的有毒物质被释放时，海水通过Cu$_2$O留下的孔隙扩散，继续溶解下一个有毒颗粒。然而，随着暴露的毒物颗粒在漆膜中的深度增加，毒物释放速率随时间逐渐降低，保护效率也越来越低。就其本身而言，留在涂层中的蜂巢结构有助于使表面更粗糙，更能留住海水中的污染物，这也有助于防止有毒物质的释放。根据暴露条件的严重程度，用油漆获得的涂料的有效时间在12~24个月，这限制了涂料在海军和商船上的使用[27]。

在20世纪70年代后期，防污涂层的研发工作主要集中在三丁基锡（TBT）基自抛光共聚物体系上。将TBT通过可水解的酯键接枝到丙烯酸树脂上，合成了聚丙烯酸锡酯聚合物。采用该树脂作为防污涂料基料树脂，并通过添加Cu$_2$O等防污剂，开发了有机锡自抛光防污涂层材料。基于聚丙烯酸锡酯树脂防污涂料形成的防污涂层在弱碱性海水作用下，基料树脂的酯键水解，将具有防污作用的TBT释放到海水中，同时填充在涂膜中的Cu$_2$O

也将 Cu^{2+} 释放到海水中，TBT 与 Cu^{2+} 在涂膜表面形成有效的防污薄层，起到防止污损生物附着的作用。聚丙烯酸锡酯树脂水解后，残留在涂膜表面的树脂主链生成了亲水性的羧基，增强了树脂主链的水溶性。在流动海水冲刷下，涂膜表面的树脂主链溶于海水中，从而将内部"新"的防污涂层露出。这个作用过程被形象地称为"自抛光"。由于聚丙烯酸锡酯树脂疏水性能优异，海水难以渗透到涂层内部，涂层水解作用发生在表层，缓慢而平稳。涂膜释放防污剂后，表面形成的释出层通过流动海水的抛光作用而保持在极低的水平，有效控制了防污剂的稳定和持续的释放，此外，TBT 和 Cu^{2+} 协同防污作用提高了防污涂料的广谱防污性能，防污剂利用率得到了提升，延长了防污涂层材料的使用寿命，防污期效可达到 5 年。TBT 自抛光防污涂料曾在防污涂料市场上占据了 70% 以上的份额[28]。但是，随着世界各国船舶广泛使用有机锡防污涂料，出现了与 TBT 相关的环境问题。据报道[29]，法国阿卡雄（Arcachon）海湾附近养殖的牡蛎因 TBT 在体内累积而出现器官病变与畸形，致使牡蛎养殖业遭受毁灭性打击。TBT 化合物结构稳定，难以在自然环境中降解，有极强的生物体内累积性，通过食物链可向顶端生物转移。TBT 化合物的致畸、不可降解和生物累积性对海洋生态环境造成巨大的破坏，甚至危及人类健康安全。禁止使用 TBT 防污涂料的环境保护法规陆续在发达国家推出。国际海事组织（International Maritime Organization，IMO）组织起草了《国际控制船舶有害防污底系统公约》（即 AFS），并于 2001 年 10 月获得通过。经过世界各国多年努力，该公约于 2008 年 9 月 17 日正式生效，成为强制性标准。该公约要求，自 2008 年 1 月 1 日起，所有船舶壳体均不能使用含有 TBT 防污剂的防污涂料，或者用新的封闭涂层将原涂装的 TBT 防污涂层封存[30]。

全面禁止使用有机锡自抛光防污涂层材料之后，替代有机锡的自抛光防污涂层材料技术成了研发热点，无锡涂料于 20 世纪 80 年代初研发出来[31]。在锡基涂料和无毒防污涂料之间的过渡时期，无锡化学活性自抛光涂料被认为是最有效的涂料。自抛光共聚物涂料以丙烯酸或甲基丙烯酸共聚物为基材，在海水中易于水解。这些与杀菌剂混合的共聚物附着在涂层光滑的表面，并通过控制黏合剂的侵蚀率来控制/调节杀菌剂的浸出率[32]。附着在漆膜表面的污垢生物与黏合剂或基体一起被清除，通过共聚物链侧基团的水解分解。该丙烯酸共聚物是在 TBT 基防污涂层涂料中使用的有机锡基丙烯酸共聚物而设计的。无锡黏合剂使用铜、硅或锌基酯基取代三丁基锡酯基，研制了具有可水解侧链的自抛光防污涂料树脂，如丙烯酸铜树脂、丙烯酸锌树脂和丙烯酸硅烷酯树脂。这类自抛光防污涂料树脂接枝的 Cu^{2+}、Zn^{2+} 离子仅有很弱的防污作用，远达不到 TBT 的防污能力，而硅烷酯基团没有防污作用，因而这类涂料均需添加一定量的 Cu_2O，并辅以高效杀生剂，以获得广谱防污能力。其防污作用机理与有机锡的自抛光防污涂层材料类似，树脂上连接侧链的 Cu^{2+}、Zn^{2+} 或硅烷酯基通过与海水的离子交换作用或水解作用，将侧链基团释放到海水中。树脂主链生成大量羧基，亲水性增强，在海水冲刷作用下，树脂主链溶解和脱落，实现了"自抛光"作用。这类树脂的疏水性不如聚丙烯酸三丁基锡酯树脂，所以对防污剂的控制释放效果不如有机锡树脂。因此，通过调节树脂结构，改善防污涂料防污效果，使之达到有机锡自抛光防污涂料的技术水平，这也是研究的重点之一。

1.4.2　自抛光防污涂层材料

（1）含接枝防污功能侧基树脂的自抛光防污涂料

传统的溶解型和接触型防污涂料均将防污剂颗粒均匀分散在基料树脂中，涂层中防污剂均通过"溶解"和"渗出扩散"的物理方式释放到海水中。这个过程中，涂层局部往往会出现微小防污剂颗粒脱落的现象，造成局部防污剂"暴释"，防污剂释放速率不平稳，利用率降低。如果将防污剂接枝到基料树脂上，防污剂则通过"水解扩散"的化学方式释放到海水中，这样就避免了局部防污剂"暴释"，提高了防污剂的利用率，有利于提升防污材料防污性能。有机锡自抛光防污涂料就是一种典型的接枝防污功能侧基的防污材料，且其成功地获得了应用。禁用有机锡后，该方向上的研究热点转向了寻找新的防污功能基团及接枝技术，目前已发现可接枝的、具有防污活性的功能基团有酚类、咪唑、喹啉、辣椒素（CAP）等，这些功能基团可通过酯键、酰胺键等可水解官能团接枝到树脂主链中。于良民和徐焕志[33]应用含辣椒素结构单体和有机酸，合成制备了一系列侧链含辣椒素结构的聚丙烯酸锌树脂，所用的有机酸采用苯甲酸、对甲苯甲酸、间甲苯甲酸、环烷酸等。浅海挂板实验表明，这类功能性聚丙烯酸锌树脂具有良好的物理性能和防污性能。

目前含接枝防污功能侧基树脂技术大多处于实验室研发阶段，工业化应用还少有报道，面临的主要困难：其一是接枝前防污剂往往需要改性，引入可参与树脂合成反应的基团，这个改性过程往往会降低防污剂的防污能力；其二是树脂上接枝防污剂往往需经过多步反应，合成工艺复杂，部分合成步骤产率低，生产成本较高，难以实现工业化。未来研发的热点在于寻求更高效的可接枝防污剂，简化接枝工艺路线，降低生产成本等工作上。

（2）生物降解高分子基防污材料

自抛光防污涂层树脂水解后，表面亲水性释出层没有防污作用，而且释出层残留在涂层表面会延长涂层内部防污剂渗出的通道，降低涂层表面海水中防污剂浓度。释出层通过水流冲刷作用溶解在海水中，露出内部的防污涂层，确保防污剂平稳渗出。释出层清除过程依赖水流冲刷作用。因此在航速较快的船舶上，水流冲刷作用明显，传统的自抛光防污涂料有很好的应用效果。但在静态环境下，由于海水水流冲刷作用很弱，在海洋固定设施（如长时间停泊的船舶和航行速度很低的船舶等）上使用自抛光防污涂料，释出层不易清除而逐步累积，往往会出现防污失效现象，难以达到在高航速船舶上应用的防污效果。因此，开发在静态环境下应用的防污涂料成为国内外的研究热点。

生物降解型防污材料是一种新型防污涂料，其采用可生物降解/水解的树脂为基料，添加防污剂制备而成。利用基料树脂在海水中的降解/水解作用，释放出防污剂以达到防污作用效果。与传统的侧链水解自抛光防污涂料树脂相比，可生物降解/水解的树脂在海水中可逐步降解成小分子或小分子片段，这些小分子或小分子片段有更好的亲水性，很容易分散和溶解在海水中，因此涂膜表面没有残留的树脂骨架层，涂层表面更新无需依赖高速水流冲刷作用，因而具有更好的静态和低速环境下的应用性能。目前用于开发生物降解防污涂料的树脂有两大类，一类是源自天然产物的可生物降解树脂，如明胶、壳聚糖（CS）、聚-3-羟基丁酸酯等；另一类是人工合成的可生物降解树脂，如聚酯、聚酰胺和聚氨基酸等类型高分子材料，其结构特征是主链含有酯键或酰胺键等可降解/水解基团。

（3）主链降解自抛光防污材料

传统的侧链水解自抛光防污涂料树脂主链大多为不可降解的丙烯酸酯树脂，导致在静态环境下的防污效果差，而且不可降解的树脂主链会形成"微塑料垃圾"，污染海洋环境。华南理工大学首次报道合成了新型主链可降解–侧链可水解的聚氨酯和聚丙烯酸硅烷酯树脂，开发了新一类自抛光防污涂料树脂。通过巯基–烯点击反应合成了侧链为可水解的聚丙烯酸硅烷酯，主链为包含可降解聚酯单元的聚氨酯（图1-8）；通过分子结构设计，调节分子各结构单元的比例，合成的聚合物具有不同的力学性能和水解性能。在浅海挂板实验中，以该类树脂为基料的防污涂层防污效果优异。以甲基丙烯酸甲酯（MMA）、2-亚乙烯基-1,3-二氧杂环庚烷（MDO）和三丁基硅基甲基丙烯酸酯（TBSM）为单体，采用自由基共聚法进行共聚，成功地将可降解酯键引入了丙烯酸类聚合物主链中，制备了主链可降解–侧链可水解的聚丙烯酸硅烷酯树脂（图1-9）。通过改变MDO的用量可以调节主链中酯键的含量，形成的共聚物具有不同的降解速率。采用该树脂制备的防污涂料，防污剂释放速率稳定，浅海挂板防污性能优异。通过上述反应途径，将可降解的酯键引入传统的自抛光树脂主链上，使其不仅侧链可水解，而且主链可降解，有效地将侧链水解性能和主链降解性能相结合，提高树脂在静态环境下的抛光性能，从而提高传统自抛光防污涂料的防污能力，其具有良好的应用前景。

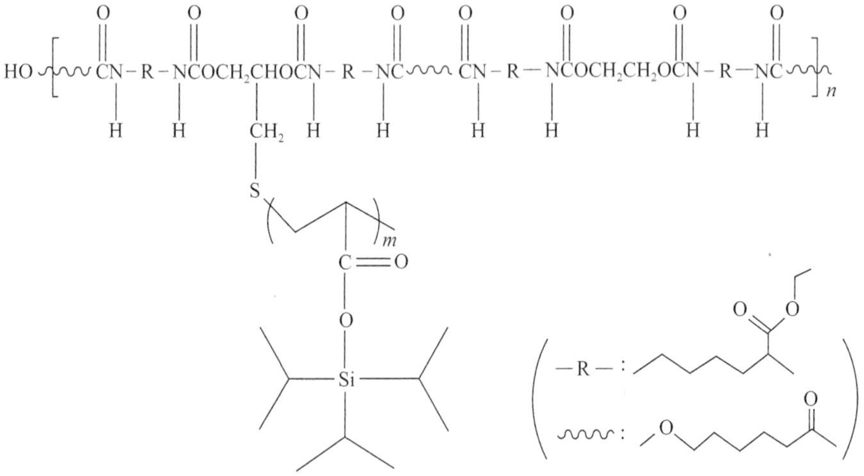

图1-8　主链可降解–侧链可水解的聚氨酯树脂结构示意

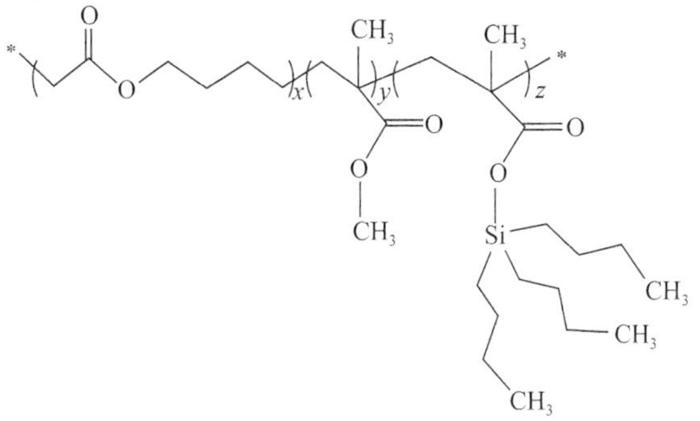

图 1-9　主链可降解–侧链可水解的聚丙烯酸硅烷酯树脂结构示意

1.4.3　仿生防污涂层材料

海洋是庞大的生态系统，生物种类繁多。有些长期生活在海洋中的生物，如鲨鱼、鲸、海绵、珊瑚等，体表没有任何的污损生物附着，表明这些海洋生物存在防污作用机制。受该现象启发，材料学家通过研究和模仿海洋生物的防污机制，开拓和发展了仿生防污材料研究领域。目前仿生防污涂层材料有两个活跃的研究分支：其一是从生物体内提取高效防污活性物质，作为防污剂用于开发新型防污涂料，源于自然而用于自然，以解决传统杀生剂污染海洋环境的问题；其二是模仿生物体表面防污的物理、化学和生物学特性，设计特殊的表面材料，实现其防污功能。仿生防污是从根本上解决防污涂层材料海洋环境污染问题的重要途径之一。

目前发现从海洋微生物、藻类和无脊椎动物（珊瑚和海绵）等海洋生物中分离提取出的天然有机化合物具有防污活性。这些具有防污活性的化合物包括有机酸类、酚类、萜类、吲哚类等。香港科技大学钱培元教授从细菌、真菌中分离鉴定了 50 余种天然防污活性化合物。厦门大学柯才焕教授等从珊瑚、海绵、角果木等生物中提取和筛选出 20 余种天然防污活性化合物。防污活性物质的提取不仅局限于海洋生物，陆生植物（如辣椒、桉树等）也是研究的重点。中国船舶重工集团公司第七二五研究所报道了从中药中分离提取出具有良好防污效果的丹皮酚。有研究报道，某些蛋白质具有一定的防污活性，也可作为防污活性物质使用。例如，丝氨酸蛋白酶（蛋白质降解酶）可溶解污损生物分泌的黏附物质，从而减少污损生物的附着。虽然，天然防污活性化合物的研究开发已持续多年，但其应用仍然面临着挑战，主要原因是生物体内的天然防污活性化合物大多含量少，分离、提取和提纯工艺复杂。

某些海洋动物（如海豚、鲨鱼等）是大海里的"游泳健将"，其表皮形态、结构特征和表面特性不仅能使其防止污损生物附着，而且减少了游动摩擦阻力。据报道，鲨鱼的皮肤具有良好的防污、自清洁和低阻力特性。鲨鱼皮包裹着细齿状的真皮表面，该表面具有螺纹结构的纵向凹槽，如图 1-10 所示。这样的凹槽减少了在超光滑鲨鱼皮上形成的漩涡，具有超疏水性。根据鲨鱼皮肤表面纳米微结构仿生制备的基于硅酮的涂层材料，表现出对不同微生物的显著防污能力。受鲨鱼皮肤的启发，研究人员还设计了其他防污表面，如具有肋状形态的 Sharklet™ 微纹理薄膜，可以去除污垢生物。

图 1-10　鲨鱼皮结构示意

美国华盛顿大学 Karen L. Wooley 博士研究开发了一种新型防污材料，该材料由线形聚乙烯乙二醇聚合物和超支链氟化聚合物制备而成。该材料在纳米尺度上呈现出亲水/疏水相间的结构，研究结果显示该材料防污性能良好。这种纳米尺度亲水/疏水相间结构的形状、尺寸、间距等对材料的防污性能有较大的影响，如微结构的间距要小于污损生物体长。此外微结构所提供的污损生物附着点越少，污损生物附着就越少。目前仿生防污材料领域研究十分活跃，除了模仿纳米尺度微结构材料之外，超疏水、亲疏水和超亲水表面材料，表面接枝功能聚合物刷材料，离子聚合物材料和水凝胶材料等也均有大量的报道，但这类材料的实用化还鲜有报道。

1.5　环境友好型防污剂

环境友好型防污剂，即无毒防污剂。防污涂料的功能主要依靠防污剂来实现。传统的防污剂会污染环境，破坏生态平衡，所以无毒防污剂应满足以下几项要求：①在一定浓度下，对污损生物有效，而对非污损生物无效。②在环境中半衰期短，容易降解，能防止在食物链中的生物富集到有毒水平。③适于工业化生产，并且对自然界生态平衡无危害。④符合政府法规，对大气和水无污染、人体健康无危害。环境友好型海洋防污剂是应用于海洋防污涂料中具有防污效果的助剂，为了保护海洋环境、维护海洋生态平衡，环境友好型海洋防污涂料已逐渐取代传统的海洋防污涂料，成为未来海洋防污涂料研究的主导方向。

本书主要从氧化亚铜防污剂、碳基功能化防污剂、有机类防污剂、智能高分子防污剂及新型低表面能防污技术五大方面进行详细介绍，环境友好型船舶防污涂料的发展主要沿着以下几个方面进行：①开发新型防污剂，制备防污剂释放型防污涂料。近几年，仿生防污剂在分子合成技术的推动下取得了很大的进步。在不久的将来，仿生防污剂有望取得广泛应用。②通过研究开发新型树脂基料达到防污效果。低表面能树脂的发展还为人们研究防污涂料提供了另一个新思路。在过去的十几年中，低表面能树脂的研究工作主要集中在有机硅树脂及有机氟树脂上。虽然目前低表面能树脂应用性能不太理想，但是通过对其改性，在不远的未来有望达到预期的效果。③通过纳米技术与自抛光型树脂基料以及未来新型树脂基料的协同作用也可制备环境友好型防污涂料。纳米材料的制备技术使防污剂能够发挥更好的防污性能，并且不对环境造成负面影响。利用纳米微结构对海损生物所具有的特殊抑制效果，纳米防污涂料可以达到理想的生物抑制效果。未来，在纳米材料技术的推动下，纳米防污剂将具有广阔的应用前景。

1.5.1　氧化亚铜防污剂

尽管氧化亚铜防污剂具有比有机锡化合物小得多的毒性，目前应用最广，但是传统的氧化亚铜作为主要的防污剂在应用过程中存在局限性，如大多数含有氧化亚铜的防污涂料虽然能有效防止大型生物污损，却难以去除微生物的少量污损；传统的氧化亚铜在防污涂料中易出现凝聚、沉淀现象；铜离子释放速率不稳定，对防污效果产生不利影响；对海藻等藻类的防污能力弱，需结合其他有机物防污剂使用；大量使用氧化亚铜防污剂会导致铝基船体损伤。因此，对于氧化亚铜防污剂的改性，将趋于响应控释、低铜化、环境友好型的方向发展。目前市场上部分商品化防污剂如表 1-1 所示。在实际应用中，这些有机物防污剂往往需与铜基和非铜基金属类防污剂结合使用。

表 1-1　非锡防污剂

类型	防污剂名称	类型	防污剂名称
不含金属有机物	seanine211（异噻唑啉酮）	非铜基金属及化合物	mancizeb（氨基甲酸锌）
	irgaro 1051（三嗪类）		maneb（氨基甲酸锰）
	diuron（敌草隆）		吡啶硫酮锌
	chlorothalonil（百菌清）	铜基金属及化合物	氧化亚铜
	dichlofluanid（抑菌灵）		金属铜
	densil CD		硫氰酸亚铜
	thiram（福美双）		树脂酸铜
非铜基金属及化合物	氧化锌		环烷酸铜
	金属锌		铜–锌复合
	环烷酸锌		吡啶硫酮铜
	zineb（代森锌）		

1.5.2　碳基功能化防污剂

碳基功能化防污剂主要包括碳纳米管（CNTs）材料和石墨烯材料。CNTs 具有很大的比表面积、纳米级的圆柱形孔洞结构，使其具有很强的吸附控释能力。对 CNTs 进行表面修饰通常采取的表面改性方法是通过不同的氧化处理在 CNTs 的端口或缺陷处引入羧基等活性基团，然后再由酯化或酰胺化反应等对其进行接枝改性。在涂料中添加 CNTs 可以有效降低藤壶类海洋污损生物的附着强度，而且 CNTs 与高分子材料的结合可以更加显著地提升材料的抗附着性能，尽可能实现不同材料性能的互补或协同作用，为其在防污领域的广泛应用提供条件。石墨烯材料［如氧化石墨烯（GO）和还原氧化石墨烯（rGO）］具有超高的机械刚度、高电导率、非凡的电子传输性能和超高的热导率[34]以及较好的生物相容性、经济性、耐腐蚀性和潜在应用的环保安全性[35]，其在环境友好型防腐材料设计中得到了广泛应用，如硅/石墨烯基纳米复合涂料可用于阻燃自清洁系统，GO/金属氧化物杂化纳米填料可产生超疏水和微米/纳米自清洁表面[36]。各种合成技术（如原位溶液浇铸），并采用溶胶-凝胶法开发可控的超疏水纳米复合材料结构[37]。

1.5.3　有机类防污剂

有机及天然高分子类防污剂是指从各种动植物中提取的具有海洋生物防污活性的物质，这些生物活性物质包括有机酸、无机酸、内酯、萜类、酚类、甾醇类和吲哚类等天然化合物，这些天然化合物来源于自然界，降解速率快，不会危害环境，有利于保持生态平衡。基于天然防污剂的防污涂料是利用从海洋/陆生植物、动物、微生物中提取的天然活性物质作为防污剂，采用一定的释放控制技术，开发出的一种既能防污又能保持生态平衡的新型防污涂料。目前，研究较多的是以辣椒素为防污剂制成的防污涂料，主要是利用涂层中的辣椒素驱赶海洋生物，以达到防污的目的。以天然防污剂为基础的防污涂料目前仍处在基础理论阶段，还没有商业化的产品。但可以预见，在提取分离技术和人工合成技术，以及可控制释放技术日趋完善的条件下，完全能够开发出高效的环境友好型的防污涂料。

1.5.4　智能高分子防污剂

抑菌防污智能高分子材料是一种新型的智能防污材料，该材料在受到外界环境（温度、pH、压强等因素）变化的刺激下，能够采取一定的措施进行适度响应，如材料内部会自发地释放出抑菌或者自修复的物质，以达到抑菌及自修复的目的。目前已获得的抑菌防污智能高分子材料中，大多数材料控释的影响因素为 pH。有研究表明[38]，CS 制成的纳米胶囊由于在侧链中包含大量氨基而具有典型的 pH 响应特性，具体表现为 CS 纳米胶囊在酸性环境下，胶囊由于氨基质子化而膨胀，而在碱性环境下，氨基基团由于去质子化而使纳米胶囊收缩。另外，CAP 由于其出色的杀菌性能、环境友好特性以及良好的生物降解性，成为典型的带负电杀菌剂[39]。

基于 CS 的这种特殊性质，Wang 等[40]通过微乳液法制备了辣椒素@壳聚糖（CAP@CS）纳米胶囊。通过实验验证，CAP@CS 纳米胶囊材料对大肠杆菌、金黄色葡萄球菌和铜绿假单胞菌的抑菌效率分别达 95.91%、95.37% 和 95.37%。此外，CAP@CS 纳米胶囊经过 5 个周期的 pH 交替变化后，对大肠杆菌、金黄色葡萄球菌和铜绿假单胞菌的抑菌效率保持在 82.23%、81.13% 和 80.43%。CAP@CS 纳米胶囊保持了 pH 响应的特性，并在酸性和碱性条件下循环交替渗析后也表现出了相当的抑菌作用，有良好的循环稳定性，可作为新型的海洋防污剂。虽然 CAP@CS 纳米胶囊表现出了良好的抑菌性能，但是该材料的使用寿命在一定程度上限制了其使用。Hao 等[41]基于解决延长抗菌和防污涂料使用寿命的问题，将 CAP@CS 纳米胶囊引入到聚多巴胺/海藻酸钠〔(PDA/Alg)_m〕PEMs 多层膜中，利用 PDA 和 Alg 交联自修复的特性，延长了材料的使用寿命。通过划伤涂层材料测试其自修复前后的抑菌效果，结果表明，划伤的 PEMs 薄膜在愈合后，抑菌效率约降低 5%，分别对金黄色葡萄球菌和铜绿假单胞菌的抑菌效率保持在 91% 和 84% 的水平，也就是说，愈合后的 PEMs 薄膜仍具有出色的抗菌性能。

此外，中国船舶集团有限公司第七二五研究所研究出了温敏水凝胶[42]，并将该水凝胶对温度变化的响应特性应用到防污剂的控释方向，获得了良好的控释效果。该研究以温敏壳聚糖及其衍生物的聚合物为防污剂的包埋物，采用离子聚合法将生物防污剂包埋进温敏壳聚糖聚合物中，得到了防污剂智能控释系统，该系统的最高包埋率达 90%，实验表明，温度控制下的防污剂释放速率从 15 ℃ 的 0.2 μg/ml 到 30 ℃ 的 1.0 μg/ml。该系统防污剂的释放受温度控制效果明显，可以实现升温降温间的可逆转换，在同一温度下释放速率能够保持稳定，很大程度上提高了防污剂的利用率，可以有效延长防污寿命。

除上述 pH 和温度外，其他因素（如盐度、流速、压强等）都可以作为未来抑菌防污智能高分子材料的刺激因素。相信随着未来生物防污剂应用需求的增加，污损生物附着机制的日渐深入，智能材料的不断发展，抑菌防污智能高分子材料会得到更广泛、更深入的研究。

1.5.5　新型低表面能防污技术

低表面能可有效降低海洋微生物的附着，起到良好的防污效果。其中，超疏水表面具有较低表面能，是目前防污表面设计的重要研究方向之一。超疏水表面已被确立为适用于不同领域（如防污涂料、防冰、防腐和纺织品）的经济高效且环保的防污解决方案[43]。荷叶以其超疏水性和典型的自清洁表面而闻名，莲花效应源自莲花植物的超疏水自清洁特性。表皮蜡质的表面微粗糙度是由 20~40 μm 突出的神经节形成的，具有高度超疏水稳定性。影响荷叶超疏水表面高性能的其他关键因素如下：①具有微粗糙度的表面的表皮结构；②沿叶表面形成纳米级表皮蜡状晶体；③在湿气凝结条件下的超疏水稳定性（即疏水性没有明显的损失）。其他植物叶（如稻叶）及昆虫的翅膀（如蝴蝶）同样具有超疏水特性。蝴蝶的翅膀由于存在微观和纳米结构的表面而具有超疏水性。蝴蝶翅膀上的微槽提供了具有超疏水特性和低附着力的粗糙表面。其他表面（如水黾的腿）具有超疏水表面。腿表面表现出微针状的定向，被针状形态和带凹槽的纳米结构覆盖。这些表面特征引起微粗糙度和疏水性。腿的超疏水性是通过将空气截留在表面纳米槽中而引起的，此功能使得水鼋可以在水面上生存。这些天然的超疏水表面激发了科研人员的设计灵感，利用超疏水低表面能材料实现了防污功能材料的设计。

考虑到生态友好、无毒且坚固的海洋防污涂料的基本要求，科研人员设计开发出了环境友好的富含杂化纳米填料的高级有机硅共聚物低表面能海洋防污涂料。通过将纳米填料嵌入和分配到均聚物和共聚物基质中，可以从本质上改善对纳米复合材料的表面功能、几何形态、纳米级尺寸和活性位点功能的控制。同时，协同策略支持三元和四元纳米复合材料的制造，从而形成了具有较低表面能的超疏水光滑防污表面。

参 考 文 献

[1] Lejars M, Margaillan A, Bressy C. Fouling release coatings: a nontoxic alternative to biocidal antifouling coatings. Chemical Reviews, 2012, 112 (8): 4347-4390.

[2] Feng H, Wang W, Zhang M, et al. 2D titanium carbide-based nanocomposites for photocatalytic bacteriostatic applications. Applied Catalysis B: Environmental, 2020, 266: 118609.

[3] Ma C, Yang Z, Wang W, et al. Fabrication of Ag-Cu$_2$O/PANI nanocomposites for visible-light photocatalysis triggering super antibacterial activity. Journal of Materials Chemistry C, 2020, 8 (8): 2888-2898.

[4] Yebra D M, Kiil S, Dam-Johansen K. Antifouling technology-past, present and future steps towards efficient and environmentally friendly antifouling coatings. Progress in Organic Coatings, 2004, 50 (2): 75-104.

[5] Liu Y, Zhao Q. Influence of surface energy of modified surfaces on bacterial adhesion. Biophysical Chemistry, 2005, 117 (1): 39-45.

[6] Howell D, Behrends B. A review of surface roughness in antifouling coatings illustrating the importance of cutoff length. Biofouling, 2006, 22 (6): 401-410.

[7] Kerr A, Cowling M. The effects of surface topography on the accumulation of biofouling. Philosophical Magazine, 2003, 83 (24): 2779-2795.

[8] 史航, 石建高, 王鲁民. 海葵的附着机理及其在网衣上的防除. 江苏农业科学, 2006, (5): 181-183.

[9] 刘坤, 林和山, 李众, 等. 平潭岛东北部近岸海域大型污损生物群落结构特征. 海洋学报, 2020, 42 (6): 70-82.

[10] 马士德, 徐利婷, 刘会莲, 等. 青岛港湾污损生物及其量化初探. 中国涂料, 2019, 34 (2): 60-65.

[11] 王宝强, 薛俊增, 庄骅, 等. 洋山港海域大型污损生物生态特点. 海洋学报, 2012, 34 (3): 155-162.

[12] 林更铭, 项鹏, 李炳乾, 等. 厦门港污损生物物种多样性和分布特征. 海洋湖沼通报, 2010, (03): 65-72.

[13] 马士德, 修鹏远, 马岩, 等. 三亚海洋环境试验站海洋细菌污损群落初探. 中国涂料, 2017, 32 (12): 54-58.

[14] Schultz M, Bendick J, Holm E, et al. Economic impact of biofouling on a naval surface ship. Biofouling, 2011, 27 (1): 87-98.

[15] 魏小熙. 水利工程污损生物沼蛤的生态行为学特征及防治技术研究. 武汉: 湖北工业大学硕士学位论文, 2016.

[16] 朱素兰, 侯保荣, 张经磊, 等. 海水中金属设施防腐、防海洋生物污损及检测技术研究. 海洋科学

集刊，2001，(00)：136-140.

[17] 李名进，苏学敏. 长距离输水管涵贝类生长成因分析及防除对策. 人民珠江，2007，(3)：29-34.

[18] Bannister J, Sievers M, Bush F, et al. Biofouling in marine aquaculture：a review of recent research and developments. Biofouling, 2019, 35 (6)：631-648.

[19] Fitridge I, Dempster T, Guenther J, et al. The impact and control of biofouling in marine aquaculture：a review. Biofouling, 2012, 28 (7)：649-669.

[20] 李恒翔，严岩，何伟宏，等. 北部湾白龙半岛邻近海域污损生物生态研究. 热带海洋学报，2010，29 (3)：108-113.

[21] 栗志民，刘志刚，黄文庆，等. 北部湾江洪扇贝养殖区的污损生物. 广东海洋大学学报，2010，30 (1)：1-6.

[22] Marroig R G, Reis R P. Biofouling in Brazilian commercial cultivation of *Kappaphycus alvarezii* (Doty) Doty ex PC Silva. Journal of Applied Phycology, 2016, 28 (3)：1803-1813.

[23] Yang Z, Ma C, Wang W, et al. Fabrication of Cu_2O-Ag nanocomposites with enhanced durability and bactericidal activity. Journal of Colloid and Interface Science, 2019, 557：156-167.

[24] Rasool K, Helal M, Ali A, et al. Antibacterial activity of $Ti_3C_2T_x$ MXene. ACS Nano, 2016, 10 (3)：3674-3684.

[25] 王伟，王佳，徐海波，等. 微生物腐蚀研究方法中的表面分析技术. 中国腐蚀与防护学报，2007，(1)：60-64.

[26] Yebra D M, Kiil S, Dam J K, et al. Reaction rate estimation of controlled-release antifouling paint binders：rosin-based systems. Progress in Organic Coatings, 2005, 53 (4)：256-275.

[27] Almeida E, Diamantino T C, De Sousa O. Marine paints：the particular case of antifouling paints. Progress in Organic Coatings, 2007, 59 (1)：2-20.

[28] Dürr S, Watson D I. Biofouling and antifouling in aquaculture. Biofouling, 2010, 12：267-287.

[29] Alzieu C, Sanjuan J, Deltreil J, et al. Tin contamination in Arcachon Bay：effects on oyster shell anomalies. Marine Pollution Bulletin, 1986, 17 (11)：494-498.

[30] Omae I. Organotin antifouling paints and their alternatives. Applied Organometallic Chemistry, 2003, 17 (2)：81-105.

[31] Atlar M, Callow M. The development of foul-release coatings for seagoing vessels. Journal of Marine Design and Operations B, 2003, 4：11-23.

[32] Omae I. General aspects of tin-free antifouling paints. Chemical Reviews, 2003, 103 (9)：3431-3448.

[33] 于良民，徐焕志. 一种酰胺衍生物共聚物的制备方法及应用. 中国，1425700，2003-06-25.

[34] Zhang Y, Tan Y W, Stormer H L, et al. Experimental observation of the quantum Hall effect and Berry's phase in graphene. Nature：International weekly Journal of Science, 2005, 438 (7065)：201-204.

[35] Deng M, Huang Y. The phenomena and mechanism for the enhanced adsorption and photocatalytic decomposition of organic dyes with Ag_3PO_4/graphene oxide aerogel composites. Ceramics International, 2020, 46 (2)：2565-2570.

[36] Singh E, Chen Z, Houshmand F, et al. Superhydrophobic graphene foams. Small, 2013, 9 (1)：75-80.

[37] Cooper S P, Finlay J A, Cone G, et al. Engineered antifouling microtopographies：kinetic analysis of the attachment of zoospores of the green alga Ulva to silicone elastomers. Biofouling, 2011, 27 (8)：881-892.

[38] Pourjavadi A, Tehrani Z M, Jokar S. Chitosan based supramolecular polypseudorotaxane as a pH-responsive polymer and their hybridization with mesoporous silica-coated magnetic graphene oxide for triggered

anticancer drug delivery. Polymer, 2015, 76: 52-61.

[39] Nascimento P L, Nascimento T C, Ramos N S, et al. Quantification, antioxidant and antimicrobial activity of phenolics isolated from different extracts of *Capsicum frutescens* (Pimenta Malagueta). Molecules, 2014, 19 (4): 5434-5447.

[40] Wang W, Hao X, Chen S, et al. pH-responsive capsaicin@ chitosan nanocapsules for antibiofouling in marine applications. Polymer, 2018, 158: 223-230.

[41] Hao X, Wang W, Yang Z, et al. pH responsive antifouling and antibacterial multilayer films with self-healing performance. Chemical Engineering Journal, 2018, 356: 130-141.

[42] 赵相宽, 白秀琴, 袁成清. 绿色生物防污剂及控制释放技术研究进展. 舰船科学技术, 2017, 39 (1): 6-11.

[43] Selim M S, El-Safty S A, Azzam A M, et al. Superhydrophobic silicone/TiO$_2$-SiO$_2$ nanorod-like composites for marine fouling release coatings. Chemistry Select, 2019, 4 (12): 3395-3407.

|第2章| 氧化亚铜防污剂及其低铜化改性

海洋污损问题十分严峻，是国民经济及国防安全的一项重大挑战，因此全球科技工作者都在试图寻找更加有效、稳定、环保、经济的防污材料。沿着这一思路，防污剂从有机锡、有机防污剂到 Cu_2O 再到天然防污剂一步步被优化开发出来。据知，目前海洋所用防污剂仍然以 Cu_2O 为主，这主要是由于 Cu_2O 相对于其他防污剂具有生物低毒、抑菌高效、成本低廉等优势。但是 Cu_2O 防污剂存在释放毒性重离子、易被光腐蚀、稳定性不足等问题，这严重制约了其抑菌性能。因此目前 Cu_2O 防污剂研究重心向着低铜化、铜离子控释、与光电化学材料复合解决光腐蚀问题等方向发展。

2.1 氧化亚铜防污剂简介

2.1.1 氧化亚铜防污剂概述

船舶由于常年航行在海水中，除了会被海水腐蚀之外，还会经受包括细菌在内的各种海洋生物等物种的附着，由海洋生物附着所导致的海洋污损给船舶行业带来的经济损失是难以精确计算的。全球范围内用于治理海洋污损的费用每年至少有 14 亿美元。因此研究出一种有效的海洋防污技术和产品极其重要，这也是人类从事海洋活动以来遇到的一个重大难题。目前，将防污涂料涂在海底设施上是一种较为有效的方式。传统的防污涂料主要是有机锡涂料，它虽然是一种有效的防污剂，但它会造成极大的环境污染。

Cu_2O 作为一种具有安全、高效、价廉等优点的防污剂在整个防污涂料的发展进程中一直发挥着举足轻重的作用。19 世纪 40 年代，Cu_2O 首先被应用于基料可溶型防污涂料中。这种防污涂料通常以松香等可溶性树脂为基料，以 10%~20% 浓度的 Cu_2O 作为防污有效成分分散在树脂中，Cu_2O 可以随着树脂溶解而溶解，从而发挥抑菌防污的作用。但是可溶性树脂的基料性能脆弱，易在海水中消散，故防污期效较短（一般为 2 年）。为解决防污剂涂料难以发挥长效抑菌防污的问题，各涂料公司继可溶性树脂后又相继推出了铜含量高的不溶型防污涂料。此类涂料中，Cu_2O 透过树脂涂层表面向外扩散达到抑菌防污的目的。然而，此类涂料也存在一个问题，当 Cu_2O 在海水中不断溶解并渗出后，涂层表面会留下类似蜂窝状结构的空孔树脂，这不仅影响了涂层的强度，而且在水下可能引起微涡流现象，使得释放 Cu_2O 的通道堵塞，阻碍其继续释放，降低防污效果，甚至过早失效。为了克服这一缺点，往往在此类不溶性的树脂中加少量可溶于水的成分，如松香。以 Cu_2O 为防污剂的基料可溶型和基料不溶型防污涂料存在一个棘手的问题，即两者防污期效都很难达到理想的程度，而且这些防污涂料的漆膜强度不足等问题也很难得到有效解决。20 世纪 60 年代以后，主要是有机锡自抛光涂料和 Cu_2O 防污涂料的混合使用，这一涂料一方面降低了高毒性有机锡的使用量，另一方面克服了以 Cu_2O 为单一防污剂的传统防污涂料的缺点。这个时期的防污涂料在涂层漆膜强度、防污剂稳定性释放等方面比以前均有显著提高，且防污期效能延长至 3~5 年。虽然有机锡和 Cu_2O 的混合涂料表现出良好的防污性能，但是有机锡作为剧毒化学物质对海洋生物潜在的威胁依然存在，根据 IMB 的规定，现已禁用有机锡防污剂。因此，将自抛光原理推及 Cu_2O 和有机防污剂而产生的无锡自抛光防污涂料（TF-SPC）应运而生。美国 Devoe 涂料公司就开发出商品名为 ABC-AF No. 3 的 Cu_2O 型无锡自抛光防污涂料，该涂料具有 5 年以上的有效期。同时，世界上各大涂料公司竞相开发出以 Cu_2O 为主要防污剂的无锡自抛光防污涂料，琳琅满目的各种产品相继面世。

2.1.2　氧化亚铜防污剂抑菌机理

Cu_2O 作为目前常用的高效防污剂，其抑菌机理一直广受研究人员的关注并做了很多探索，虽然还在继续研究中，但是目前广泛接受的抑菌机理有三个。

1）Cu_2O 可以通过释放有杀菌活性的铜离子进行杀菌。重金属离子渗透进入细胞内部，相互作用后使细胞内部的蛋白质或者核酸失活，从而导致细菌死亡。

2）Cu_2O 可以通过和细菌的直接接触起到杀菌防污的效果。Cu_2O 纳米颗粒和细菌的表面接触导致细菌中生物分子变性或降解，而且 Cu_2O 纳米颗粒和细菌间的相互作用还可能导致细胞膜破损，细菌内容物流出，从而导致细菌死亡。

3）Cu_2O 作为一种窄带隙 p 型半导体，可以吸收利用可见光（hv），在可见光的激发下，Cu_2O 中价带上的电子可以跃迁到导带，从而在导带上产生可以流动的电子（e^-），同时在价带上留下等量的空穴（h^+）。这样通过光激发产生的电子和空穴可以分别与环境中的氧气和水发生反应，产生具有抗菌作用的氧化应激产物，如超氧阴离子自由基（$\cdot O_2^-$）、羟基自由基（$\cdot OH$）、过氧化氢（H_2O_2）等。这些氧化应激产物可以进入细菌内部，扰乱细菌正常代谢，从而对细菌有很好的杀灭效果。生成氧化应激产物的公式如下：

$$光催化剂 + hv \longrightarrow e^- + h^+ \tag{2-1}$$

$$O_2 + e^- \longrightarrow \cdot O_2^- \tag{2-2}$$

$$\cdot O_2^- + H_2O \longrightarrow \cdot OOH + OH^- \tag{2-3}$$

$$OH^- + h^+ \longrightarrow \cdot OH \tag{2-4}$$

$$H_2O + h^+ \longrightarrow \cdot OH \tag{2-5}$$

$$\cdot OH + \cdot OH \longrightarrow H_2O_2 \tag{2-6}$$

如前面所述，Cu_2O 作为一种窄带隙 p 型半导体，具有优异的光电特性，可以诱导体系产生氧化应激产物进行抑菌防污，故可以利用 DFT 计算验证理论上的可行性，利用广义梯度法处理交换关联泛函并采用超软赝势法对电子–核相互作用进行近似模拟。通过 DFT

计算，可以得到单一材料和复合材料的理论禁带宽度 E_g，并利用式（2-7）和式（2-8）进行其价带（E_{VB}）和导带（E_{CB}）的计算：

$$E_{VB} = \chi - E_e + 0.5E_g \tag{2-7}$$

$$E_{CB} = E_{VB} - E_g \tag{2-8}$$

式中，χ 代表结构的桑德森电负性；E_e 是氢原子尺度上自由电子的能量（4.5 eV）；E_g 是结构的带隙能。

另外，通过 DFT 计算可以得到费米能级和导价带的相对位置、功函数在复合前后的变化情况，计算氧化应激产物产生的电势，若复合材料的导带或价带位置跨越这个电势范围就可以判断出能够促进氧化应激产物的产生且可以理论判断是哪种氧化应激产物起主导抑菌作用。这里所提到的功函数是一个重要的参数，通常用于不同半导体材料界面异质结的能带对齐，功函数定义为 $W = E_{vac} - E_F$，其中 E_{vac} 是真空中接近表面的静止电子的能量，E_F 决定了基态电子结构。

2.1.3 氧化亚铜防污剂的控释及低铜化改性

Cu_2O 由于其简单的制备工艺，低廉的价格成本，较低的生物毒性以及广谱抗菌性能受到科研工作者的青睐，并一直用于舰船等的防污底漆当中。据研究，Cu_2O 通过不断渗透、扩散和水解的方式来抑制海洋生物在船体的附着，从而达到防污的目的。但是 Cu_2O 防污材料的不断渗透也带来另一难题——材料防污的长效性。因此制备的 Cu_2O 防污材料除了要有良好的防污性、环境友好性，还应该具有抑菌的长效性，这样材料不至于在短时间内就失去防污性。因此大量研究工作聚焦于对 Cu_2O 的低铜化改性，并控制铜离子的释放速度。

相比传统 Cu_2O，纳米 Cu_2O 在防污涂料中的相容性较高，从而使防污涂料稳定有效地释放防污剂，并可合理使用和减少防污涂料中防污剂的用量。纳米材料可以减缓材料的流失，延长材料的寿命[1]，为防污剂的控释提出了一个新的方向，从而达到长效防污的目的。张明慧[2]以硫酸铜为铜源，葡萄糖为还原剂，采用化学沉淀法制备了不同形貌的纳米 Cu_2O，方法简便，产物纯净。对不同形貌的纳米 Cu_2O 进行抗菌测试，结果发现 Cu_2O 的抗菌性都比较好，但是八面体 Cu_2O 对菌种具有较高的选择性。

静电吸附作用可以防止铜离子过快溶解释放，通常选用一些 Zeta 电位为负的材料，如膨润土、阴离子聚合物等作为基底与 Cu_2O 进行复配。这些物质可以利用静电相互作用和 Cu_2O 结合，通过屏蔽外界环境与 Cu_2O 的接触减缓 Cu_2O 的溶解速度，另外呈负电的物质可以吸附溶解的铜离子从而起到控释的作用，延长 Cu_2O 的抑菌寿命。黄木超[3]利用壳聚糖、松香和膨润土为载体，采用亚硫酸钠还原法或直接复合法制得可控释放型 Cu_2O 复合材料，其对金黄色葡萄球菌的抑菌效果远好于 Cu_2O。同时，由于膨润土的物理屏障作用，在一定程度上防止了 Cu_2O 被快速侵蚀。另外，膨润土对 Cu_2O 释放出的铜离子具有静电吸附作用，减缓了铜离子的渗出速率。

选择能与铜离子进行络合反应的物质与 Cu_2O 复合是解决铜离子释放过快问题的又一

举措。丛非[4]利用无规共聚的方法聚合甲基丙烯酸甲酯（MMA）、甲基丙烯酸二甲氨基乙酯（DMAEMA）及三异丙基硅基丙烯酸酯，得到无规共聚物树脂，掺入纳米 Cu_2O 得到自抛光型海洋防污涂料。DMAEMA 是一种含有叔氨基、可与铜离子络合的单体物质。因此该种防污涂料在海水中表层不断水解，以达到自更新的目的，并借助于叔氨基基团与铜离子络合，从而实现将铜离子固定于表面的功能，减缓铜离子的流失速度，以达到在保证增强涂料自身防污能力的同时减少铜离子的掺入量。

近年来，国内外相关领域学者利用微胶囊的特性，在防污剂的控释缓释方面做了大量探究工作，并取得了一定的实验成果。微胶囊技术是指通过特定的方法，用高分子成膜材料将活性物质包裹成具有核壳结构的非均相微小颗粒的技术，它具有保护囊内物质并控制其释放的功能。毛田野等[5]利用葡萄糖还原-单凝聚法合成了聚乙二醇-Cu_2O（PEG-Cu_2O）微胶囊，并将其埋植于聚氨酯/环氧树脂（PU/EP）共混树脂中制备了含微胶囊防污剂的涂料试样，并研究了涂料试样的物理性能、防污剂的种类和用量对防污涂料性能的影响，结果发现与使用普通 Cu_2O 作为防污剂的涂料试样相比，使用 PEG-Cu_2O 微胶囊的涂料试样各种物理性能均有了较大幅度的提升和改善，并且在将 Cu_2O 的实际使用量降低了 60% 以上的前提下，PEG-Cu_2O 微胶囊防污涂料仍可以达到与商品防污涂料相当的良好防污效果。可见，在防污剂的缓控释和防污期效的延长方面，PEG-Cu_2O 微胶囊可以发挥比较明显的作用。

高度亲水的水凝胶材料可以作为污损抑制涂层直接阻止污损生物的黏附。研究人员已在水凝胶防污材料方面开展了一系列的探索和研究，如可以借助水凝胶的屏蔽作用负载 Cu_2O 提高抑菌防污效果。黄晓迪[6]将由单宁酸（TA）辅助合成的 Cu_2O-TA 球形纳米粒子通过冷冻-解冻过程掺入聚乙烯醇或聚乙烯醇/海藻酸钠水凝胶中，制备了纳米复合的聚乙烯醇水凝胶和聚乙烯醇/海藻酸钠双网络水凝胶。所选用的 Cu_2O-TA 纳米粒子不仅可以在海水中释放 Cu^{2+} 而起到杀生防污的作用，还可以增强水凝胶的机械性能。聚乙烯醇纳米复合水凝胶还具有可修复性能，这有利于实现水凝胶的长期应用。此外，与 Cu_2O 相比，Cu_2O-TA 纳米粒子可降低铜离子释放速率，实现长期缓释的效果。

不论是静电吸附作用，还是络合反应、微胶囊化、水凝胶改性，引入的材料通常都会对 Cu_2O 起到一个物理屏障作用，减少 Cu_2O 与外界接触的可能性，使得 Cu_2O 的溶解速度减缓，铜离子释放速度降低。具有负电位的材料可以吸附铜离子，具有络合反应的物质可以与铜离子发生络合反应，这都会继续减缓铜离子的进一步释放，达到长效防污的目的。具有水凝胶性质的物质与 Cu_2O 复配后可以实现自修复功能，在材料受到损害时可以及时修补裂痕，继续实现水凝胶的智能物理屏障作用。另外，虽然 Cu_2O 的金属离子毒性相比有机锡降低很多，但大量蓄积也会存在一定危害，因此减少防污涂料中 Cu_2O 用量满足低铜高效防污涂料的研制是生态环保的需求，这就要求与 Cu_2O 复配的材料具有实现铜离子可控控释及协同高效杀菌的功能，以此达到长效防污的目的。

虽然科研工作者对 Cu_2O 进行了大量改性以解决其稳定差、铜离子释放过快等问题，但很少对 Cu_2O 及其复合物在抑菌防污过程中表现出的光催化抑菌和协同抑菌作用以及 Cu_2O 在光催化抑菌中表现出的光腐蚀问题的解决方案等进行总结。Cu_2O 由于其典型的窄带隙 p 型半导体性质，可以充分利用可见光，在受能量激发时，产生的大量电子和空穴可以催化体系产生氧化应激产物直接灭活细菌，另外大量电子和空穴不能及时消耗，使得 Cu_2O 被光腐蚀生成铜和氧化铜。据研究，铜和氧化铜表现出的抑菌防污性能远不如 Cu_2O，因此光腐蚀问题会对 Cu_2O 的抑菌性能大打折扣。所以这里按照纳米材料不同维数（零维、一维、二维）这一主线，选择不同维度典型的材料修饰 Cu_2O，在实现低铜化要求、控释铜离子目的的情况下有效调动 Cu_2O 的光催化抑菌作用，并抑制 Cu_2O 的光腐蚀，从而增强 Cu_2O 的抑菌性能。

2.2 零维银纳米粒子修饰的氧化亚铜复合防污剂

2.2.1 零维银纳米粒子概述

零维纳米材料是粒径比较小的颗粒，具有较大的比表面积、较强的纳米活性。对于一些有光电性能的材料，如团簇，容易发生跃迁和淬灭，因此它们的光学性能会有很大提高。目前，各种各样的物理和化学方法已经被开发用于制造具有良好尺寸控制的零维纳米粒子。近年来，多个研究小组合成了均匀粒子阵列（量子点）、非均匀粒子阵列、核壳量子点、空心球等零维纳米粒子，目前零维纳米粒子在发光二极管、太阳能电池、单电子晶体管和激光器中得到了广泛研究。

另外，零维纳米粒子在抑菌防污方面也发挥着重要作用，常见的银纳米粒子（AgNPs）在低浓度下就具有广谱高效的抗菌性能，所以一直备受学者青睐。研究表明，AgNPs 可以高效地杀死微生物并抑制微生物生长，同时具有较小的生物毒性[7]，被广泛用于食品、水等方面的杀菌消毒。与 Cu_2O 类似，AgNPs 相较于银化合物（如硝酸银）抗菌时效更长，且能够控制银离子的释放。

除此之外，纳米银的化学活性很强，银原子易与其他原子发生结合，从而制备出结构稳定的纳米银复合材料。已经有很多文献报道，一些具有特殊电学、化学、热力学等性质的载体可以与纳米银产生协同效应，提高复合材料的整体杀菌效果。Wang 等[8]报道了一种基于共轭聚电解质/银纳米复合材料的柔性薄膜，他们利用柔性聚二甲基硅氧烷（PDMS）膜作沉积纳米银的基底，再利用层层自组装法将生物相容的聚 L-赖氨酸（PLL）/聚丙烯酸（PAA）聚合物沉积在基底上，最后制备出复合光活化抗菌剂。AgNPs 的表面等离子共振（SPR）效应诱导产生了增强的磷光效应，可以增加 ROS 的产生，所以该柔性膜是一种具有很好抗菌潜力的光活化抗菌材料。Kobeissi 等[9]利用不同粒径的银修饰微观交联的聚乙烯吡咯烷酮（PVP），用于饮用水的杀菌消毒，该材料很容易从水中分离，从而实现循环使用。Chen 等[10]首次尝试使用石墨烯量子点-AgNPs（GQD/AgNPs 杂化物）作为氧化酶模拟物和抗菌剂。与先前的基于银和石墨烯的材料不同，GQD/AgNPs 杂化物表现出很高的氧化酶催化活性，并且在室温至 60 ℃范围内的中性介质中具有良好的稳定性。因此，GQD/AgNPs 杂化物具有巨大的潜力，可用作高效广谱抗菌剂，无需通过激光照射

（光敏化）或提供 H_2O_2 进行额外刺激就可以产生高效 ROS 来杀菌。Xin 等[11]合成了具有磺胺基团的 *N*,*N*-二甲基-*N*-(2-甲基丙烯酰氧乙基)*N*-(3-磺丙基）铵（DMMSA）的伯氨基封端的磺基甜菜碱，然后通过点击化学将其接枝到聚多巴胺预处理的聚对苯二甲酸乙二醇酯（PET）片材上。随后将片材浸入银离子溶液中，其中吸收的银离子通过聚多巴胺层原位还原成 AgNPs，这种材料具有杀菌和防污双重功能。总之，纳米银的抗菌性能远大于传统的银杀菌剂，且具有毒性小、持久性强和不易使细菌产生耐药性的特点。

2.2.2 零维纳米银粒子负载的氧化亚铜复合防污剂

Yang 等[12]结合 Cu_2O 和银纳米粒子的优势，利用热分解的方法在 Cu_2O 表面上将 Ag^+ 还原为 AgNPs 制备出粒径约为 500 nm 的 Cu_2O/Ag 复合材料，解决了 Cu_2O 化学性质不稳定的问题，同时增强了 Cu_2O 光催化杀菌的能力。

（1）Cu_2O-Ag 复合防污剂的抑菌性能

如图 2-1 所示，以 Cu_2O-Ag 复合材料的最低抑菌浓度（minimum inhibitory concentration，MIC）为标准，利用平板菌落计数法直观地表征出三种样品对金黄色葡萄球菌和铜绿假单胞菌的抑菌性能，平板数码图像如图 2-1 所示，分别代表空白、Cu_2O、Cu_2O-Ag 和 Ag 处理的细菌样品。对比三种样品杀菌作用，Cu_2O-Ag 形成异质结构可以发挥协同抑菌作用，性能优于 Cu_2O 和 Ag。

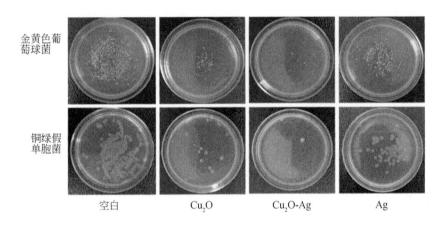

图 2-1　用不同样品处理的金黄色葡萄球菌和铜绿假单胞菌菌落计数照片

实际应用中，对复合材料的长效抑菌性能要求较高，图 2-2 是不同材料对金黄色葡萄球菌和铜绿假单胞菌的长效抑菌结果。随着时间的推移，金黄色葡萄球菌和铜绿假单胞菌的菌落数增加，但 Cu_2O 比 Cu_2O-Ag 明显增加得多。这表明，随着时间的推移，两种样品的杀菌性能都受到了抑制，然而 Cu_2O-Ag 具有比 Cu_2O 更持久的抑菌性能。如图 2-2（b）和（d）所示，这两个样品在磷酸盐缓冲液（PBS）中保存的时间小于 3 天时，Cu_2O-Ag 对金黄色葡萄球菌和铜绿假单胞菌的抑菌性能比 Cu_2O 分别提高 11% 和 7%。超过 3 天时，

Cu₂O-Ag 的抗菌性能远远优于 Cu₂O。Cu₂O-Ag 对金黄色葡萄球菌和铜绿假单胞菌的抑菌率可以维持在 70% 和 80%，并且在 PBS 中浸泡 14 天后，与 Cu₂O 相比，Cu₂O-Ag 抑菌率分别增加了 40% 和 50%，可见 Cu₂O-Ag 具有更长效的抑菌性能。

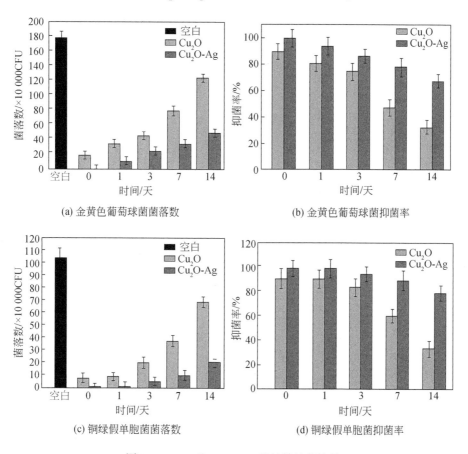

图 2-2　Cu₂O 和 Cu₂O-Ag 的长效抑菌结果

（2）Cu₂O-Ag 复合防污剂的稳定性

对于 Cu₂O 而言，一价铜是不稳定的，在光、水和氧气存在时很容易变质，最终损害其原始性能。Cu₂O-Ag 复合防污剂的稳定性决定了材料的抑菌防污期效，通常运用电感耦合等离子体（ICP）、材料抑菌前后的形貌及元素分析等方法来鉴定复合防污剂的稳定性情况。

图 2-3 是扫描电子显微镜对浸泡在 PBS 中 14 天后 Cu₂O 微球和 Cu₂O-Ag 复合微球的形态变化表征，以及浸泡前后不同体系的 X 射线衍射（XRD）化学成分的定性表征。图 2-3（a）~（d）和（e）~（h）是在 PBS 中浸泡 1 天、3 天、7 天和 14 天后 Cu₂O 微球和 Cu₂O-Ag 复合微球的 SEM 图像。从图 2-3（a）~（d）可以看出，浸泡 3 天后 Cu₂O 微球已经分解成片状，这可能是由于 Cu₂O 微球与外部水溶液之间发生化学反应促进 Cu₂O 微球沿着特定的晶面重结晶生长[13]。但这种片状结构将促使内部 Cu₂O 更彻底地暴露于水和氧

气中并且更快地氧化。然而，Cu$_2$O-Ag 复合微球仍然可以在水溶液中很好地保持球形形态 [图2-3（e）~（h）]，这表明 Cu$_2$O 微球外的 AgNPs 抑制了内部 Cu$_2$O 与水和氧气发生反应，这使得 Cu$_2$O-Ag 复合微球具有优异的长期稳定性[14]。

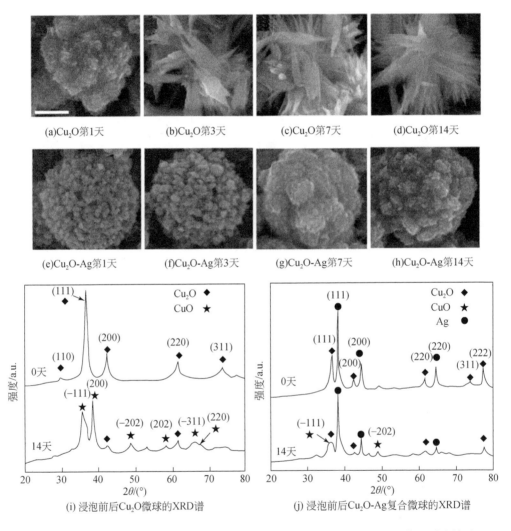

(a)Cu$_2$O第1天　(b)Cu$_2$O第3天　(c)Cu$_2$O第7天　(d)Cu$_2$O第14天

(e)Cu$_2$O-Ag第1天　(f)Cu$_2$O-Ag第3天　(g)Cu$_2$O-Ag第7天　(h)Cu$_2$O-Ag第14天

(i) 浸泡前后Cu$_2$O微球的XRD谱　　(j) 浸泡前后Cu$_2$O-Ag复合微球的XRD谱

图2-3　在 PBS 中储存不同天后 Cu$_2$O 微球和 Cu$_2$O-Ag 复合微球的 SEM 图像及浸泡前后 Cu$_2$O 微球和 Cu$_2$O-Ag 复合微球的 XRD 谱

图 2-3（i）和（j）显示了浸泡前后 Cu$_2$O 微球和 Cu$_2$O-Ag 复合微球的 XRD 谱。从图 2-3（i）可以看出，浸泡 14 天后 Cu$_2$O 微球的化学组成发生了很大变化。一些新的衍射峰出现并与 CuO 的晶面相对应，而 Cu$_2$O 微球的衍射峰几乎完全消失，表明大部分 Cu$_2$O 在浸泡 14 天后被氧化成 CuO，因此单独的 Cu$_2$O 微球在 pH=6.0 的 PBS 中不能稳定存在。然而，浸泡 14 天后 Cu$_2$O-Ag 复合微球的 XRD 谱与 0 天相比几乎没有变化，表明制备的 Cu$_2$O-Ag 复合微球保留了原始化学组成。复合材料可以保持原始化学成分有两个原因：

①纳米银保护层防止内部 Cu_2O 在水和氧的存在下氧化；②在 Cu_2O 和 Ag 之间形成的异质结结构诱导出很大的界面电场，克服表面弯曲的能带，因此推动电子和空穴向 Ag 和 Cu_2O 表面转移，用于外部的化学反应，防止过多的空穴积累在内部诱导光腐蚀。在没有形成异质结的情况下，单独的 p 型 Cu_2O 微球中仅有少数载流子（即光生电子）到达表面，而多数载流子（光生空穴）将在体内积累，导致有害的自身光腐蚀反应。

图 2-4 是浸泡 14 天后 Cu_2O 微球和 Cu_2O-Ag 复合微球的 X 射线光电子能谱（XPS）。图 2-4（a）显示，浸泡 14 天后，原始 Cu_2O 微球中出现大量 Cu^{2+}，表明大量 Cu_2O 在水和氧的影响下氧化成 CuO，而 Cu_2O-Ag 复合微球中 Cu^{2+} 的含量则鲜有变化 [图 2-4（b）]，与 XRD 谱的结果一致。另外，采用 ICP 对 Cu_2O 微球和 Cu_2O-Ag 复合微球的 Cu^{2+} 释放行为进行表征。Cu_2O 在前 3 天内爆发式释放 Cu^{2+} [图 2-4（c）]，而 Cu_2O-Ag 复合微球的 Cu^{2+} 释放速率保持在较低水平。Cu_2O 微球的 Cu^{2+} 释放速率较快，表明 Cu_2O 的稳定性损失更明显。Cu_2O-Ag 复合微球能够持久、温和地释放 Cu^{2+}，这主要是由于 AgNPs 将 Cu_2O 紧紧包裹，形成保护屏障，降低了 Cu_2O 与外界溶液接触反应的可能性。此外，AgNPs 加载在 Cu_2O 微球表面，形成大量的离子释放通道，使 Cu^{2+} 得到缓释。

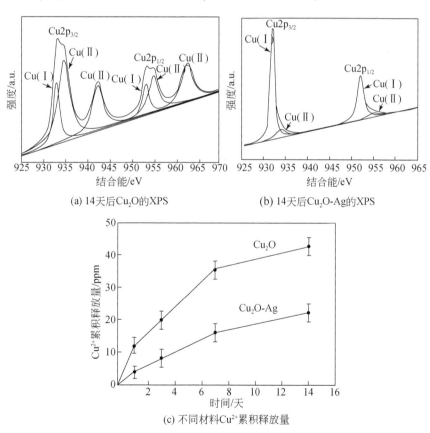

(a) 14天后Cu_2O的XPS (b) 14天后Cu_2O-Ag的XPS

(c) 不同材料Cu^{2+}累积释放量

图 2-4 对不同材料的 XPS、ICP 稳定性表征

（3）Cu$_2$O-Ag 复合防污剂的抑菌机理

利用紫外–可见光吸收光谱可以探究材料对不同波长光的吸收能力，进而评估材料对可见光的利用情况。Cu$_2$O、Ag 和 Cu$_2$O-Ag 的紫外–可见光吸收光谱如图 2-5（a）所示。从光谱中可以清楚地看出，Cu$_2$O 纳米颗粒在 450~500 nm 范围显示出较窄的吸收峰[15]，Ag 在 415 nm 附近显示出等离子体峰[16]。值得注意的是，Cu$_2$O 和 Ag 复合后的吸收峰可以出现在整个 400~600 nm 范围，该吸收峰归因于金属 Ag 纳米颗粒中局域电子所引起的局域 SPR 效应[17]。因此 Cu$_2$O-Ag 复合微球表现出更强的吸光能力和更宽的吸光范围，提高了光的吸收利用作用。Cu$_2$O-Ag 具有更强的吸收峰强度，这是由于 Cu$_2$O 被 Ag 纳米颗粒包裹，Ag 的表面电子使 Cu$_2$O 成为极化表面，可以增强对光的反射和散射，最终增强复合微球的光捕获能力[18]。

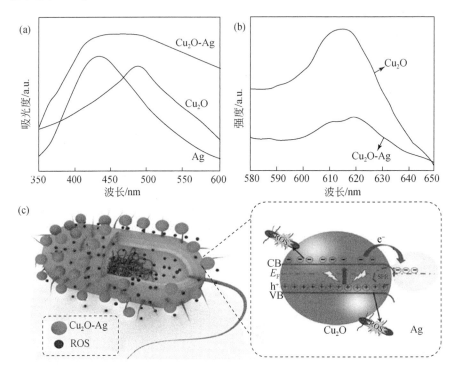

图 2-5 （a）不同体系的紫外–可见光吸收光谱；（b）不同体系的 PL 光谱；
（c）Cu$_2$O-Ag 的光生电子–空穴分离过程和 ROS 抗菌机理的示意
VB 表示价带；E_F 表示费米能；CB 表示导带

光致发光（PL）技术是研究电荷载体捕获、迁移和转移效率的有效方法。较低的 PL 强度通常意味着较低的电子–空穴重组率和更高的光催化活性[19]。图 2-5（b）显示了在 325 nm 激发光下 Cu$_2$O 和 Cu$_2$O-Ag 复合微球的 PL 光谱。与 Cu$_2$O 相比，Cu$_2$O-Ag 复合微球的发射峰强度明显降低，这表明，Ag 的加入可以有效地抑制 Cu$_2$O 电子–空穴的复合，从而使 Cu$_2$O-Ag 复合微球保持高效的光催化活性。在 Cu$_2$O-Ag 复合材料中，较低的载流子复合率是由于在金属–半导体界面处形成了肖特基势垒，从而抑制电子–空穴的复合[20]，提高电子–空穴的利用率，并通过电子–空穴的作用产生大量的 ROS。Cu_2O-Ag 复合材料所催化产生的 ROS 远远超过 Cu_2O 和 Ag，这主要是由于 Cu_2O 晶体内光生电子和空穴的过度积累使其发生严重光腐蚀而变质，进而抑制了 ROS 的产生，而 Ag 由于表面等离子体共振效应产生的载流子有限且传输至半导体表面用于氧化应激反应的载流子较少。ROS 是导致细菌死亡的一个重要因素，可以作为铜离子接触杀菌的补充，增强抑菌性能如图 2-5（c）所示。

利用 DFT 计算可以证明，Cu_2O-Ag 复合材料产生的活性氧是促进细菌死亡的一个重要因素。由图 2-6（c）可知，Cu_2O、Cu_2O-Ag 的禁带宽度分别是 1.82 eV、0.91 eV，电负性分别是 5.46 eV、4.894 eV。根据能斯特方程可以得到 Cu_2O 的导带（CB）为–0.327 eV，价带（VB）为 1.493 eV；Cu_2O-Ag 的导带为–0.484 eV，价带为 0.426 eV。此外，Cu_2O 和 Ag 复合形成肖特基势垒，使得功函数由 5.25 eV 降至 4.49 eV，提高了 Cu_2O 的电子输运能力，降低了光腐蚀速率。另外，Cu_2O 在电子跃迁输运过程中，激发的能量主要促进 H_2O_2 的形成，H_2O_2 具有氧化性，可产生抑菌效果。然而 Cu_2O-Ag 主要是促使超氧阴离子的生成，其在活性氧中氧化性最强，所以 Cu_2O-Ag 表现出比 Cu_2O 更好的抑菌性能。同时，窄带隙的 Cu_2O-Ag 有助于光生电子的输运，可有效地避免光腐蚀。

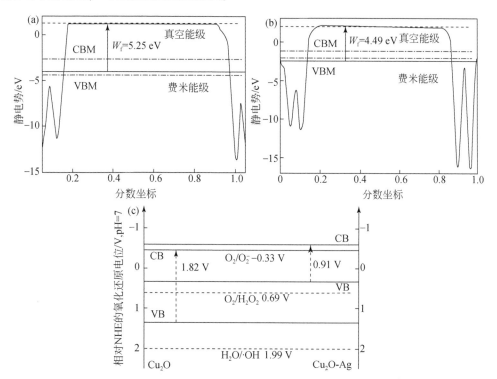

图 2-6 （a）Cu_2O 的静电势；（b）Cu_2O-Ag 的静电势；（c）Cu_2O 和 Cu_2O-Ag 的能级
结构以及不同活性氧相对 NHE（标准氢电极）的氧化还原电位，pH=7。
CBM 表示导带底，VBM 表示价带顶

因此，Cu_2O-Ag 复合材料可能的 ROS 抗菌机制，如图 2-5（c）所示。p 型半导体 Cu_2O（$W_f = 5.25$ eV）的功函数高于金属 Ag（$W_f = 4.49$ eV），将驱动电子从金属转移到半导体直到重新建立一种热力学平衡[21,22]，最终二元异质结（肖特基势垒）在半导体和金属的界面处构建。此外，银的费米能级将下降，而 Cu_2O 的费米能级将升高。Cu_2O-Ag 界面处的能带是弯曲的，且 Cu_2O 的导带边缘高于热力学平衡态的费米能级。当 Cu_2O-Ag 异质结结构被光照射激发时，产生光生电子-空穴，在内部电场的作用下，Cu_2O 导带中的电子迁移到 Ag，而由于肖特基势垒的存在，AgNPs 中的电子不能转移到 Cu_2O。因此，可以有效地分离 Cu_2O 光生电子-空穴。Ag 纳米粒子不仅可以接收在 Cu_2O-Ag 异质结结构上产生的大量的光激发电子，还可以拓宽复合材料的吸收光的波长范围，提高光利用率。光激发的电子和空穴攻击细菌并诱导细胞内氧化应激产物（$\cdot O_2^-$）积累。这些物质会诱导核酸损伤、细胞内蛋白质失活、线粒体功能障碍，以及细胞膜破损，最终导致细胞死亡。

2.3 一维聚苯胺纳米棒负载氧化亚铜银纳米复合防污剂

2.3.1 一维聚苯胺材料概述

虽然零维材料具有较大的比表面积、很强的纳米活性，且复配后容易提高材料的一些物理化学特性，但其本身容易团聚，造成材料在使用过程中失效。一维纳米结构被认为在材料科学领域发挥着重要作用，由于其独特的光学、结构和电子性能，一维纳米结构是一类很有前途的储能和转换高性能材料，特别是一维纳米结构光催化剂的研究越来越受到人们的关注。一维纳米结构的大纵横比是其应用的关键。一个不受束缚的维度可以直接传输量子粒子，如光子、声子和电子。因此，一维纳米结构被认为是制造先进固态器件的理想材料，因为它们可以控制各种形式的能量传输。Schoen 等[23] 报道了纳米线尖端结构具有尖端放电的效应，在提供较低的外部电压时，纳米线尖端电压可以增加 3~4 个数量级。Wang 等[24] 通过泡沫铜刻蚀、真空退火得到 Cu_2ONWs，并采用溶液还原法，使用葡萄糖粉末还原硝酸银溶液，并高温退火使葡萄糖发生碳化，得到 C/Cu_2O-AgNPs 复合材料，利用复合材料纳米线尖端放电效应，达到电穿孔灭菌的目的。

近年来，一维纳米结构在光催化即太阳能转换方面的应用成为纳米科学界最活跃的研究领域之一。本书涉及的重要抑菌机理之一为光催化抑菌，其是依靠材料受外界能量（主要是光能）激发产生活性氧来实现高效杀菌，因此不得不提到一维材料在光催化剂抑菌方面的应用。近年来，一维纳米结构的合成呈指数级增长，其在光催化方面的应用潜力巨大，这主要得益于一维材料的如下性质：①一维几何结构有利于电子的快速长距离传输；②一维材料比块体材料有更大的比表面积和孔隙体积；③基于一维纳米结构的高长径比，光的吸收和散射被认为明显增强。近年来，多组分一维纳米复合材料在多相光催化中被研究，这有望克服单相纳米结构不能有效利用可见光、量子效率低、光催化剂可能发生光降解等缺点。p/n 结、z 型的形成，特殊空间结构，如核壳、纳米树结构等的构建，使这些基于一维材料的多组分具有独特性能的纳米复合材料的光催化应用得到发展，特别是太阳能转化为可储存燃料，选择性转化为有机合成和光催化消毒。

一维聚苯胺纳米棒（PANI）因其具有原材料便宜易得、合成工艺简单、独特的掺杂−去掺杂机理、可逆的氧化还原反应、化学及生物友好性等特点，被认为是生活中和军事上最具有应用前景的功能性导电材料之一，目前已成为科研工作者关注且研究最广泛的导电高分子材料之一。聚苯胺是苯式结构单元和醌式结构单元共存的结构，它的导电性是在不同的氧化还原状态下对分子链进行掺杂和脱掺杂来获得的，即聚苯胺的分子链是由还原态结构单元和氧化态结构单元共同构成的，它的结构式可以写成如下形式：

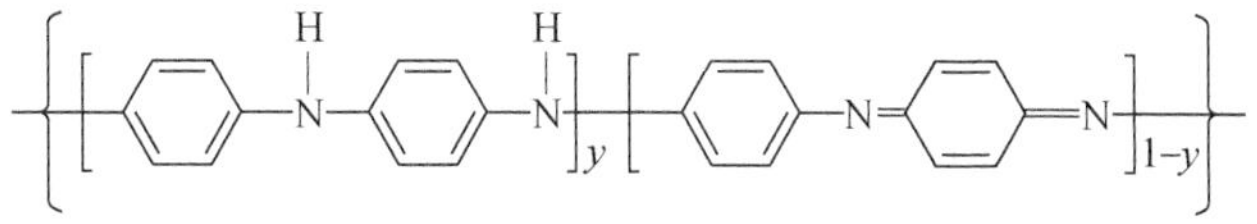

PANI 的掺杂位点主要在亚胺氮原子上，且苯二胺和醌二亚胺同时出现是实现有效质子酸掺杂的必要条件。掺杂的质子酸携带的正电荷在聚苯胺分子链内部转移，使聚苯胺分子链上产生空穴，即 p 型掺杂，形成一种稳定离域形式的聚苯胺基团，且亚胺基团的正电荷通过共轭作用分散到相邻的原子上，从而增加体系的稳定性。在外电场的作用下，共轭 π 电子的共振使得空穴在整个分子链上移动，表现出导电性。PANI 所特有的光、电、磁和化学性能，再加上高聚物材料所特有的易加工特点与其自身的柔韧性相结合，使得 PANI 被普遍地应用于各个行业的产品，如电容器、电致变色材料、电磁屏蔽材料、传感器材料、抑菌材料等。

Wang 等[25]利用软聚合物（聚丙烯酸）（PAA）和刚性导电聚苯胺（PANI）通过物理缠结、氢键和离子相互作用制备了双重协同网络水凝胶，其具有高拉伸强度、可控导电性和大拉伸变形性能。这些水凝胶可用于制造具有良好灵敏度和宽感应范围（0~1130%）的应变传感器。Miao 等[26]用一锅法成功制备了具有 3D 多孔网络的新型还原石墨烯/聚苯胺/Cu$_2$O（RGO/PANI/Cu$_2$O）复合水凝胶，该复合水凝胶具有很好的稳定性，五次循环后没有任何明显的损伤。RGO/PANI/Cu$_2$O 复合水凝胶具有优异的光催化降解染料的活性，由于该材料对刚果红具有高吸收能力以及高效的光生电子−空穴分离效率，这项研究将为构建具有高性能的紫外−可见光响应光催化剂提供新的视角。虽然聚苯胺在抑菌领域的研究还不多，但是其电子传导率高、亲水性好、热力学性能优异，是构建抗菌功能材料的理性载体。Xu 等[27]通过简单的绿色策略成功地将导电聚合物 PANI 负载在 Bi$_{12}$O$_{17}$Cl$_2$ 上，PANI 将复合材料的光吸收区域扩展到更大的波长范围，实现了光生电荷载体的高分离和转移，进而实现了对微生物的高致死性。Bogdanović 等[28]研究了基于聚苯胺（PANI）和铜纳米粒子（CuNPs）的复合材料，研究表明，该材料很好地解决了易氧化和聚集的问题，并且所制备的 Cu-PANI 纳米复合材料的最低抑菌和杀菌浓度低于其他报道的纳米复合材料。聚苯胺−聚乙烯醇（PANI-PVA）复合膜可用于对抗大肠杆菌和金黄色葡萄球菌。复合膜对大肠杆菌和金黄色葡萄球菌的抑菌率几乎达到100%，而用天然 PVA 观察不到显著的抑菌作用。PANI-PVA 的抑菌性能得益于 PANI 释放的 H$^+$，其导致细菌细胞壁破裂。另一项调查报道了 PANI 与氨基苯甲酸（PANI-ABA）对大肠杆菌、金黄色葡萄球菌和铜绿假单胞菌等的临床抗菌活性[29]。降低所需杀菌剂的使用浓度被认为是减少对环境毒性作用的好方法。

总之，将聚苯胺与其他无机、有机材料复合发挥协同杀菌作用是一个很好的制备新型高效杀菌剂思路。研究人员通过湿化学法以导电性强、亲水性好、官能团丰富的聚苯胺为载体，将 Cu_2O 和纳米银依次在聚苯胺上还原出来，构建出聚苯胺负载 Cu_2O 及 Cu_2O 负载纳米银的异质结构。利用平板菌落计数法研究了 Ag-Cu_2O/PANI、Cu_2O/PANI、Cu_2O 和 Cu_2O/Ag 的长效抗菌性能。采用 ICP 和分散性实验研究了 Ag-Cu_2O/PANI 的铜离子释放和团聚性能，铜离子长效释放、增强的 ROS 生成能力和优异的分散性使 Ag-Cu_2O/PANI 复合材料具有极好的长效抗菌活性。与 Cu_2O 相比，Ag-Cu_2O/PANI 复合材料对金黄色葡萄球菌和铜绿假单胞菌的抑菌率在 30 天后分别提高了 50% 和 60%；与 Cu_2O-Ag 相比，Ag-Cu_2O/PANI 复合材料对金黄色葡萄球菌和铜绿假单胞菌的抑菌率在 30 天后分别提高了 30% 和 40%。

2.3.2 一维聚苯胺纳米棒修饰的氧化亚铜银纳米复合防污剂

（1）一维聚苯胺纳米棒修饰的氧化亚铜银纳米复合防污剂的抑菌性能

图 2-7 是 PANI、Ag、Cu_2O、Cu_2O/PANI、Ag-Cu_2O/PANI 在 MIC 下，不同材料相对空白样品对铜绿假单胞菌和金黄色葡萄球菌的抑菌率。可见 Ag-Cu_2O/PANI 的抑菌效果高于其他组分，表现出最好的抑菌性能。

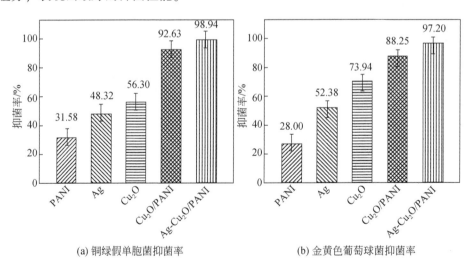

(a) 铜绿假单胞菌抑菌率　　　　　　　(b) 金黄色葡萄球菌抑菌率

图 2-7　PANI、Ag、Cu_2O、Cu_2O/PANI、Ag-Cu_2O/PANI 抑菌实验测试

用平板菌落计数法来评估在 PBS 中储存 0 天、1 天、3 天、7 天、14 天和 30 天后的空白、Cu_2O、Cu_2O/PANI 和 Ag-Cu_2O/PANI 样品对革兰氏阳性（金黄色葡萄球菌）和革兰氏阴性（铜绿假单胞菌）细菌的长期抗菌功效。图 2-8（a）和（c）是金黄色葡萄球菌和铜绿假单胞菌菌落数，图 2-8（b）和（d）是金黄色葡萄球菌和铜绿假单胞菌抑菌率。从

图 2-8（a）和（c）可以看出，金黄色葡萄球菌和铜绿假单胞菌的菌落数随着三种杀菌剂储存时间的增加而增加，这表明三个样品的杀菌性能都会随时间而受损。如图 2-8（b）和（d）所示，当两种菌液在 PBS 中储存少于 7 天时，Cu_2O/PANI 和 Ag-Cu_2O/PANI 复合材料的抗菌性能都稍高于 Cu_2O，但是差距不是太大；而当储存时间超过 7 天时，Cu_2O/PANI 和 Ag-Cu_2O/PANI 复合材料的抗菌性能远远优于 Cu_2O。即使在 30 天后，Ag-Cu_2O/PANI 复合材料对金黄色葡萄球菌和铜绿假单胞菌的抑菌率可分别保持在 77% 和 80% 左右。

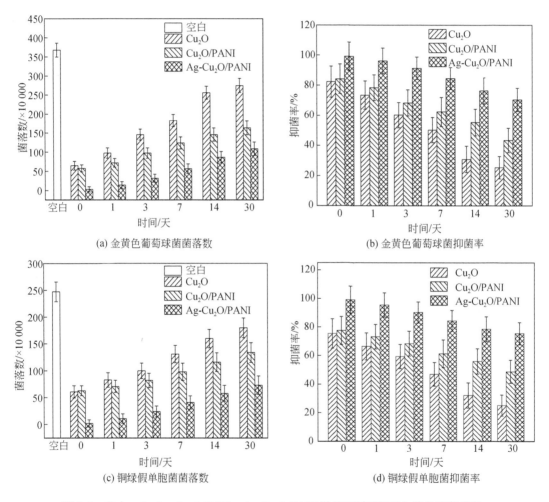

图 2-8　空白、Cu_2O、Cu_2O/PANI、Ag-Cu_2O/PANI 样品不同时间对金黄色葡萄球菌、
铜绿假单胞菌的菌落数及抑菌率影响

（2）一维聚苯胺纳米棒修饰的氧化亚铜银纳米复合防污剂的稳定性

防污剂的稳定性严重影响材料的抑菌性能，稳定性测试能够更好地解释上述抑菌情况差异的原因。借助 XPS、ICP、极化曲线测试技术可以监测防污剂铜离子的释放及其电化学稳定性情况。

图 2-9（a）为 Cu$_2$O/PANI 和 Ag-Cu$_2$O/PANI 储存 30 天后的 XPS，可知 Cu$_2$O/PANI 中 Cu^{2+} 的含量明显增加，说明在水和氧的影响下，Cu$_2$O 被大量氧化为 CuO，而 Cu^{2+} 的含量

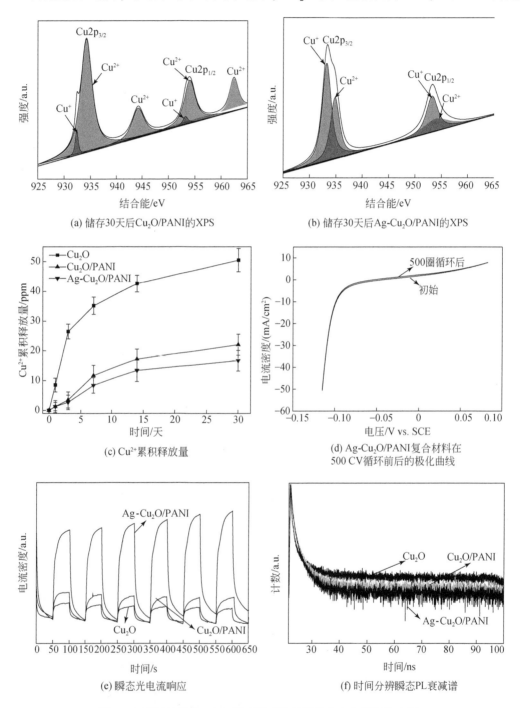

(a) 储存30天后Cu$_2$O/PANI的XPS

(b) 储存30天后Ag-Cu$_2$O/PANI的XPS

(c) Cu^{2+}累积释放量

(d) Ag-Cu$_2$O/PANI复合材料在
500 CV循环前后的极化曲线

(e) 瞬态光电流响应

(f) 时间分辨瞬态PL衰减谱

图 2-9　不同材料的 XPS、铜离子释放性能及光电化学性能表征

在 Ag-Cu$_2$O/PANI 体系中变化不明显［图 2-9（b）］。因此，Ag-Cu$_2$O/PANI 很好地保持了其原有的化学性质。这一现象也可以通过 ICP 测试的材料释放 Cu^{2+} 离子曲线证实［图 2-9（c）］。Cu$_2$O 在前三天爆发式释放 Cu^{2+} 离子，Cu$_2$O/PANI 和 Ag-Cu$_2$O/PANI 中 Cu^{2+} 离子的释放速率维持在较低水平，Ag-Cu$_2$O/PANI 中 Cu^{2+} 离子的释放速率最慢。因此，Cu$_2$O 的质量损失更快，而 Ag-Cu$_2$O/PANI 则能长期、温和地释放 Cu^{2+} 离子，这可能是因为 AgNPs 紧密地包裹在 Cu$_2$O 表面，形成了保护屏障，减少了 Cu$_2$O 与外部溶液接触的可能性。此外，AgNPs 被支撑在 Cu$_2$O 表面，形成许多离子释放通道，使 Cu^{2+} 离子具有良好的持续释放性能。对于 Cu$_2$O/PANI 和 Ag-Cu$_2$O/PANI，Cu$_2$O 被化学力量牢牢地固定在 PANI 上。PANI 对 Cu$_2$O 有很好的保护作用，也降低了 Cu$_2$O 与外界溶液接触反应的可能性。特别是 Ag-Cu$_2$O/PANI 复合材料在 PANI 和 Ag 的双重作用下，Cu^{2+} 离子的释放速率最慢且长效释放性能最好。图 2-9（d）是 Ag-Cu$_2$O/PANI 的极化曲线，与初始极化曲线相比，电流衰减可以忽略不计，且表现出良好的循环稳定性。图 2-9（e）是所有样品的瞬时光电流响应。Ag-Cu$_2$O/PANI 产生的光电流密度相对高于 Cu$_2$O 和 Cu$_2$O/PANI，说明 Ag-Cu$_2$O/PANI 中电子–空穴可更有效地分离。从时间分辨的 PL 衰减谱指数［图 2-9（f）］观察到 Ag-Cu$_2$O/PANI 衰减动力学缓慢，这也证实了 Ag-Cu$_2$O/PANI 的电荷分离情况得到改善。

稳定性测试结果与上述抑菌结果相对应，由于聚苯胺、银对 Cu$_2$O 的屏障保护作用，复合防污剂的铜离子释放速度得到明显减缓，持续的铜离子释放表现出持续的抑菌效果。另外，复合防污剂聚苯胺和银的掺入很好地缓解了 Cu$_2$O 的光腐蚀问题，并促进了电子–空穴的分离。

（3）一维聚苯胺纳米棒负载 Cu$_2$O 银纳米复合防污剂的抑菌机理

图 2-10（a）显示了 Cu$_2$O、Cu$_2$O/PANI 和 Ag-Cu$_2$O/PANI 在 325 nm 激发下的 PL 光谱。观察到 Cu$_2$O/PANI 和 Ag-Cu$_2$O/PANI 复合材料的发射峰值强度显著低于 Cu$_2$O。这些结果表明，Cu$_2$O 与 Ag 和 PANI 的结合可以有效地抑制 Cu$_2$O 电子–空穴的再结合，从而保持其较高的光催化杀菌效果。Ag-Cu$_2$O/PANI 复合材料对 ROS 的抗菌机理与光催化机理相似。光诱导 e$^-$ 优先从能量最高的 PANI 的最低未占分子轨道（LUMO）转移到 Cu$_2$O，然后转移到费米能级最低的 Ag［图 2-10（b）］。与 Cu$_2$O/PANI 相比，三种材料形成的异质结构可以更有效地抑制电子–空穴的复合，提高 e$^-$ 和 h$^+$ 的利用率。Cu$_2$O 的光激发 e$^-$ 和 h$^+$ 可直接攻击细菌细胞，导致细胞内过度积累 ROS，如 H$_2$O$_2$、·O$_2^-$ 或者·OH。丰富的 ROS 活性物质可引起核酸损伤、细胞内蛋白失活、线粒体功能障碍、细胞膜逐渐损伤，促使细菌细胞凋亡。

通过 DFT 计算来研究 Ag-Cu$_2$O 如何调节功函数。截取 Cu$_2$O、Ag、Ag-Cu$_2$O 在（001）晶面构建的 2D 晶体结构（Z 向），并施加 40 Å 真空层建立的晶胞如图 2-10（c）所示。得到 Cu$_2$O 和 Ag 功函数的计算结果分别为 5.25 eV、4.33 eV，高的功函数不利于光产生的 e$^-$ 逸出和传输，e$^-$ 和 h$^+$ 过度积累容易导致严重的光腐蚀与抑制活性氧的产生。如图 2-10 所示，Ag-Cu$_2$O 的功函数为 4.49 eV。此外，Cu$_2$O 和 Ag 对空间静电势分布的影响主要集中在界面处，Ag-Cu$_2$O 的功函数与 Ag 相近，且大于 Ag，这是由于 Cu$_2$O 作为 p 型半导体，

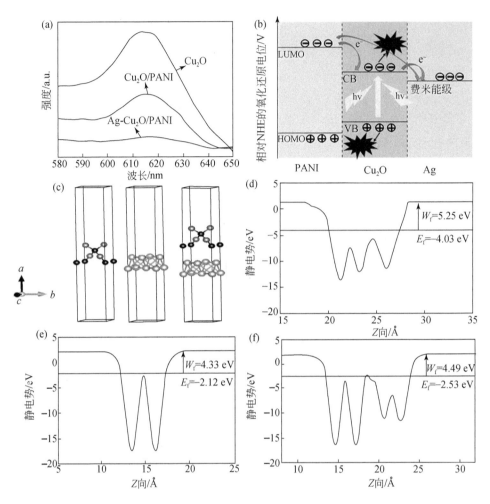

图 2-10　（a）不同体系的 PL 光谱；（b）Ag-Cu$_2$O/PANI 复合结构的电荷分离过程和活性氧产生示意；（c）Cu$_2$O、Ag、Ag-Cu$_2$O 的（001）晶面结构；（d）、（e）、（f）分别表示 Cu$_2$O、Ag、Ag-Cu$_2$O 的费米能级。（b）中 HOMO 表示最高占有分子轨道，（c）中 a、b、c 表示模型在三维空间中的坐标轴

其功函数高于 Ag。根据半导体物理学，表面会形成一个 h$^+$ 的肖特基势垒，导致能带向下弯曲。此外，Cu$_2$O 中的 h$^+$ 浓度和 Ag 中的 e$^-$ 浓度均有所下降。因此，复合效应形成肖特基势垒，从而调节功函数，最终大大减缓了复合后的 Cu$_2$O 防污剂的光腐蚀问题，延长了防污剂的期效。

　　基于上述发现，可以提出 Ag-Cu$_2$O/PANI 诱导细胞内 ROS 产生的合理机制，如图 2-11 所示，复合防污剂受光激发 e$^-$ 和 h$^+$ 可直接攻击细菌细胞，诱导 ROS 大量产生，丰富的 ROS 活性物质可引起核酸损伤、细胞内蛋白失活、线粒体功能障碍、细胞膜逐渐损伤，促使细菌细胞凋亡。因此 ROS 机制在 Cu$_2$O 类防污剂抑菌过程中是铜离子接触杀菌机制的另一重大补充机制。

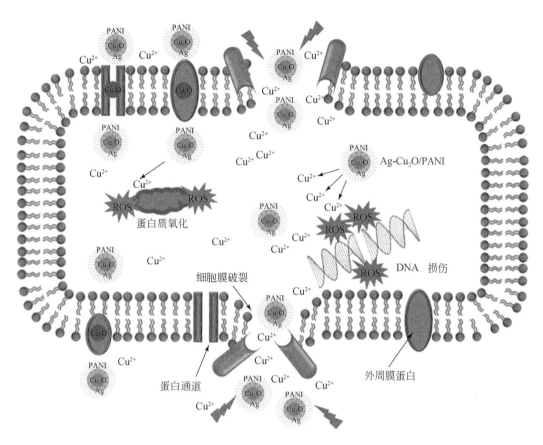

图 2-11　Ag-Cu$_2$O/PANI 诱导细菌细胞内 ROS 的产生和氧化损伤机制示意

　　与前述 Cu$_2$O、Ag 所构成的二元异质结结构相比，以一维 PANI 纳米棒为载体和 Ag、Cu$_2$O 复合的三元异质结结构，显著提高了 Cu$_2$O 的光催化性能和 e$^-$、h$^+$ 的利用率，具有较强的长期抗菌能力。实验结果表明，Ag-Cu$_2$O/PANI 复合材料可以长期稳定储存，具有长期 Cu^{2+} 离子释放性能，并能抑制光腐蚀的发生，增强氧化应激杀菌能力。DFT 计算证明可以实现对 Ag-Cu$_2$O 肖特基势垒的构建来调节功函数，促进载流子的迁移，生成氧化应激产物。总之，可以认为 Ag-Cu$_2$O/PANI 抑菌性能的提高主要是由于铜离子的缓释和银纳米粒子、聚苯胺对 Cu$_2$O 的协同抑菌作用。

2.4　二维片层材料修饰负载氧化亚铜复合防污剂

2.4.1　二维片层材料概述

　　前述一维纳米结构具有大的纵横比且作为不受束缚的维度可以直接传输量子粒子，如光子、声子和电子。另外，一维材料具有大的比表面积可以负载其他粒子，但是其相比二维（2D）片层材料负载纳米粒子仍然不具绝对优势。2D 纳米材料是一类超薄片状晶体，具有原子或分子水平厚度的特征，横向尺寸通常大于微米尺度。这种 2D 特性产生了独特的物理、化学和机械性能，这是其他传统的大块材料所不能达到的。原子层的厚度通常小于大多数粒子的运输平均自由程，包括电子、激子和声子，这迫使它们遵循弹道输运，而不是散射或扩散[30]。这种量子限制效应从根本上改变了二维材料的电子行为，是基础研究和新型电子应用的理想材料。该材料的超薄特性使其具有优异的光学透明度和对外界刺激的快速响应，这对光电和其他传感应用至关重要。石墨烯是第一个典型的 2D 材料，它激发了人们对电子学和光电子学中原子薄材料研究的兴趣。因此，对许多 2D 材料的研究诸如过渡金属二卤化物（TMDS）、六方氮化硼（h-BN）和黑磷等已经出现并迅速发展。另外，2D 有机半导体材料由于其动态可逆的非共价键作用，具有显著的自组织行为，通过溶液处理形成大面积、高质量的超薄晶体。另外，通过裁剪大量的构建块来创建 2D 聚合物，可以合理地设计和合成 2D 结构。设计和调优结构的能力大大丰富了 2D 纳米材料，赋予了它们良好的电子/光电性能。

在 Cu_2O 抑菌领域，可以利用二维片层结构对 Cu_2O 起到保护作用，同时起到延缓 Cu_2O 的氧化失效以及缓释铜离子，延长 Cu_2O 防污性能长效性的效果。这主要是因为 Cu_2O 可以与 2D 半导体形成异质结或与 2D 导电材料形成肖特基势垒，使 Cu_2O 的电子–空穴加快分离，在抑制光腐蚀的同时，增加活性氧的生成量。本节重点介绍炙手可热的三种 2D 片层材料，即石墨相氮化碳（$g\text{-}C_3N_4$）、石墨烯、MXene 对 Cu_2O 的改性，并介绍其抑菌性能和抑菌机理。

2.4.2 二维 $g\text{-}C_3N_4$ 纳米片改性氧化亚铜复合防污剂

（1）二维 $g\text{-}C_3N_4$ 简介

C_3N_4 有 5 种不同的晶体结构，分别是 $\alpha\text{-}C_3N_4$、$\beta\text{-}C_3N_4$、立方 C_3N_4、准立方 C_3N_4、$g\text{-}C_3N_4$，其中 $g\text{-}C_3N_4$ 由于其优异的特性备受关注。$g\text{-}C_3N_4$ 具有类似于石墨的片状结构，由 sp^2 杂化而成，C 和 N 通过 σ 键相连，排列成六元杂环结构。$g\text{-}C_3N_4$ 由单层的 $g\text{-}C_3N_4$ 薄片通过层层堆叠而成，其层上的结构单元可以由 C_3N_3 或 C_3N_7 组成。$g\text{-}C_3N_4$ 作为一种具有优异的机械强度、化学稳定性、热稳定性的 2D 材料，它在过去十多年受到了广泛的研究。$g\text{-}C_3N_4$ 作为一种有机 n 型半导体，它约有 2.7 eV 的带隙，是一种廉价稳定且含量丰富的有机半导体材料，目前在有机污染物的降解、光电化学反应、其他有机催化等领域都有着广泛的应用。虽然 $g\text{-}C_3N_4$ 已经作为光催化剂被大量研究，但是其内部光生电子–空穴的快速复合降低了 $g\text{-}C_3N_4$ 的光催化效率。引入 $g\text{-}C_3N_4$ 结构基序中的杂原子或与金属（如 Pd、Au、Ag）或与金属氧化物纳米颗粒（MO）偶联，不仅可以提高其催化效率，而且使其应用领域多样化。另外，$g\text{-}C_3N_4$ 本身富含氨基，在酸性条件下带正电，因此本身具有一定的抗菌效果，$g\text{-}C_3N_4$ 可以利用带正电的氨基和带负电的细菌膜相互作用，从而导致细菌凋亡。因此，可以利用 n 型半导体 $g\text{-}C_3N_4$ 对 p 型半导体 Cu_2O 进行复合改性。一方面，g-

C_3N_4 具有的 2D 片层材料的优势, 可以保护 Cu_2O 不被氧化以及缓释 Cu^{2+}, 从而延长其抗菌性能; 另一方面, n 型半导体 g-C_3N_4 和 p 型半导体 Cu_2O 之间形成 p/n 结, 经过费米能级重整以后, 两种半导体的能带位置会有调整, 形成的内建电场可以促进电子–空穴有效分离, 从而使光催化性质提高, 进而利用光催化效果产生的氧化应激产物进行杀菌, 从而提高 Cu_2O 的光催化杀菌效率。

Induja 和 Sivaprakash[31] 利用柠檬叶提取物作为纳米颗粒合成的还原和稳定元素, 采用水热法合成了 Cu_2O 纳米球修饰的 g-C_3N_4 纳米复合材料, 并对其光催化性能进行了探究。发现添加 g-C_3N_4 作为 Cu_2O 光催化剂支撑组分有助于增强电荷转移, 改善污染物和微生物的光催化性能。合成的复合材料相对单一材料对革兰氏阴性菌和革兰氏阳性菌均有更好的抗菌性能。在可见光下, 100 μg/ml 复合材料对枯草芽孢杆菌、大肠杆菌、金黄色葡萄球菌、铜绿假单胞菌的最大抑菌圈 (ZOI) 分别为 (22±1.67) mm、(15±1.08) mm、(11±1.22) mm、(6±0.09) mm。作者团队近期通过在 g-C_3N_4 片层负载不同量的 Cu_2O 得到 Cu_2O/g-C_3N_4 复合材料, 并对其抑菌性能进行了深入研究, 发现在明暗环境下 Cu_2O/g-C_3N_4 比单一 Cu_2O、g-C_3N_4 具有更好的抑菌效果, 这主要是由于 g-C_3N_4 的引入促进了 Cu_2O 的电荷分离, 抑制了 Cu_2O 的光腐蚀, 使得 Cu_2O 的铜离子释放得到持续, 从而表现出长效抑菌性能。

(2) Cu_2O/g-C_3N_4 复合防污剂的抑菌性能

图 2-12 (a) 是 Cu_2O、g-C_3N_4、Cu_2O/g-C_3N_4 复合材料对金黄色葡萄球菌和铜绿假单胞菌的抑菌率, 可以看出 Cu_2O/g-C_3N_4 复合材料相对 Cu_2O 和 g-C_3N_4 抑菌效果较好。从图 2-12 (a) 中也可以看出, Cu_2O/g-C_3N_4 对铜绿假单胞菌和金黄色葡萄球菌的抑菌率都高达 99%, 而 Cu_2O 对铜绿假单胞菌和金黄色葡萄球菌的抑菌率则为 88% 左右, g-C_3N_4 对铜绿假单胞菌和金黄色葡萄球菌的抑菌率仅为 45% 左右。因此, 相对 Cu_2O 和 g-C_3N_4, Cu_2O/g-C_3N_4 复合材料可显著提高抑菌性能, 有潜力应用于海洋防污领域。另外, Cu_2O、g-C_3N_4 和 Cu_2O/g-C_3N_4 在明暗环境下对金黄色葡萄球菌的抑菌性能如图 2-12 (b) 所示, Cu_2O/g-C_3N_4 在光照环境下对金黄色葡萄球菌的抑菌率为 96%, 而在黑暗环境下抑菌率仅为 30%。明暗环境下 Cu_2O 对金黄色葡萄球菌的抑菌率分别约为 79% 和 53%, 而 g-C_3N_4 在明暗环境下对金黄色葡萄球菌的抑菌率分别为 40% 和 20%。因此, Cu_2O/g-C_3N_4 复合材料具有协同光催化抑菌性能。

海洋中的环境复杂多变, Cu_2O 在海水浸泡下, 很快会由于结构破坏, 降低其抗菌防污活性, 因此对改性后的 Cu_2O/g-C_3N_4 复合材料的长效性能进行研究值得期待。将相同浓度的 Cu_2O/g-C_3N_4 和 Cu_2O 在相同条件下置于摇床中 0 天、1 天、3 天、7 天、14 天、30 天和 60 天, 研究不同材料的长期抗菌性能。以铜绿假单胞菌为模型菌, 用平板菌落计数法检测 Cu_2O/g-C_3N_4 复合材料和 Cu_2O 在 60 天内抗菌活性的变化 [图 2-12 (c) 和 (d)], 可见, Cu_2O 纳米颗粒对铜绿假单胞菌的抑菌性能相对 Cu_2O/g-C_3N_4, 随着浸泡时间的延长, 具有明显的下降。浸泡 7 天后, Cu_2O 的抑菌率下降到 60%, 60 天后仅达到 40%。而 Cu_2O/g-C_3N_4 在浸泡 60 天的过程中, 其抑菌率保持平缓的下降, 在 60 天后仍然具有约 70% 的抑菌率。

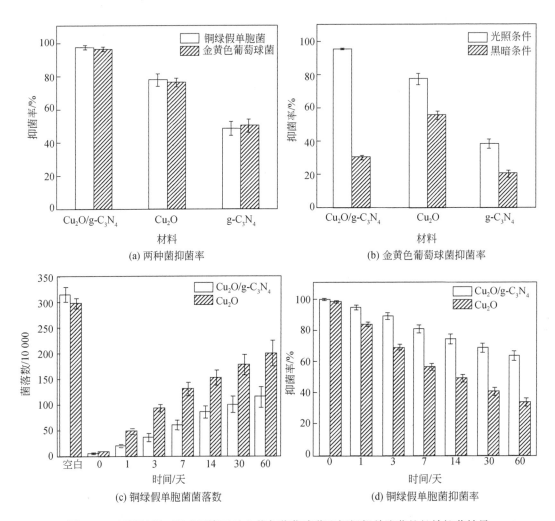

图 2-12　不同材料、明暗环境下对金黄色葡萄球菌和铜绿假单胞菌的长效抑菌结果

（3）$Cu_2O/g-C_3N_4$ 复合防污剂稳定性

利用 ICP 测试可以验证复合材料减缓 Cu^{2+} 释放的猜测。图 2-13 60 天内 $Cu_2O/g-C_3N_4$ 和 Cu_2O 中 Cu^{2+} 的释放曲线，可以看出，$Cu_2O/g-C_3N_4$ 释放的 Cu^{2+} 明显少于 Cu_2O 中释放的 Cu^{2+}，表明即使具有较低的 Cu^{2+} 释放量，$Cu_2O/g-C_3N_4$ 仍然具有突出的抗菌活性，满足低铜化要求。而 $Cu_2O/g-C_3N_4$ 中 Cu^{2+} 的释放量少且释放速率慢，这可以归因于 $g-C_3N_4$ 的存在，$g-C_3N_4$ 的片状结构可以保护负载的 Cu_2O 纳米颗粒，使其不易溶解。此外，$g-C_3N_4$ 的片状结构还可以起到缓释 Cu^{2+} 的效果，因此，$g-C_3N_4$ 的存在可以显著提高 Cu_2O 的抑菌活性及其长效抗菌性能。

（4）$Cu_2O/g-C_3N_4$ 复合防污剂的抑菌机理

$g-C_3N_4$ 作为 n 型半导体，理论上可以和 p 型半导体 Cu_2O 形成 p/n 结，从而有效地促进电子–空穴的分离，产生活性氧提高光催化杀菌效率。Cu_2O 的价带和导带分别是 0.6 eV

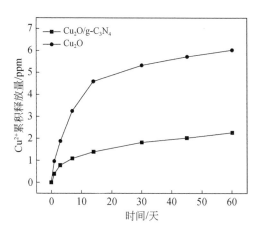

图 2-13　60 天内 $Cu_2O/g\text{-}C_3N_4$ 和 Cu_2O 中 Cu^{2+} 的释放曲线

和 -1.4 eV[32]，$g\text{-}C_3N_4$ 的价带和导带分别是 1.4 eV 和 -1.3 eV[33]。$g\text{-}C_3N_4$ 是典型的 n 型半导体，其费米能级的位置接近导带，而 Cu_2O 是 p 型半导体，其费米能级的位置接近价带。显然，$g\text{-}C_3N_4$ 和 Cu_2O 的能带结构是跨越的，这不适于构造异质结有效地分离光生电子–空穴。然而，当 Cu_2O 沉积在 $g\text{-}C_3N_4$ 的表面上时，电子会从 $g\text{-}C_3N_4$ 扩散到 Cu_2O，并且空穴将从 Cu_2O 扩散到 $g\text{-}C_3N_4$，从而在 $g\text{-}C_3N_4$ 和 Cu_2O 接触的界面中，形成内部电场，直到 $g\text{-}C_3N_4$ 和 Cu_2O 的费米水平达到平衡。同时，$g\text{-}C_3N_4$ 和 Cu_2O 的能带位置也随着其费米能级的移动而变化，因此最终形成的 $g\text{-}C_3N_4$ 和 Cu_2O 的能带结构相互重叠，如图 2-14 所示。一旦异质结被可见光照射，$g\text{-}C_3N_4$ 和 Cu_2O 都被照射，都可以被激发并产生光生电子–空穴。在形成的内部电场作用下，光生电子移动到 $g\text{-}C_3N_4$ 的导带，空穴移动到 Cu_2O 的价带。最终光生电子将积聚在 $g\text{-}C_3N_4$ 区域中，同时空穴累积在 Cu_2O 区域中。因此，由于异质结的形成，通过内建电场可以有效地促进 Cu_2O 和 $g\text{-}C_3N_4$ 中产生的光生电子–空穴的分离，降低电子–空穴的重组效率，从而提高具有抗菌活性的氧化应激产物的产生效率，

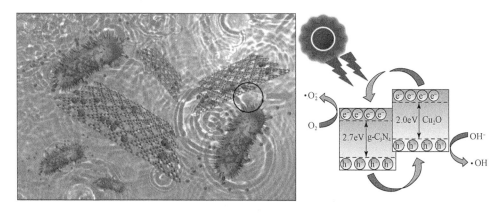

图 2-14　$Cu_2O/g\text{-}C_3N_4$ 光催化杀菌机理示意

并且减少电子在 Cu₂O 中的积累，降低 Cu₂O 的光腐蚀，进而提高 Cu₂O 的光催化杀菌效率。

图 2-15（a）显示了在 325 nm 的激发波长下测量的 Cu₂O 和 Cu₂O/g-C₃N₄ 的 PL 谱。观察到 Cu₂O/g-C₃N₄ 的发射峰强度与 Cu₂O 相比显著降低。该结果表明，g-C₃N₄ 的存在可以有效地防止 Cu₂O 中电子–空穴的复合，从而可以促进 ROS 的产生，使 Cu₂O/g-C₃N₄ 具有优异的光催化抗菌活性。光生电子的逃逸和透射的难度与功函数的增加成正比，DFT 可以计算材料的功函数，评估不同材料电子跃迁的难易及电子–空穴分离的好坏。Cu₂O、g-C₃N₄ 和 Cu₂O/g-C₃N₄ 复合结构的静电势如图 2-15（b）～（d）所示。Cu₂O/g-C₃N₄ 复合结构的功函数明显比复合前减小，这抑制了电子–空穴在材料表面的复合，从而减少了光腐蚀的影响并有利于 ROS 的产生，实现长期抗菌的目的。

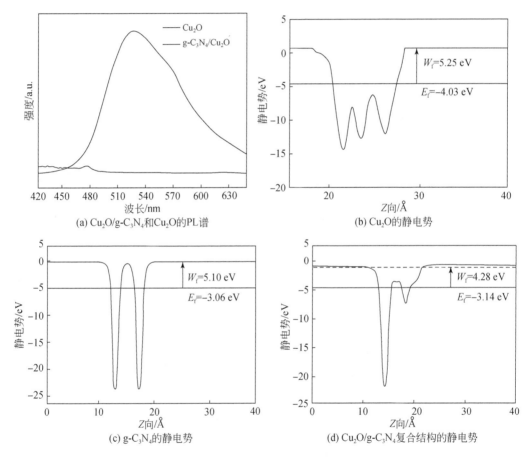

(a) Cu₂O/g-C₃N₄和Cu₂O的PL谱　　(b) Cu₂O的静电势

(c) g-C₃N₄的静电势　　(d) Cu₂O/g-C₃N₄复合结构的静电势

图 2-15　Cu₂O/g-C₃N₄ 和 Cu₂O 的 PL 谱以及不同材料的静电势

因此，Cu₂O/g-C₃N₄ 复合防污剂相比 Cu₂O 具有长效抑菌性能的因素可归因于如下两个方面：一是 g-C₃N₄ 的片状结构可以减缓 Cu²⁺ 的释放，通过 Cu²⁺ 的长效释放可以延长 Cu₂O/g-C₃N₄ 的使用寿命；二是相对于 Cu₂O 在海洋环境下的长期浸泡，Cu₂O 的规则晶体结构被破坏，导致其很难继续产生 ROS 杀菌，因此进一步降低了其抑菌效果，而性能稳定的 g-C₃N₄ 片状结构在海洋环境下可以对 Cu₂O 纳米颗粒起到很好的保护作用。因此 Cu₂O/g-C₃N₄ 在长期服役过程中利用两者之间的 p/n 结，可大大促进 Cu₂O 中电子–空穴的分离，通过降低载流子的复合效率，显著提高氧化应激产物的产生，利用光催化杀菌起到防污效果，并且协同离子杀菌可以延长其长效防污性能。因此 Cu₂O/g-C₃N₄ 光催化防污剂有潜力应用于海洋防污领域。

2.4.3　二维石墨烯片层修饰的氧化亚铜复合防污剂

（1）二维石墨烯片层简介

石墨烯是一种由碳原子以 sp^2 杂化轨道组成六角形呈蜂巢晶格的 2D 碳纳米材料，其中每个碳原子除了与其他 3 个碳原子形成 σ 键以外，还有剩余的 π 电子与其他碳原子的 π 电子形成大 π 键。石墨烯单原子层的结构使其具有独特的性能，如高导电性、高热传导率、大比表面积、高透明度、高强度和高硬度等优异的物理性能，在物理、化学、材料和生物医药领域都有广阔的应用前景[34,35]。基于石墨烯的诸多性质，它常被作为一种非常有前景的载体材料，尤其是作为一些纳米粒子的载体，为纳米粒子的分散提供了良好的基体[36]。石墨烯的详细介绍会在第 3 章碳基功能化防污剂涉及。

石墨烯作为典型的 2D 材料，利用其对 Cu₂O 进行改性以提高 Cu₂O 的防污长效性已经有很多研究，石墨烯纳米片通过物理吸附和 Cu₂O 相互作用表现在以下两个方面：一方面，石墨烯由于其大比表面积可以为 Cu₂O 提供强附着位点，改善 Cu₂O 的分散性，减缓 Cu₂O 聚集；另一方面，石墨烯可以减缓 Cu₂O 与外部溶液发生分解反应快速释放铜离子，从而提高 Cu₂O 的长效抗菌性。Yang 等[37]通过简单的室温液相法成功地将 Cu₂O 纳米粒子负载到石墨烯上，并研究了它们的抑菌性能。

（2）rGO-Cu₂O 复合材料防污剂的抑菌性能

rGO-Cu₂O 复合材料的抑菌结果如图 2-16 所示，其中（a）为空白样，（b）、（c）、（d）分别是 Cu₂O、rGO-Cu₂O、rGO 对大肠杆菌培养 24 h 之后的平板菌落数。实验结果表明，放置 24 h 后，微量复合材料的抑菌能力和 Cu₂O 没有很大的区别，但两者和空白样的菌落数相比明显减少，说明 Cu₂O 和复合材料在此浓度下有一定的抑菌性。

rGO-Cu₂O 复合材料的长效抑菌性能如图 2-17 所示。由图 2-17（b）和（d）可知，两种样品在 PBS 中储存 7 天以内，与 Cu₂O 相比，rGO-Cu₂O 复合材料对大肠杆菌和金黄色葡萄球菌的抗菌性能分别提高了 13% 和 14%。当储存时间超过 7 天时，rGO-Cu₂O 复合材料的抗菌性能远远好于 Cu₂O。Cu₂O 的抑菌作用在第 30 天时，大肠杆菌和金黄色葡萄球菌的抗菌活性分别下降到 29.33% 和 31.03%，而 rGO-Cu₂O 复合材料仍具有较强的抗菌活性，抗菌活性分别为 70.09% 和 65.06%。这说明 rGO-Cu₂O 复合材料相对 Cu₂O 表现出更优的长效抑菌性能。

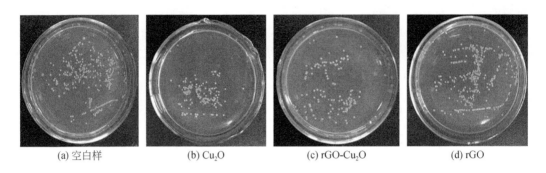

(a) 空白样　　　　　(b) Cu₂O　　　　　(c) rGO-Cu₂O　　　　　(d) rGO

图 2-16　空白样、Cu₂O、rGO-Cu₂O、rGO 对大肠杆菌的抑菌性

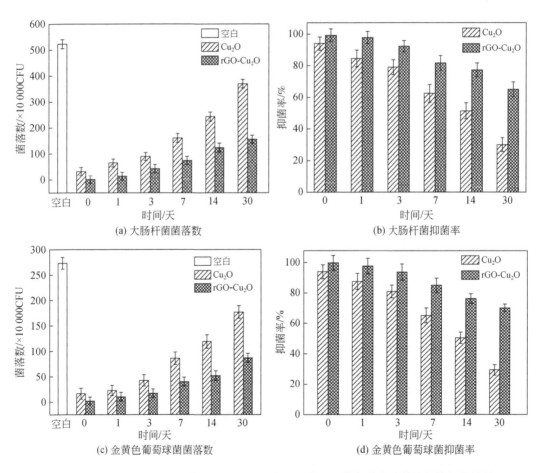

(a) 大肠杆菌落数

(b) 大肠杆菌抑菌率

(c) 金黄色葡萄球菌落数

(d) 金黄色葡萄球菌抑菌率

图 2-17　不同材料在 PBS 中储存不同天后对大肠杆菌、金黄色葡萄球菌的长效抑菌结果

（3）rGO-Cu₂O 复合材料防污剂的稳定性

rGO-Cu₂O 复合材料相较于 Cu₂O 具有较好的长效抑菌性能，这主要归功于 rGO 的加入减缓了 Cu₂O 在溶液中释放 Cu^{2+} 的速度。Cu^{2+} 的释放行为对 Cu₂O 的杀菌效果有显著影响。利

用 ICP 可以评估材料释放 Cu^{2+} 的速度，如图 2-18（a）所示。显然 rGO-Cu_2O 的释放速度低于 Cu_2O。从图 2-18（b）的 Zeta 电位数据可以看出，GO 具有很强的负电位（–51.64 mV），而 Cu_2O 具有相反的 Zeta 电位（+16.08 mV）。Zeta 电位是对颗粒之间相互排斥或吸引力强度的度量。Zeta 电位的绝对值（正或负）越高，体系越稳定，即溶解或分散可以抵抗聚集。Zeta 电位在（±10～±30）mV 范围开始变得不稳定，在（±40～±60）mV 范围具有较好的稳定性。可知 rGO 通过静电作用吸附 Cu_2O，这不仅提升了 Cu_2O 在溶液中的稳定性，而且其可以将 Cu_2O 紧紧包裹，形成保护屏障，降低 Cu_2O 与外界溶液接触反应的可能性，从而延长 Cu^{2+} 的释放时间，提高长期抑菌效果。

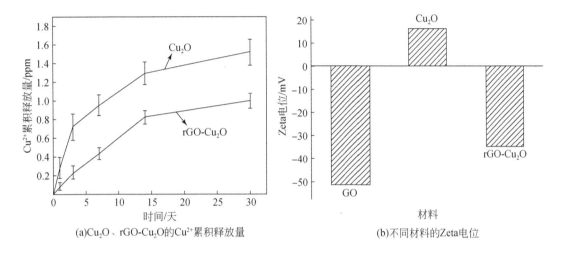

(a)Cu_2O、rGO-Cu_2O 的 Cu^{2+} 累积释放量　　　　(b)不同材料的 Zeta 电位

图 2-18　Cu_2O、rGO-Cu_2O 储存不同天后
Cu^{2+} 的释放曲线以及不同材料的 Zeta 电位

（4）rGO-Cu_2O 复合防污剂的抑菌机理

利用 PL 谱对 rGO-Cu_2O 复合材料的光学性能进行测试可以深入了解 ROS 在材料抗菌机制中的体现。图 2-19（a）是 Cu_2O 和 rGO-Cu_2O 在 325 nm 激发下的 PL 谱。结果表明，与 Cu_2O 相比，rGO-Cu_2O 复合材料的发射峰值强度明显降低。说明 rGO 的掺入能有效防止 Cu_2O 的电子–空穴再结合，保持较高的光催化消毒效果。

rGO-Cu_2O 复合材料的 ROS 抗菌机制与光催化机制相似，如图 2-19（b）所示。由于 rGO 的费米能级低于 Cu_2O 的导带顶位置，Cu_2O 光生电子会优先从 Cu_2O 转移到 rGO，降低 Cu_2O 光生载流子的复合，使更多的载流子促使材料产生有效 ROS（如 H_2O_2、超氧阴离子自由基、羟基自由基等），导致核酸损伤、细胞内蛋白失活、线粒体功能障碍、细胞膜逐渐崩解，直至细胞死亡。此外，rGO 起到重要作用，它接受 Cu_2O 的光激发电子，使 rGO 表面具有丰富的光激发电子，在细菌与 rGO-Cu_2O 复合材料之间提供更好的电荷转移。

与前述提到的二维材料石墨相氮化碳修饰的 Cu_2O 复合防污剂以 p/n 结促进电子–空穴分离的作用优化抑菌性能不一样的是，该处涉及的 rGO-Cu_2O 复合防污剂以肖特基势垒的形成促进载流子的迁移来增强抑菌作用。rGO-Cu_2O 复合材料利用 rGO 和 Cu_2O 之间的静电

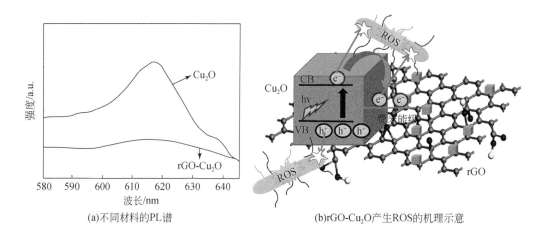

(a)不同材料的PL谱   (b)rGO-Cu₂O产生ROS的机理示意

图 2-19　Cu_2O 和 $rGO\text{-}Cu_2O$ 纳米复合材料的 PL 光谱以及 $rGO\text{-}Cu_2O$ 纳米复合材料产生 ROS 的机理示意

相互作用与特殊电子跃迁，展现出强大的抗菌能力和长期抑菌效果。检测发现，rGO-Cu₂O 复合材料的抗菌机制增强是由 rGO-Cu₂O 复合材料铜离子的持续释放、活性氧生成能力的提高以及其良好的分散性等协同作用所致。因此，制备的 rGO-Cu₂O 复合材料是一种很有前景的抗菌药剂，可为应对公共卫生耐药危机提供替代策略，但仍需要进一步优化制备材料的工艺，或将 Cu₂O 与其他材料结合，合成更高效、环保的长效杀菌剂。

2.4.4　二维 MXene 片层修饰改性的氧化亚铜银复合防污剂

（1）MXene 简介

MXene 作为 2D 材料的重要组成部分，在各种应用中的潜力受到越来越多的关注，包括水脱盐、光催化、光响应功能、能量存储、光热转换、电磁屏蔽、抗菌等。其通式为 $M_{n+1}X_nT_x$，其中 M 代表早期过渡金属，X 代表碳或氮，T 代表表面官能团（—OH、—F 和 ═O）[38]。基于 MXene 的优异性能，它是最有前途的光催化剂之一，但其快速电荷复合的特点限制了其应用。为克服该问题，MXene 已与 TiO_2 和 $g\text{-}C_3N_4$ 等各种半导体偶联形成异质结，从而促进了光生电子-空穴的分离，并改善了光催化反应的光吸收。此外，由于 Ti_3C_2 具有出色的金属导电性，通常在 Ti_3C_2-半导体界面处形成肖特基结。肖特基结的形成促使界面产生内建电场，可以有效改善载流子的分离。同时，MXene 作为 2D 新材料的代表，对革兰氏阴性大肠杆菌和革兰氏阳性枯草芽孢杆菌具有消杀效果[39]。MXene 的抗菌活性是一种基于"化学"和"物理"的协同作用，MXene 纳米片的锋利边缘与细菌膜表面之间的直接物理相互作用会对细菌造成严重损伤，这在 MXene 纳米片的抗菌性能中起着至关重要的作用。MXene 纳米片层膜对常见水生细菌的抗菌活性，拓展了其作为抗污膜在水处理过程中的应用。Rasool 等[40]发现 Ti_3C_2 纳米片具有出色的抗菌活性，可在不到 3 h 的时间内显著破坏细菌细胞并导致 DNA 释放、细菌细胞分散。另外，MXene 纳米片具有较大的表面积和良好的亲水性，是金属和金属氧化物纳米粒子的理想载体，然而，到目前为止，在抗菌应用方面仍然存在很大的挑战。因此，可以选择具有抗菌效果且与 MXene 偶联的半导体研究光催化抑菌。在研究光催化抑菌方面，可以设计基于 Ti_3C_2 的肖特基催化剂以提高光催化抑菌活性的效率。

金属和金属氧化物纳米粒子（如银、锌和铜）具有抗菌活性，且它们的抗菌活性与 ROS 的产生有关，从而导致细菌细胞死亡。Cu_2O 作为一种潜在且相对便宜的杀菌剂，在防污领域具有广泛的应用。Cu_2O 通过与细菌接触释放 Cu^{2+} 并产生 ROS，从而有效杀死细菌。然而，光生电子-空穴在 Cu_2O 晶体中的过度积聚导致严重的光腐蚀，减弱了 Cu_2O 产生活性氧的能力。此外，释放的 Cu^{2+} 破坏了 Cu_2O 半导体结构，纳米晶体的独特原子排列导致 Cu_2O 无法生成 ROS。因此可以利用 MXene 的 2D 纳米片对 Cu_2O 进行修饰改性，达到协同杀菌的效果。Feng 等[41]通过刻蚀剥离得到 MXene（Ti_3C_2）纳米片，并负载 Cu_2O、银纳米粒子，研究其复合后的抑菌效果。此处所涉及的 MXene 主要是指 Ti_3C_2，在本书中可以互相指代。

（2）MXene 纳米片修饰 Cu_2O 负载银纳米粒子的抑菌性能

图 2-20 说明 Cu_2O 具有良好的抗菌性能，对铜绿假单胞菌和金黄色葡萄球菌的抑菌率分别为 75.56%、73.95%，$Ti_3C_2@Cu_2O$ 对铜绿假单胞菌和金黄色葡萄球菌的抑菌率分别为 85.82%、86.26%。另外，$Ag@Ti_3C_2@Cu_2O$ 纳米复合材料的抗菌黏附效果优于 Cu_2O 和 $Ti_3C_2@Cu_2O$，对铜绿假单胞菌和金黄色葡萄球菌的抑菌率分别为 99.73% 和 99.69%。抗菌性能的增强部分得益于银纳米粒子和 Ti_3C_2 的杀菌性能。此外，三元纳米复合材料构建的双电荷转移通道大大提高了 $Ag@Ti_3C_2@Cu_2O$ 的光催化强度，增加了 ROS 的产生，其抑菌机理会在后文详细阐述。因此，$Ag@Ti_3C_2@Cu_2O$ 的抑菌性能相较 $Ti_3C_2@Cu_2O$ 得到快速提升。

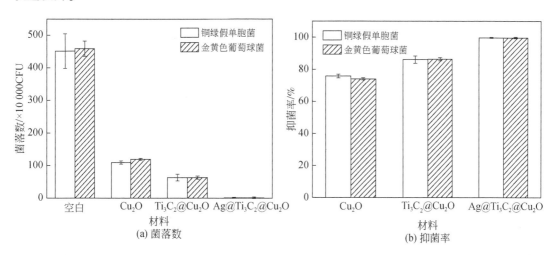

图 2-20　不同材料对铜绿假单胞菌、金黄色葡萄球菌的抑菌结果

利用平板菌落计数法可以检测 Cu_2O、$Ti_3C_2@Cu_2O$、$Ag@Ti_3C_2@Cu_2O$ 水中储存 1 天、3 天、5 天、7 天、14 天后的抑菌活性。图 2-21（a）和（b）分别是上述各材料在不同时

间对铜绿假单胞菌和金黄色葡萄球菌处理后的菌落数，图 2-21（c）和（d）是其对应的抑菌率。如图 2-21（a）和（b）所示，随着储存时间的延长，铜绿假单胞菌和金黄色葡萄球菌的菌落数均呈增加趋势。与菌落数变化相对应的 Cu_2O 和 $Ti_3C_2@Cu_2O$ 对铜绿假单胞菌和金黄色葡萄球菌抑菌率的下降幅度大于 $Ag@Ti_3C_2@Cu_2O$，且 $Ag@Ti_3C_2@Cu_2O$ 纳米复合材料在整个抑菌期内的抑菌效果优于 Cu_2O 和 $Ti_3C_2@Cu_2O$。$Ag@Ti_3C_2@Cu_2O$ 优异的长期抑菌性能得益于其具有比其他体系更好的稳定性。

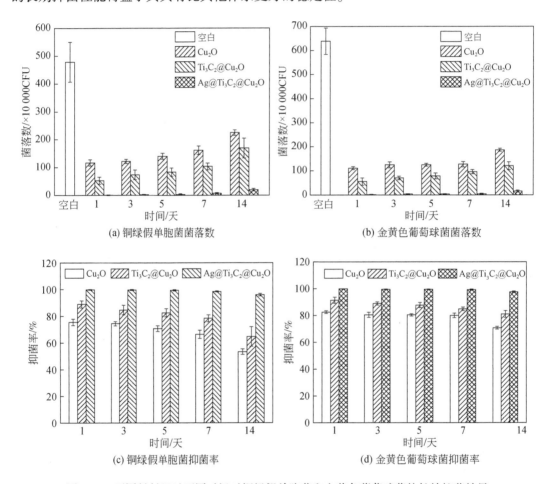

图 2-21 不同材料经过不同时间对铜绿假单胞菌和金黄色葡萄球菌的长效抑菌结果

（3）分层 MXene 纳米片修饰 Cu_2O 的复合防污剂的稳定性

Zeta 电位数据 [图 2-22（a）] 表明，Ti_3C_2 纳米片具有 −30.13 mV 的较强负电位，这使得 Ti_3C_2 纳米片在水溶液中具有高度稳定性，而 Cu_2O 则具有相反的正电位（2.32 mV）。因此，由于 Ti_3C_2 纳米片与纳米颗粒之间的静电效应，Cu_2O 和 AgNPs 可以牢牢地固定在 Ti_3C_2 表面，固定的银纳米粒子对 Cu_2O 纳米粒子又起到一定的物理屏蔽作用。同时 Ti_3C_2 较强的负电位对 Cu_2O 和 Ag 纳米粒子溶解出的带正电的 Cu^{2+} 和 Ag^+ 有较好的静电吸附作用，可以减缓抑菌离子的释放速度，达到长效抑菌的目的。上述观点可以通过 ICP 测试手段证实。从图 2-22（b）可以看出，在前 5 天，Ag@Ti_3C_2@Cu_2O 释放的 Cu^{2+} 小于 Ag^+，这说明 AgNPs 对 Cu_2O 有保护作用，因为 AgNPs 将 Cu_2O 紧紧包裹在一起形成了保护屏障。Ag@Ti_3C_2@Cu_2O 具有较低的 Cu^{2+} 和 Ag^+ 的释放浓度，这得益于 Ti_3C_2 的静电吸附和屏蔽作用。另外，Ag@Ti_3C_2@Cu_2O 复合材料在释放较低 Cu^{2+} 和 Ag^+ 浓度情况下仍具有显著的抑菌性能，因此，Ag@Ti_3C_2@Cu_2O 的抗菌活性是 Ag、Ti_3C_2 和 Cu_2O 协同作用的结果。所以，Ti_3C_2 纳米片对 Ag@Ti_3C_2@Cu_2O 的合成及抑菌性能有重要影响。

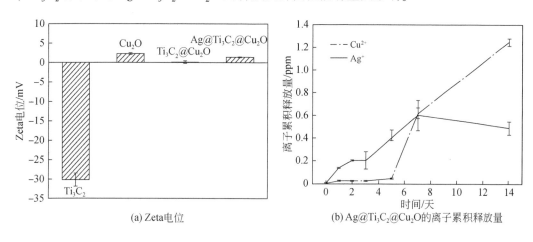

图 2-22 不同材料的 Zeta 电位及 ICP 稳定性表征

图 2-23 为 Cu_2O 和 Ag@Ti_3C_2@Cu_2O 储存 14 天后的 XPS。图 2-23（a）显示 Cu^{2+} 出现在原纯净物中，说明在水和氧的影响下，大量的 Cu_2O 被氧化为 CuO。从图 2-23（b）中可以看出，Ag@Ti_3C_2@Cu_2O 纳米复合材料中 Cu^{2+} 的含量略有变化。因此，Ag@Ti_3C_2@Cu_2O 的结构可以降低 Cu_2O 的氧化，保持 Ag@Ti_3C_2@Cu_2O 优异的稳定性，从而维持较长效的抗菌性能。

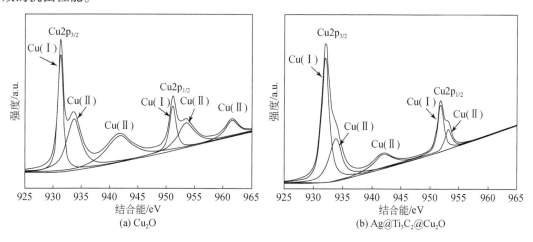

图 2-23 Cu_2O 和 Ag@Ti_3C_2@Cu_2O 纳米复合材料储存 14 天后的 XPS 表征

（4）分层 MXene 纳米片修饰 Cu_2O 的复合防污剂的抑菌机理

类似地，通过 PL 光谱可以研究 $Ag@Ti_3C_2@Cu_2O$ 纳米复合材料的光学性质，了解 $Ag@Ti_3C_2@Cu_2O$ 的抗菌机理。鉴于光激发电子与空穴的复合通常是 PL 的来源，光激发光能谱技术已成为研究光激发载流子分离和光催化剂复合效率的一种可行工具。Cu_2O、$Ti_3C_2@Cu_2O$ 和 $Ag@Ti_3C_2@Cu_2O$ 纳米复合材料的 PL 光谱如图 2-24（a）所示。与 Cu_2O 和 $Ti_3C_2@Cu_2O$ 相比，$Ag@Ti_3C_2@Cu_2O$ 的 PL 强度明显减弱，说明 Cu_2O 与 AgNPs 和 Ti_3C_2 的异质结耦合促进了电荷转移，有效抑制了光生电子和空穴的复合，从而保持了较好的光催化抑菌效果。另外，Cu_2O 作为窄带隙半导体，在可见光照射下，其价带中的电子容易被激发到导带，同时在价带中产生空穴。当 Ag 纳米粒子与 Cu_2O 复合时，由于 Ag 的费米能级低于 Cu_2O 的导带底位置，由光激发的电子从 Cu_2O 的导带传递到 Ag 纳米粒子，在金属-半导体界面上形成肖特基势垒，AgNPs 可以作为电子的接受体，减少光诱导的电子和空穴复合。同时，Cu_2O 和 Ti_3C_2 由于具有不同的费米能级可以在两者界面产生耗尽层，从而引起电荷迁移，减少电子-空穴复合。这个耗尽层也会形成一个能垒，被认作一种肖特基结，阻止电子扩散回 Cu_2O。当金属 Ti_3C_2 与 p 型半导体 Cu_2O 接触时，电子通过肖特基势垒从 Cu_2O 迁移到 Ti_3C_2。此外，当 $Ag@Ti_3C_2@Cu_2O$ 复合材料在可见光下被激发时，由于 SPR 的作用，Ag 中的自由电子被激发到高能态。同时，由于 Ti_3C_2 优异的金属导电性，所获得的光致电子通过 AgNPs 和 Ti_3C_2 之间的电荷转移通道被快速地传送到 Ti_3C_2 表面。因此，这两个定义明确的异质结所形成的电荷转移通道极大地提高了电荷输运和分离效率，延长了有源电子的寿命，从而促进了电子的迁移。依据光电催化原理，迁移的电子最后被氧分子捕获，在 Ti_3C_2 的内平面上形成 $\cdot O_2^-$，同时，Cu_2O 中剩余的空穴将水分子氧化成 $\cdot OH$。这些 ROS 基团可引起核酸损伤、细胞内蛋白质失活、线粒体功能障碍、细胞膜逐渐崩解，直至细胞死亡。同时可通过活性物质捕获实验证明上述氧化应激产物存在的可能性。图 2-24（c）和（d）为 $Ag@Ti_3C_2@Cu_2O$ 抑菌实验中活性物种的诱捕实验。随着 1 mmol/L 的 IPA（$\cdot OH$ 的淬灭剂）和 TEMPOL（$\cdot O_2^-$ 的淬灭剂）的加入，抑菌效果明显下降。因此，可以得出 $\cdot OH$ 和 $\cdot O_2^-$ 是 $Ag@Ti_3C_2@Cu_2O$ 抑菌实验中的主要活性物种。

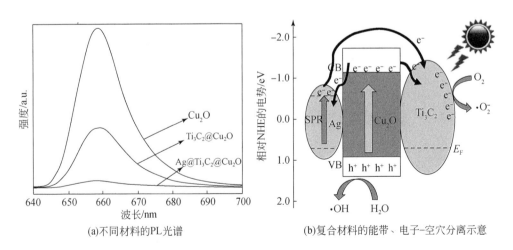

(a)不同材料的PL光谱　　　　　　　　(b)复合材料的能带、电子-空穴分离示意

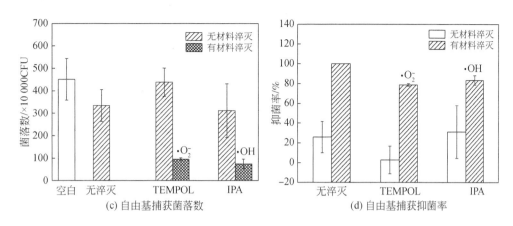

(c) 自由基捕获菌落数

(d) 自由基捕获抑菌率

图 2-24　不同材料的 PL 光谱和能带、电子空穴分离示意及自由基捕获实验结果

　　DFT 计算可以帮助解释 Ag@ Ti$_3$C$_2$@ Cu$_2$O 如何调节异质结的能带结构。图 2-25 给出了 Ag@ Ti$_3$C$_2$@ Cu$_2$O、Ti$_3$C$_2$@ Cu$_2$O、Cu$_2$O-Ag 和 Ti$_3$C$_2$@ Ag 的静电势。可知，Ag@ Ti$_3$C$_2$@ Cu$_2$O 复合材料的功函数为 4.36 eV，低于 Cu$_2$O-Ag，略高于 Ti$_3$C$_2$@ Cu$_2$O。这一结果表明，三种功能组分的重组对复合材料的功函数起到调节作用。不仅增加了光的吸收，有效地保证了光生电子的逸出，防止了 Cu$_2$O 光致腐蚀的发生。下面详细介绍这一结论，Cu$_2$O 是一种 p 型半导体，所以 Cu$_2$O-Ag 复合结构的功函数接近并大于 Ag 的功函数。因此，根据半导体物理学的知识，它们形成了一个空穴的表面势垒，使能带向上弯曲，以降低半导体中空穴的浓度，吸引金属中的电子。在 Ti$_3$C$_2$@ Ag 界面上，Ag 取代了 Ti$_3$C$_2$ 表面的官能团，形成了与 Ti$_3$AlC$_2$ 相似的 MAX 相结构。范德华力对 MAX 相结构几乎没有影响。极低的功函数极大地促进了光电子在界面的传输。在 MAX 相中，Ti$_3$C$_2$ 结构显著贡献了接近费米能级的能带。此外，Ag 作为一种优良的导体，对费米能级附近的能带也有很大的贡献，这使得 Ti$_3$C$_2$@ Ag 界面的电子具有极强的流动性，改善了载流子的迁移率。另外，在 Ag@ Ti$_3$C$_2$@ Cu$_2$O 层之间存在的范德华力和化学键促使 Ag@ Ti$_3$C$_2$@ Cu$_2$O 复合材料形成稳定的具有

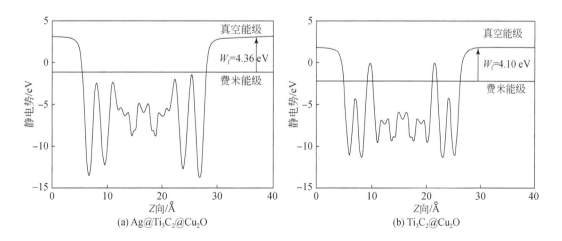

(a) Ag@Ti$_3$C$_2$@Cu$_2$O

(b) Ti$_3$C$_2$@Cu$_2$O

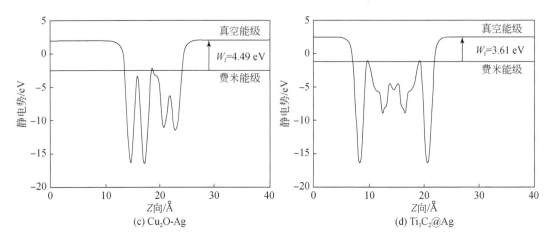

图 2-25　不同材料的静电势

MXene 特征的二维层状结构。通过 Cu$_2$O、Ti$_3$C$_2$ 和 Ag 的复合，在复合结构中形成了三个界面，这三个界面的形成有利于材料利用多方向入射的光子且这种界面结构有效地抑制了光生电子-空穴的再结合。

Ag@Ti$_3$C$_2$@Cu$_2$O 具有良好的光催化抑菌作用，其光催化抑菌机理如图 2-26 所示。Ag@Ti$_3$C$_2$@Cu$_2$O 复合材料三种组分形成的三个界面有利于电子-空穴的分离，增加载流子的迁移率，促使电子-空穴催化氧气和水反应生成大量的 ·O$_2^-$、·OH、H$_2$O$_2$ 等活性氧基团。活性氧可以直接攻击细菌细胞，引起核酸损伤、细胞内蛋白质失活、线粒体功能障碍、细胞膜逐渐崩解，直至细胞死亡。

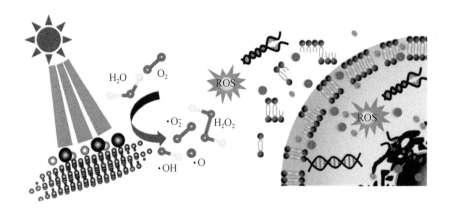

图 2-26　Ag@Ti$_3$C$_2$@Cu$_2$O 的光催化抑菌机理示意

总之，Ag@Ti$_3$C$_2$@Cu$_2$O 相对 Cu$_2$O 和 Ti$_3$C$_2$@Cu$_2$O 具有最优的抑菌性能，且长效抑菌优势更加明显，这主要归因于如下几点：首先，Ti$_3$C$_2$ 和 Ag 被静电作用包裹在 Cu$_2$O 之外，减少了 Cu$_2$O 接触水的机会，从而减缓了铜离子的释放；其次，Ti$_3$C$_2$ 和 Ag 可以提高 Cu$_2$O 电子-空穴的分离效率，产生更多的 ROS 杀灭细菌；再次，Ag@Ti$_3$C$_2$@Cu$_2$O 具有

Ti$_3$C$_2$ 片层锋利边缘，使纳米复合材料可以破坏细菌细胞，从而使铜离子更容易与细胞质组分反应，最终灭活细菌；最后，Ti$_3$C$_2$ 可以预防 Cu$_2$O 和 AgNPs 在长时间储存后结块。Ag@Ti$_3$C$_2$@Cu$_2$O 纳米复合材料与细菌接触面积大，更有利于杀灭细菌。

与前述 rGO 修饰 Cu$_2$O 复合防污剂利用二元肖特基异质结提高载流子分离增强抑菌性能相比，此处涉及的是具有三界面二元肖特基异质结的 Ag@Ti$_3$C$_2$@Cu$_2$O 纳米复合材料，其显著提高了抑菌效果。在 Ag@Ti$_3$C$_2$@Cu$_2$O 中，Cu$_2$O 作为光催化剂，Ti$_3$C$_2$ 作为促进剂，AgNPs 作为电子介质。当 Ti$_3$C$_2$ 与 p 型 Cu$_2$O 接触时，电子通过肖特基势垒从 Cu$_2$O 转移到 AgNPs 和 Ti$_3$C$_2$。当 Ag@Ti$_3$C$_2$@Cu$_2$O 在可见光下发光时，由于 SPR 的作用，Ag 的自由电子被激发到高能状态。然后，这些电子从 AgNPs 转移到 Ti$_3$C$_2$，抑制了光生载流子的复合速率。光电子与氧反应生成超氧阴离子自由基，而光产生的空穴与水反应生成羟基自由基，活性氧的大量产生是复合材料抑菌性能提升的一个关键因素。

参 考 文 献

[1] 王斌，郝红，王凯，等．环境友好型海洋防污涂料的研究现状及展望．材料保护，2011，44（8）：56-71.

[2] 张明慧．纳米氧化亚铜及其复配物的制备和抗菌性研究．杭州：浙江理工大学硕士学位论文，2015.

[3] 黄木超．可控释放型 Cu$_2$O 复合材料的制备及其海洋防污性能研究．福州：福建师范大学硕士学位论文，2017.

[4] 丛非．铜离子可控释放氧化亚铜涂料的制备及其防污性能的研究．哈尔滨：哈尔滨工业大学硕士学位论文，2017.

[5] 毛田野，陆刚，余红伟，等．聚乙二醇-氧化亚铜微胶囊防污涂料的制备及性能．高分子材料科学与工程，2019，35（9）：8-13.

[6] 黄晓迪．氧化亚铜-单宁酸粒子基复合水凝胶制备及防污性能研究．哈尔滨：哈尔滨工业大学硕士学位论文，2018.

[7] Lee H J, Jeong S H. Bacteriostasis and skin innoxiousness of nano size silver colloids on textile fabrics. Textile Research Journal, 2005, 75（7）：551-556.

[8] Wang X, Zhu S, Liu L, et al. Flexible antibacterial film based on conjugated polyelectrolyte/silver nano-composites. ACS Applied Materials and Interfaces, 2017, 9（10）：9051-9058.

[9] Kobeissi J M, Hassan G F, Karam P. Silver-modified cross-linked polyvinylpyrrolidone and its antibacterial activity. ACS Applied Bio Materials, 2018, 1（6）：1864-1870.

[10] Chen S, Quan Y, Yu Y L, et al. Graphene quantum dot/silver nanoparticle hybrids with oxidase activities for antibacterial application. ACS Biomaterials Science & Engineering, 2017, 3（3）：313-321.

[11] Xin X, Li P, Zhu Y, et al. Mussel-inspired surface functionalization of PET with zwitterions and silver nanoparticles for the dual-enhanced antifouling and antibacterial properties. Langmuir, 2019, 35（5）：1788-1797.

[12] Yang Z, Ma C, Wang W, et al. Fabrication of Cu$_2$O-Ag nanocomposites with enhanced durability and bactericidal activity. Journal of Colloid and Interface Science, 2019, 557：156-167.

[13] Hua Q, Shang D, Zhang W, et al. Morphological evolution of Cu$_2$O nanocrystals in an acid solution：stability of different crystal planes. Langmuir, 2011, 27（2）：665-671.

[14] Dodoo-Arhin D, Leoni M, Scardi P, et al. Synthesis, characterisation and stability of Cu$_2$O nanoparticles

produced via reverse micelles microemulsion. Materials Chemistry and Physics, 2010, 122 (2): 602-608.

[15] Ma J, Guo S, Guo X, et al. Preparation, characterization and antibacterial activity of core-shell $Cu_2O@$ Ag composites. Surface and Coatings Technology, 2015, 272: 268-272.

[16] Li J, Cushing S K, Bright J, et al. Ag@Cu_2O core-shell nanoparticles as visible-light plasmonic photocatalysts. ACS Catalysis, 2013, 3 (1): 47-51.

[17] Zhang W, Yang X, Zhu Q, et al. One-pot room temperature synthesis of Cu_2O/Ag composite nanospheres with enhanced visible-light-driven photocatalytic performance. Industrial & Engineering Chemistry Research, 2014, 53 (42): 16316-16323.

[18] Furube A, Du L, Hara K, et al. Ultrafast plasmon-induced electron transfer from gold nanodots into TiO_2 nanoparticles. Journal of the American Chemical Society, 2007, 129 (48): 14852-14853.

[19] Jing L Q, Qu Y C, Wang B Q, et al. Review of photoluminescence performance of nano-sized semiconductor materials and its relationships with photocatalytic activity. Solar Energy Materials and Solar Cells, 2006, 90 (12): 1773-1787.

[20] Wei Q, Wang Y, Qin H, et al. Construction of rGO wrapping octahedral Ag-Cu_2O heterostructure for enhanced visible light photocatalytic activity. Applied Catalysis B: Environmental, 2018, 227: 132-144.

[21] Wang B, Li R, Zhang Z, et al. Novel Au/Cu_2O multi-shelled porous heterostructures for enhanced efficiency of photoelectrochemical water splitting. Journal of Materials Chemistry A, 2017, 5 (27): 14415-14421.

[22] Lee S, Liang C W, Martin L W. Synthesis, control, and characterization of surface properties of Cu_2O nanostructures. ACS Nano, 2011, 5 (5): 3736-3743.

[23] Schoen D T, Schoen A P, Hu L, et al. High speed water sterilization using one-dimensional nanostructures. Nano Letters, 2010, 10 (9): 3628-3632.

[24] Wang S, Wang W, Yue L, et al. Hierarchical Cu_2O nanowires covered by silver nanoparticles-doped carbon layer supported on Cu foam for rapid and efficient water disinfection with lower voltage. Chemical Engineering Journal, 2020, 382: 122855.

[25] Wang Z, Zhou J L, Lai J L, et al. Extremely stretchable and electrically conductive hydrogels with dually synergistic networks for wearable strain sensors. Journal of Materials Chemistry C, 2018, 6 (34): 9200-9207.

[26] Miao J, Xie A, Li S, et al. A novel reducing graphene/polyaniline/cuprous oxide composite hydrogel with unexpected photocatalytic activity for the degradation of congo red. Applied Surface Science, 2016, 360: 594-600.

[27] Xu Y, Ma Y, Ji X, et al. Conjugated conducting polymers PANI decorated $Bi_{12}O_{17}Cl_2$ photocatalyst with extended light response range and enhanced photoactivity. Applied Surface Science, 2019, 464: 552-561.

[28] Bogdanović U, Dimitrijević S, Škapin S D, et al. Copper-polyaniline nanocomposite: role of physicochemical properties on the antimicrobial activity and genotoxicity evaluation. Materials Science and Engineering: C, 2018, 93: 49-60.

[29] Gizdavic-Nikolaidis M R, Bennett J R, Swift S, et al. Broad spectrum antimicrobial activity of functionalized polyanilines. Acta Biomaterialia, 2011, 7 (12): 4204-4209.

[30] Xia F, Wang H, Xiao D, et al. Two-dimensional material nanophotonics. Nature Photonics, 2014, 8 (12): 899-907.

[31] Induja M, Sivaprakash K, et al. Facile green synthesis and antimicrobial performance of Cu_2O nanospheres

decorated g-C_3N_4 nanocomposite. Materials Research Bulletin, 2019, 112: 331-335.

[32] Wang W, Huang X, Wu S, et al. Preparation of p-n junction $Cu_2O/BiVO_4$ heterogeneous nanostructures with enhanced visible-light photocatalytic activity. Applied Catalysis B: Environmental, 2013, (134-135): 293-301.

[33] Mamba G, Mishra A K. Graphitic carbon nitride (g-C_3N_4) nanocomposites: a new and exciting generation of visible light driven photocatalysts for environmental pollution remediation. Applied Catalysis B: Environmental, 2016, 198: 347-77.

[34] Akhavan O, Ghaderi E. Toxicity of graphene and graphene oxide nanowalls against bacteria. ACS Nano, 2010, 4 (10): 5731-6.

[35] Cote L J, Kim F, Huang J. Langmuir-Blodgett assembly of graphite oxide single layers. Journal of the American Chemical Society, 2009, 131 (3): 1043-1049.

[36] Bin X, Chen J, Cao H, et al. Preparation of graphene encapsulated copper nanoparticles from $CuCl_2$-GIC. Journal of Physics and Chemistry of Solids, 2009, 70 (1): 1-7.

[37] Yang Z, Hao X, Chen S, et al. Long-term antibacterial stable reduced graphene oxide nanocomposites loaded with cuprous oxide nanoparticles. Journal of Colloid and Interface Science, 2019, 533: 13-23.

[38] Dai C, Lin H, Xu G, et al. Biocompatible 2D titanium carbide (MXenes) composite nanosheets for pH-responsive MRI-guided tumor hyperthermia. Chemistry of Materials, 2017, 29 (20): 8637-8652.

[39] Wang W, Li G, Xia D, et al. Photocatalytic nanomaterials for solar-driven bacterial inactivation: recent progress and challenges. Environmental Science: Nano, 2017, 4 (4): 782-799.

[40] Rasool K, Helal M, Ali A, et al. Antibacterial activity of $Ti_3C_2T_x$ MXene. ACS Nano, 2016, 10 (3): 3674-3684.

[41] Feng H, Wang W, Zhang M, et al. 2D titanium carbide-based nanocomposites for photocatalytic bacteriostatic applications. Applied Catalysis B: Environmental, 2020, 266: 118609.

第 3 章　环境友好型碳基功能化防污剂

由于碳元素是自然界中存在的与人类最密切相关、最重要的元素之一，是生命组成的重要元素，碳基材料在环境、能源、电化学等领域应用广泛，对人类生活和经济发展同样具有重要的作用。利用碳基材料制备碳基防污剂对环境的危害程度相比氧化亚铜类防污剂影响较小，因而环境友好型碳基功能化防污剂具有很高的研究价值和应用价值。

3.1　碳基纳米材料概述

碳元素是自然界中存在的与人类最密切相关、最重要的元素之一，它具有 sp、sp^2 和 sp^3 杂化的多样电子轨道特性。因此以碳元素为唯一构成元素的碳素材料具有各式各样的性质，并且新碳素相和新碳素材料还不断被发现或人工制得。事实上，没有任何元素能像碳这样作为单一元素就可形成如三维金刚石晶体、二维石墨层片、一维碳纳米管、零维富勒烯等结构与性质完全不同的物质。

科学家们逐渐发现碳基纳米材料在硬度、光学特性、耐热性、耐辐射特性、耐化学药品特性、电绝缘性、导电性、表面与界面特性等方面性能优异，可以说碳基材料几乎包括了地球上所有物质所具有的特性，如最硬–最软、绝缘体–半导体–良导体、绝热–良导热、全吸光–全透光等，具有广泛的用途。其中，碳纳米管和石墨烯材料作为应用最多的两种碳基纳米材料，正得到越来越普遍的关注。

3.1.1　碳纳米管概述

碳纳米管作为一维纳米材料，重量轻，六边形结构连接完美，具有许多异常的力学、电学和化学性能。近些年随着碳纳米管及纳米材料研究的深入，其广阔的应用前景也不断地展现出来。

3.1.1.1　结构特征

碳纳米管是具有纳米尺寸的、由石墨烯片按一定的螺旋角卷曲而成的同轴无缝中空的纳米管组成的碳分子[1-3]。管壁的碳原子之间以 sp^2 杂化键合，其中也包括在管的端部或出现在弯曲部分的少量碳原子 sp^3 杂化。构成管壁的 sp^2 杂化碳原子可以形成高度离域的 π 电子共轭体系，从而与其他 π 电子体系通过 π-π 作用相结合，形成强烈的吸附。碳纳米管可以看作是石墨烯片层卷曲而成，按照管壁石墨烯片的层数，可分为单壁碳纳米管（SWCNT）和多壁碳纳米管（MWCNTs），如图 3-1 所示。MWCNTs 的层间距大约为 0.36 nm，这个数值与石墨层间距相当。MWCNTs 开始形成时,层与层之间很容易成为陷阱中心而捕获各种缺陷,通常含有大量缺陷孔洞。与 MWCNTs 相比,SWCNT 直径大小的分布范围小,缺陷少,具有更高的均匀一致性。SWCNT 典型直径在 1 ~ 2 nm,MWCNTs 最内层可达 0.4 nm,最粗可达数百纳米,典型管径为 2 ~ 25 nm。碳纳米管的其中一个特点是长径比特别大,直径与管径的比值一般都大于 1000,可看作准一维的量子线,比表面积也比较大,其值在 50 ~ 1315 m²/g。

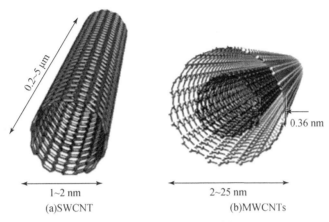

图 3-1　SWCNT 和 MWCNTs 结构示意

3.1.1.2　功能化改性

碳纳米管因具有较大比表面积和较高表面自由能,纳米颗粒之间十分容易发生团聚,分散不均匀,限制了其应用,因此碳纳米管的功能化改性就成了其研究范畴内的一个重要难题。如图 3-2 所示,碳纳米管的功能化改性一般采用非共价改性、π-π 堆叠和不同位置的功能化等改性方法[4]。

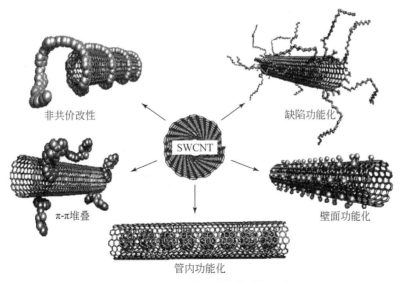

图 3-2　碳纳米管的功能化改性示意

CNTs 的共价键改性主要有卤化反应、羧基化反应、原位接枝聚合反应及加成反应等。研究表明，经氟化处理后的 CNTs 更容易与氨基或羟基发生亲核取代反应，从而大大提高 CNTs 溶解性。通过酰胺化反应或酯化反应，与氧化后的 CNTs 反应，接枝亲水基团，制备出良好水溶性的复合材料。以有机小分子接枝的 CNTs 作为引发剂，采用原位接枝聚合方法实现功能化。利用 CNTs 结构中 sp^2 杂化碳原子发生自由基加成、亲电加成、亲核加成和环加成等加成反应，达到表面改性目的。

CNTs 的非共价改性是不改变其原本结构的物理改性方法，主要有 π-π 非共价键相互作用、聚合物材料包覆及添加表面活性剂等方法。CNTs 的碳原子之间所形成的 π 电子可与其他含共轭 π 键的化合物作用，通过两者之间的范德华力达到功能化，因而以大分子聚合物作分散剂，可以实现均匀分散。此外，CNTs 由于其自身特殊的管状结构，可以通过开管以及原位生长将金属或氧化物填充在其中进行改性，从而赋予纳米材料缓释性能。

3.1.1.3 防污抑菌性能

碳纳米管具有独特的物理结构，且其具备的异常突出性能也被人们所重视，研究人员对其力学、电学、磁学性质、场发射性能、药物缓释及储氢性能都做了深入的研究与探讨，发现碳纳米管在防污抑菌等领域都有着十分乐观的应用前景[5-7]。

如图 3-3 所示，SWCNT 是强力的抗菌剂，SWCNT 涂层可以显著减少生物膜的形成。膜应力（即直接 SWCNT-细菌接触导致膜微扰和细胞内物质释放）是细胞死亡的主要原因。SWCNT 的抗菌机制主要包括以下三步：①SWCNT 和细菌开始接触；②细胞膜微扰；③细菌氧化导致细胞破坏。

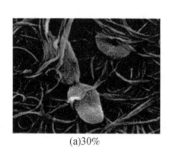
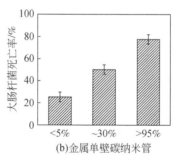

(a)30%　　　(b)金属单壁碳纳米管　　　(c)>95%

图 3-3　不同含量 CNTs 的抑菌效果

MWCNTs 具有与聚合物相似的结构，尤其是具有很大的比表面积以及纳米级的圆柱形孔洞结构，使其具有很强的吸附和控释能力。同时其表面可修饰多种官能团，常与聚合物复合制成高性能的复合材料，此类复合材料在传感、吸附和生物医药等领域具有广阔的应用前景。

3.1.2　石墨烯概述

2004 年英国科学家 Geim 和 Novoselov 首次制备出石墨烯[8]，它是只有单层或多层原子厚度（0.34 nm）的纯碳原子纳米薄片，石墨烯具有的独特的二维蜂窝状网络结构，使其在热学、力学及电学性能上表现优异。相对于 CNTs，制造石墨烯的原料来源较广泛，因而石墨烯的价格较低，更适合高性能复合。

3.1.2.1　结构特征

石墨烯是在人们发现石墨、金刚石、富勒烯、CNTs 之后，开发出的一种新的同素异形体，继 2004 年英国科学家 Geim 和 Novoselov 机械剥离得到单层石墨烯片以来，石墨烯受到了各界越来越广泛的关注[8]。如图 3-4 所示，石墨烯是一种由碳原子以 sp^2 杂化轨道组成六角形呈蜂巢晶格的 2D 碳纳米材料。石墨烯内部碳原子的排列方式与石墨单原子层一样以 sp^2 杂化轨道成键，并有如下的特点：碳原子有 4 个电子，其中 3 个电子生成 sp^2 键，即每个碳原子都贡献一个位于 p_z 轨道上的未成键电子，近邻原子的 p_z 轨道与平面成垂直方向可形成 π 键，新形成的 π 键呈半填满状态。研究证实，石墨烯中碳原子的配位数为 3，每两个相邻碳原子间的键长为 1.42×10^{-10} m，键与键之间的夹角为 120°。除了 σ键与其他碳原子连接成六角环的蜂窝式层状结构外，每个碳原子的垂直于层状结构的 p_z轨道可以形成贯穿全层的多原子的大 π 键（与苯环类似），因而石墨烯具有优异的性能[9,10]。

图 3-4　石墨烯结构示意

3.1.2.2　功能化改性

石墨烯作为一种绿色环保材料，因具有独特的几何性质（高纵横比、2D 形状）、化学和热稳定性、高透明度以及高机械性能而受到防污涂料领域专家的重视[11-15]。在涂料中加入石墨烯可以在不破坏海洋环境的前提下，显著降低细菌附着在涂层表面的结合力。但石墨烯在涂料中的应用同样存在一定弊端：首先，石墨烯片层之间存在较强的范德华力，因此石墨烯在涂料中容易发生团聚、沉淀现象，且稳定性较差；其次，石墨烯本质上的高化学稳定性和疏水性表面状态等，极易导致石墨烯分散和功能化困难；最后，由于石墨烯导电性能优异并且电位要高于大多数金属，当石墨烯膜存在缺陷或者失效时，海水等电解质溶液与石墨烯和金属基体接触后，会构成原电池腐蚀反应，加速腐蚀效应。因此，需要对其进行功能化改性，提高石墨烯的分散性。目前对石墨烯进行功能化改性的方法主要有两种，即非共价键和共价键功能化改性。石墨烯的功能化改性可改善石墨烯的分散性，使其能够在基质中均匀分散，从而制备高质量的聚合物石墨烯纳米复合材料。

1）非共价键功能化改性。通过对石墨烯内部结构进行分析，可以了解实现石墨烯非共价键功能化改性的方式。通过烯片层分子和功能分子之间的相互作用力，制备具有特定功能的石墨烯基复合材料[16]。分子间的相互作用力有助于石墨烯形成稳定的结构体系。在范德华力和分子之间静电力的作用下，利用现代物理技术或者采取聚合物包覆技术可以实现石墨烯的表面功能化改性。非共价键功能化改性是在不破坏原有功能键的基础上，开发石墨烯的新功能。根据作用键的不同，主要分为 π-π 键作用、离子键作用和氢键作用 3 种类型。

2）共价键功能化改性。使用聚合物作为改性剂可以实现石墨烯共价键功能化改性，其原理是通过引入聚合物链辅助分散石墨烯。目前主要采用 graft-from 法和 graft-go 法来实现石墨烯的功能化改性[17]。这两种方法的主要区别是对石墨烯进行改性的方式不同。graft-from 法是在石墨烯片层上进行修饰，引发原位聚合；graft-go 法是引入活性官能团进行合成，通过偶联反应进行接枝。石墨烯的小分子共价键功能化改性是通过氧化石墨烯表面羟基、环氧基的亲核开环反应，异氰酸酯化反应，共轭平面的重氮化反应，环加成反应和硅烷化反应等[18]实现的。

3.1.2.3 防污抗菌性能

石墨烯因具有巨大的比表面积、较为尖锐的边缘以及和细胞较为接近的尺寸，很多研究者将其应用在防污抑菌领域。2010 年，中国科学院上海应用物理研究所黄庆等首次发现了石墨烯材料的抗菌作用，即氧化石墨烯可以破坏细菌的细胞膜，导致胞内物质外流并杀死细菌[19,20]。由于氧化石墨烯是一种潜在的没有耐药性的物理"抗生素"，该成果发表后立即引起了科学界的广泛兴趣，之后，越来越多的研究证实了这一点[21-25]。

石墨烯及氧化石墨烯通过机械作用的膜损伤、氧化应激的化学作用及大分子的覆盖作用起到杀菌作用；石墨烯材料的表面功能基团、电荷、尺寸、结构缺陷及石墨烯材料的种类等均影响着其与细菌相互作用时的体内和体外行为。石墨烯和氧化石墨烯具有明显的杀菌特性，已经成为潜在的抗菌候选材料。曾鹏等[26]对含有六种不同氧化石墨烯浓度抑菌液的无菌滤纸圆片对大肠杆菌的抑菌活性进行测试后，得到如图 3-5 所示的抑菌圈实验图片，从抑菌滤纸圆片周围出现的透明抑菌圈直径大小的观察和比较中可以看出，浓度为 10 000 mg/L 的含氧化石墨烯抑菌液的滤纸圆片对大肠杆菌有明显的抑制效果，而其他五个浓度的含氧化石墨烯抑菌液的滤纸圆片对大肠杆菌无明显的抑菌效果。

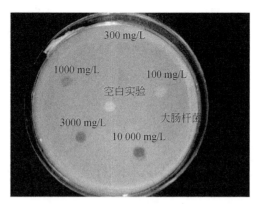

图 3-5　不同浓度的氧化石墨烯对大肠杆菌的抑菌效果

3.2　碳纳米管/壳聚糖复合防污剂

3.2.1　壳聚糖概述

甲壳素又称甲壳质、几丁质，英文名 Chitin，主要存在于甲壳动物蟹、虾和昆虫的外壳，以及高等植物的细胞壁中[27]。壳聚糖（图 3-6，Chitosan，CS）是甲壳素脱 N-乙酰基达到 55% 以上而得到的天然阳离子弱碱性氨基多糖。它具备可再生、环境友好、可降解、无毒、良好生物相容性和抗菌性等特点，美国食品药品监督管理局和中华人民共和国国家市场监督管理总局均批准壳聚糖属于公认安全的医用材料，因此广泛应用于生物材料、智能材料和仿生材料领域[28-30]。

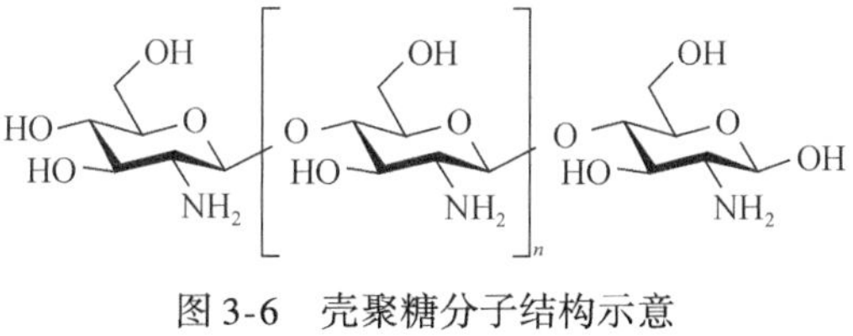

图 3-6　壳聚糖分子结构示意

壳聚糖分子的结构中含有的活性官能团包括 C-3 的羟基、C-6 的羟基、C-2 的氨基，特别是 C-2 的氨基的存在，容易被亲电试剂（如质子酸）攻击，因此壳聚糖呈碱性[31]。上述活性官能团的存在，使得壳聚糖可以与各种有机基团进行交联、接枝、醛化、酰化、卤化、络合等多种反应，大幅提高壳聚糖基材料的性能[32,33]。壳聚糖的分子结构与纤维素类似，分子链呈直链状，同时具有高度的柔性，所以壳聚糖一般呈晶态结构，难溶于水。对壳聚糖的溶解度进行探究可以发现，壳聚糖可溶于醋酸、盐酸、硝酸等大多数稀酸溶液，壳聚糖溶于质量分数 1% 的醋酸溶液后会变成通明黏稠的壳聚糖胶体溶液，并且稀酸中的氢离子可与其分子中的氨基相结合，使壳聚糖自身带正电荷，进而能够溶于稀酸溶液。近些年科研人员发现，经过胶囊化技术制备的壳聚糖基纳米胶囊不但具备壳聚糖本身的生物相容性好、生物易降解性等特点，而且具备优异缓慢释放功能，纳米胶囊包裹率高的特征，可普遍运用于食品、纺织、医药、海洋防污等领域，具备宽泛的运用前景。针对壳聚糖在海洋防污抑菌等领域的应用，一些专家学者对其进行了物理和化学改性，提高了其抑菌性能。

3.2.1.1　壳聚糖的物理改性

壳聚糖及其衍生物的物理改性是将其与多孔的无机物质相混合，以提高壳聚糖及其衍生物的比表面积，继而提高吸附性能。一般物理改性会将壳聚糖制备成微球、凝胶或纤维等形态。如图 3-7 所示，郝湘平等[34]利用微乳液法对壳聚糖进行了物理改性，制备了壳聚糖与辣椒素比例可控的 pH 响应 CAP@ CS 纳米胶囊。壳聚糖的解离常数（pK_a）约为 6.5，当溶液环境 pH <6.5 时，氨基发生质子化，且由于静电排斥作用，纳米胶囊膨胀。氨基的去质子化发生在碱性环境中，导致纳米胶囊收缩，孔道变小或封闭，从而达到延续药物释放、延长使用寿命的目的。CAP@ CS 纳米胶囊保持了 pH 响应特性，并且在酸和碱条件下进行循环交替渗析后具有相当的抑菌作用以及综合的循环稳定性。

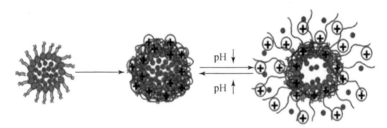

图 3-7　CAP@ CS 纳米胶囊 pH 响应释放的机理研究

3.2.1.2　壳聚糖的化学改性

壳聚糖及其衍生物的化学改性一般是通过接枝共聚、交联等反应在其分子链上引入一些具有特殊功能的官能团，对壳聚糖及其衍生物进行修饰，从而提升壳聚糖材料的应用前景；也可以通过在壳聚糖上接枝一些具有特殊功能的官能团，来提高壳聚糖的吸附性能。例如，利用酰基化、羧基化、醚化等反应引入功能基团，扩大应用范围；在壳聚糖的高分子链上进行接枝和交联反应；壳聚糖与金属离子之间的配合反应等。王先津等[35]用六亚甲基二异氰酸酯（HDI）活化聚乙二醇单甲醚（mPEG）得到 mPEG-NCO（NCO 指异氰酸酯基）。然后用十二烷基硫酸钠（SDS）保护壳聚糖（CS）链上的氨基，得到壳聚糖–十二烷基硫酸钠复合物（CS-SDS），最后将 mPEG-NCO 接枝到 CS-SDS 上，制得接枝共聚物 CS-g-mPEG，并采用一系列的手段进行表征，结果表明，壳聚糖改性后，其热稳定性提高，结晶度降低，溶解性进一步提高。

壳聚糖作为一种天然的生物型聚合物，本身具有良好的抗菌性，同时其分子链中含有的—NH_2 和—OH 活性基团也可以进一步与金属离子结合形成金属配合物，两者相互协同，可以展现出优异的抑菌功效。目前，针对壳聚糖，研究最广泛的是其抗菌性能以及作为抗菌复合材料的基体在食品包装、医用材料、纤维纺织中的应用。CNTs独特的物理结构和杰出的性能，尤其是其很大的比表面积以及纳米级的圆柱形孔洞结构，致使其具有很强的吸附控释能力。但是碳纳米管表面呈化学惰性，且由于强疏水性与分子间很强的范德华力作用，其存在易团聚、分散性较差的性能缺陷，使其应用受到极大的限制。因此，反应过程中通常对其进行表面改性以改善分散性。

因此，以碳纳米管、壳聚糖为基本研究材料，利用壳聚糖的螯合作用、保护作用和稳定作用以及碳纳米管的性质，可衍生出一系列的抑菌复合材料。

3.2.2　碳纳米管/壳聚糖复合防污剂制备方法

碳纳米管/壳聚糖复合材料的制备方法有多种，主要有溶液共混法、电化学沉积法、逐层自组装法、静电纺丝法和溶胶–凝胶法等。

3.2.2.1　溶液共混法

共混是早期人们在制备复合材料时使用最普遍的方法之一，包括溶液共混法和熔融共混法。共混一般是将碳纳米管先超声分散于聚合物溶液或聚合物熔融体中，再通过溶剂蒸出或冷却，制得碳纳米管/聚合物复合材料。这种方法简单易行，碳纳米管的体积分数等便于控制，但复合体系中碳纳米管的空间分布参数难以确定，且碳纳米管不易分散均匀，易发生团聚现象，影响了复合材料的综合性能。因此一般先将碳纳米管进行表面改性，改善其分散性，使其分散均匀。溶液共混法是制备碳纳米管/壳聚糖复合材料最简单和最常用的方法。将酸化处理过的碳纳米管超声分散于壳聚糖的酸性溶液中，可以得到分散性良好的碳纳米管/壳聚糖复合材料。碳纳米管上的羧基与聚阳离子壳聚糖产生静电吸附作用，使碳纳米管/壳聚糖复合溶液具有非常好的稳定性。Wang 等[36]先将酸化的碳纳米管悬浮于蒸馏水中，然后与壳聚糖的醋酸溶液混合，在 18 000 r/min 的高转速下机械搅拌30 min，继而超声 20 min 除去泡沫，得到两者的混合溶液。然后将混合溶液蒸去水分，得到碳纳米管/壳聚糖复合膜。研究结果表明，在壳聚糖含量较高的情况下（如80%），碳纳米管均匀地分散于壳聚糖中。研究还发现，当外力使碳纳米管与壳聚糖分离时，大部分的碳纳米管被破坏，而不是简单地从壳聚糖相中脱出，这也表明碳纳米管和壳聚糖基体间有着强大的界面结合力。由于碳纳米管的增强作用，碳纳米管/壳聚糖复合材料的拉伸强度比纯壳聚糖材料提高了90%以上，这为增大壳聚糖的强度提供了一条新的途径。

3.2.2.2　电化学沉积法

电化学沉积是电解液中的金属离子在外电压的作用下被还原并沉积在阴极上的电化学过程。它不仅仅是一种表面工程技术，还是一种开发新型材料的途径。采用电化学沉积技术不仅可以制得单层和总厚度、成分、界面密度可调的多层膜，还可以把两种不同的材料在接近原子水平上进行堆垛，从而获得具有独特性能的新材料。电化学沉积法也可以制备碳纳米管/壳聚糖复合材料，复合材料的微观结构可控，从而制备出性能独特的复合材料。Luo 等[37]用电化学沉积的方法制得碳纳米管/壳聚糖复合薄膜，用一对金电极连接直流电源，浸入到碳纳米管/壳聚糖溶液中。溶液中的氢离子在阴极被还原成氢气，同时阴极表面的 pH 逐渐增加，当 pH 达到 6.3 时，壳聚糖变得不溶，在阴极的表面沉积。同时可以看到直径为 40 ~ 80 nm 的线状物质均匀地分布在膜内，他们认为这是被链状壳聚糖包裹的碳纳米管。电化学沉积法是一种制备壳聚糖包裹碳纳米管复合材料的很好方法。

3.2.2.3 逐层自组装法

逐层自组装也是制备碳纳米管/壳聚糖复合材料的一种常见方法。用逐层自组装法可以制得碳纳米管/壳聚糖多层复合膜。具体方法是：将一块带电荷的石英片放入壳聚糖聚电解质溶液中，一段时间后，再放入酸化处理后的碳纳米管悬浮液中，过一段时间拿出，用去离子水淋洗，重复上述步骤，最终可以得到厚度可控的碳纳米管与壳聚糖的自组装多层复合膜。这种方法得到的产物组分之间结合均匀、致密，并且具有连续、多孔的三维网状结构。另外，这种方法能够得到可控厚度的复合膜，并且膜中碳纳米管的含量比较高。

3.2.2.4 静电纺丝法

静电纺丝是一种利用聚合物溶液或熔体在强电场作用下形成喷射流进行纺丝加工的工艺。它是制备超精细纤维的一种新型加工方法，制得的纤维比传统纺丝方法细得多，直径一般在数十到上千纳米。目前用碳纳米管或壳聚糖与其他聚合物进行静电纺丝的报道已经很多[38-40]。天津大学材料科学与工程学院封伟等[41]利用静电纺丝技术首次制得了碳纳米管/壳聚糖复合纤维。首先将酸化后的碳纳米管在壳聚糖-醋酸溶液中超声分散，然后加入聚乙烯醇（PVA）的 2% 醋酸溶液并充分搅拌。加入 PVA 是为了增加体系黏度，有利于静电纺丝。由纺丝后的扫描电子显微镜照片可以发现，碳纳米管/壳聚糖复合体在静电力下能够很好地纺丝，并且没有出现珠状体，这主要是由于碳纳米管中加入 PVA 降低了纺丝的表面张力，增加了电荷密度，使纺丝更易完成。

3.2.2.5 溶胶-凝胶法

溶胶-凝胶法就是将烷氧金属或金属盐等前驱物加水分解后再缩聚成溶胶，然后经加热或将溶剂除去使溶胶转化为网状结构的氧化物凝胶的过程。它主要用来制备有机/无机杂化材料，这种材料的优点是同时具有有机物的柔性及易修饰性和无机物的刚性与稳定性。Tan 等[42]首先将一定量的甲基三甲氧基硅烷（MTOS）、甲醇和 0.5% 壳聚糖的醋酸溶液混合。混合物超声 30 min 得到无色均匀的溶液。然后将酸化后的碳纳米管水悬浮液、胆固醇氧化酶的磷酸盐缓冲溶液与上述混合物充分混合，再倒在玻碳/普鲁士蓝（GC/PB）电极上，形成壳聚糖-二氧化硅-多壁碳纳米管（CS-SiO$_2$-MWCNTs）杂化膜。这种杂化膜的优点是溶胶-凝胶既克服了石英玻璃的易碎性，又克服了壳聚糖水凝胶的溶胀，而碳纳米管兼有纳米导线和催化剂双重作用，可以提高酶和电极表面的电子传输能力。

3.2.3 碳纳米管/壳聚糖复合防污剂抑菌性能

3.2.3.1 碳纳米管/羧甲基壳聚糖复合材料防污抑菌性能测试

羧甲基壳聚糖（CmCs，图 3-8）是 CS 经羧甲基化反应后，分子单元中的氢原子被羧甲基取代后所得到的衍生物，具有生物可降解性和良好的生物相容性，同时还具有保湿性好、成膜性好、安全无毒、抗菌性等特点。羧甲基壳聚糖分子链中所含有的—OH、—NH₂、—COOH 等活性基团可以作为金属离子的良好配体，使其可以与金属离子形成配位键并结合，形成的配合物有良好的抑菌性，但是由于抑菌长效性不够好，使用寿命短，限制了其实际应用。利用碳纳米管的独特性能，可以很好地解决上述问题。

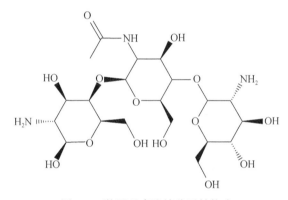

图 3-8　羧甲基壳聚糖分子结构式

羧甲基的引入破坏了 CS 原本具有的晶体结构，使 CmCs 的亲水性得到很大的提高，具有很好的水溶性。由于—COO—的电负性较强，它能够加大氨基的碱性，从而加强对细菌的吸附和絮凝，所以 CmCs 的抑菌性能要好于 CS。CmCs 中含有—NH₂、—OH、—COOH等活性基团，因此其与金属离子的配位能力比 CS 更强。林友文等[43]对水溶性的 CmCs 与 Ca^{2+}、Fe^{2+}、Zn^{2+} 等金属离子之间的配合反应做了初步研究，发现配合反应的主要活性中心是—COO—，部分氨基和羟基也参与了配位，CmCs 对三种离子的配位能力都比较强，其中对 Zn^{2+} 最为突出。徐甲坤[44]首先合成了 CmCs-Cu 配合物，然后利用戊二醛将其交联，制备出 CmCs-Cu 配合物凝胶，并对其在海水中对铜的缓释性能做了初步研究，CmCs-Cu 配合物可作为杀菌剂，为在海洋防污方面的应用奠定了基础。

于慧[45]选择革兰氏阳性菌的代表菌种金黄色葡萄球菌，以及革兰氏阴性菌的代表菌种大肠杆菌作为受试菌种，做了抗菌性实验。图 3-9 为 CmCs 对金黄色葡萄球菌和大肠杆菌的抑菌圈照片，由于抑菌圈测试方法对材料的抑菌杀菌性要求很高，CmCs 的抑菌效果非常不明显。图 3-10 为 MWCNTs-CmCs、MWCNTs-CmCs-Zn、MWCNTs-CmCs-Cu 分别对金黄色葡萄球菌和大肠杆菌的抑菌圈照片，每张照片右上角为该抑菌圈的局部放大图。由

图 3-10 中可以看出，MWCNTs-CmCs 表现出了一定的抑菌性，其滤纸周围出现了较小范围的抑菌圈。相比而言，MWCNTs-CmCs-Zn、MWCNTs-CmCs-Cu 的抑菌性要比 MWCNTs-CmCs 有很大提高，其滤纸周围的抑菌圈范围更大，且 MWCNTs-CmCs-Cu 的抑菌性更为明显。MWCNTs-CmCs、MWCNTs-CmCs-Zn、MWCNTs-CmCs-Cu 对金黄色葡萄球菌和大肠杆菌都表现出了抑菌活性，且其抑菌性 MWCNTs-CmCs-Cu > MWCNTs-CmCs-Zn > MWCNTs-CmCs，两种受试细菌中，样品对金黄色葡萄球菌的抑菌活性要大于大肠杆菌。

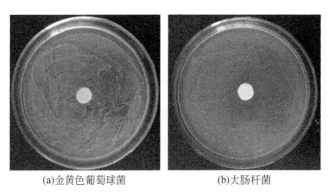

(a)金黄色葡萄球菌   (b)大肠杆菌

图 3-9　CmCs 对金黄色葡萄球菌和大肠杆菌的抑菌效果

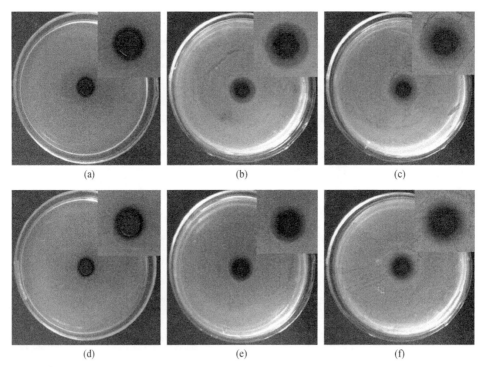

(a)   (b)   (c)

(d)   (e)   (f)

图 3-10　MWCNTs-CmCs、MWCNTs-CmCs-Zn、MWCNTs-CmCs-Cu 分别对金黄色葡萄球菌 （a）~ （c）和大肠杆菌 （d）~ （f） 的抑菌效果

为了更准确地研究样品的抑菌性能，研究人员又进一步做了计数法抑菌实验。以不加任何抑菌材料的菌悬液为空白试样，考察了添加 MWCNTs-CmCs、MWCNTs-CmCs-Zn、MWCNTs-CmCs-Cu 后，37 ℃恒温震荡培养 12 h 的菌悬液细菌浓度，如图 3-11 所示。其中，添加了 MWCNTs-CmCs 复合材料的菌悬液细菌浓度比空白试样降低了大约一半，显示了一定的抑菌性，而 MWCNTs-CmCs-Zn、MWCNTs-CmCs-Cu 的抑菌效果更加显著，其菌悬液细菌浓度比空白试样降低了一个数量级，表现出了优异的抑菌活性。其中对金黄色葡萄球菌的抑菌性比大肠杆菌更为明显，样品的抑菌性 MWCNTs-CmCs-Cu>MWCNTs-CmCs-Zn>MWCNTs-CmCs，这与抑菌圈实验的结果是一致的。

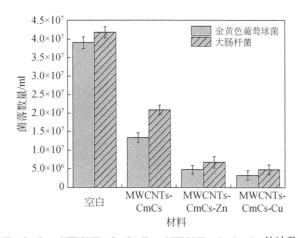

图 3-11　MWCNTs-CmCs、MWCNTs-CmCs-Zn、MWCNTs-CmCs-Cu 的计数法抑菌效果对比

3.2.3.2　碳纳米管/季铵化壳聚糖复合材料防污抑菌性能测试

季铵化壳聚糖（QCS）比壳聚糖具有良好的水溶性和增强的抗菌活性，并且在体内具有良好的止血作用和生物相容性。基于 CNTs 和甲基丙烯酸缩水甘油酯（GMA）功能化的 QCS 复合材料目前已成功制备，具有增强的抗菌和导电特性。

研究人员通过壳聚糖的一锅法反应合成了三种 QCS 共聚物（图 3-12）。季铵化程度为 46% 的 QCS 具有出色的抗菌活性（金黄色葡萄球菌的 MIC 为 20 μg/ml）和水溶性。在超声波作用下，借助加有二丙烯酸酯的 PF127（PF127-DA）将 CNTs 更好地分散在水中。将 QCS 溶液与 PF127-DA/CNTs 分散液充分混合。然后再添加 APS/TEMED 形成冷冻凝胶之

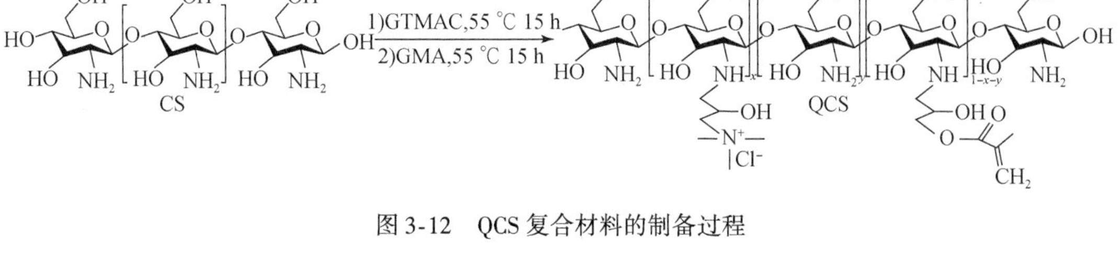

图 3-12　QCS 复合材料的制备过程

后，将 QCS 和 PF127-DA/CNTs 分散液置于 –20 ℃进行冷冻聚合。QCS 是止血冷冻凝胶的基本网络，因 QCS 具有丰富的带正电荷的季铵基团，将赋予该冷冻凝胶固有的抗菌活性和出色的止血能力。

3.2.3.3 多巴胺改性碳纳米管/壳聚糖复合材料防污抑菌性能测试

近年来，海洋贻贝类生物分泌的黏附蛋白质与各种各样的基体之间均具有较强的黏附力的性质被发现，这一现象引起了研究者的广泛关注。研究发现，含有儿茶酚和氨基功能团的儿茶酚类氨基酸 L-3,4-二羟基苯丙氨酸多巴（L-3,4-dihydroxyphenylalanine）在海洋贻贝类蛋白质中的含量很高，虽然它的作用机理还没有被研究透彻，但是只要提高贻贝类蛋白质中 L-3,4-二羟基苯丙氨酸多巴的含量，蛋白质与基体的黏附力就会增强，这间接表明儿茶酚在黏附过程中具有一定的作用，由此，儿茶酚衍生物引起了广泛的研究热潮。

多巴胺（dopamine，$C_6H_3(OH)_2$—CH_2—CH_2—NH_2）是由脑分泌的，其正式的化学名称为3-羟酪胺或3,4二羟苯乙胺，简称 DA。多巴胺盐酸盐结构式如图 3-13 所示，其是白色或类白色具有光泽的结晶，味微苦，无臭，在空气中放置及遇光后颜色会加深，易溶在水中，微溶在无水乙醇中，极微溶解在氯仿或乙醚中。多巴胺具有儿茶酚结构，所以能够吸附在多种基体上。多巴胺同时具有儿茶酚结构和一个氨基基团，因此多巴胺在吸附基体以后还能够作为吸附其他物质的载体，即多巴胺是一种很好的作为二次反应平台的物质。

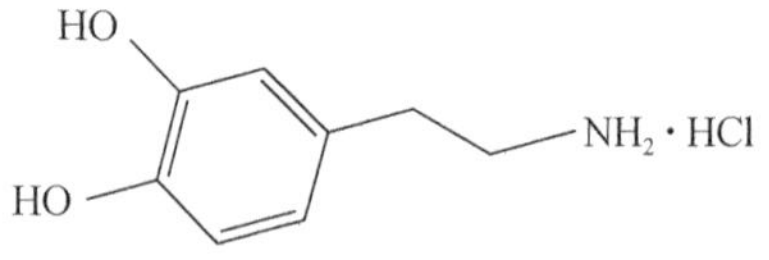

图 3-13 多巴胺盐酸盐结构式

多巴胺在材料表面改性方面的应用日趋遍及。如图 3-14 所示，聚多巴胺（PDA）是多巴胺在弱碱性环境下自氧化聚合的产物，可以在多种类型的基体上形成亲水性黏附膜。研究发现，增加氧气含量可以大大提高碱性条件下多巴胺的氧化聚合反应速率，且反应速率越大，沉积的膜层越均匀、光滑。将聚多巴胺碳包覆碳纳米微球外得到 Pdop@CNPs 复合材料，负载 AgNPs 粒子用于检测 H_2O_2，可以大大提升传感器的灵敏度和再现性。

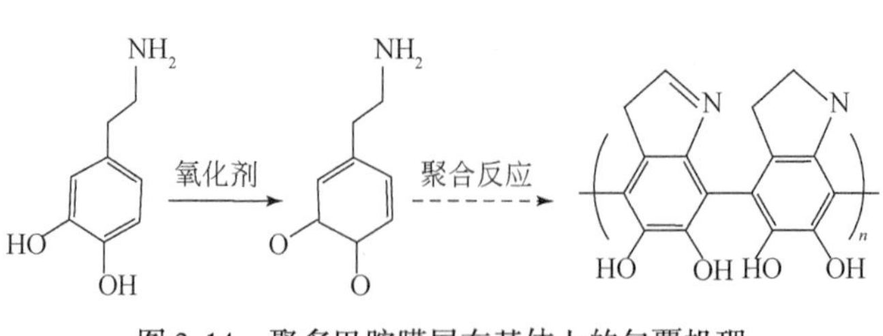

图 3-14 聚多巴胺膜层在基体上的包覆机理

刘丹[46]对碳纳米管进行包覆改性，从而得到 PDA-MWCNTs 与 micaDA-MWCNTs 两种复合材料。在此基础上分别应用改性方法得到的 PDA-MWCNTs 与 micaDA-MWCNTs 两种复合材料进行防污抑菌实验，并对其性能进行分析。图 3-15 为不同浓度的 CS/micaDA-MWCNTs 复合材料对大肠杆菌、金黄色葡萄球菌及鳗弧菌的抑菌效果。从图 3-15 中可以看出，未添加抑菌材料时，固体培养基上有大量的菌落生长 [图 3-15 (a)]；CS/micaDA-MWCNTs 复合材料浓度为 0.3 mg/ml，菌落数目开始减少 [图 3-15 (b)]；浓度增加到 0.5 mg/ml 时，可明显看出菌落数显著降低 [图 3-15 (c)]。CS/micaDA-MWCNTs 复合材料对革兰氏阳性菌（金黄色葡萄球菌）、革兰氏阴性菌（大肠杆菌）及海洋菌（鳗弧菌）都表现出一定抑菌性能，具有广谱抑菌性。

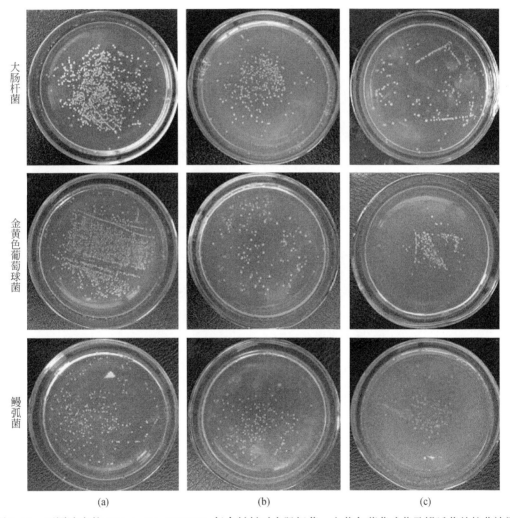

(a)　　　　　　　　　(b)　　　　　　　　　(c)

图 3-15　不同浓度的 CS/micaDA-MWCNTs 复合材料对大肠杆菌、金黄色葡萄球菌及鳗弧菌的抑菌效果

　　通过光学显微镜对添加不同材料的小舟形藻及成排舟形藻的生长情况进行观察，得到浓度为 0.5 mg/ml 的不同材料对两种硅藻生长抑制作用对比。从图 3-16 可以看出，空白试样中小舟形藻与成排舟形藻的藻细胞密度分别为 18.8×10^5 cells/ml、15×10^5 cells/ml；与

空白试样相对比，添加浓度为 0.5 cells/ml 的 CS 时，小舟形藻与成排舟形藻的藻细胞密度略有降低；含 MWCNTs 的试样中两种硅藻的藻细胞密度降低得更为明显，MWCNTs 对两种硅藻的生长抑制率分别达到41.49%、46%；添加 CS/micaDA-MWCNTs 复合材料的试样中，小舟形藻与成排舟形藻的藻细胞密度显著降低，CS/micaDA-MWCNTs 复合材料对两种硅藻的生长抑制率分别达到79.26%、81.33%。

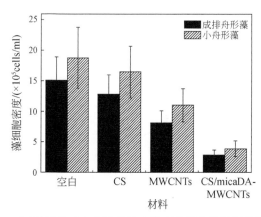

图 3-16　不同材料对小舟形藻及成排舟形藻生长抑制作用对比

　　图 3-17 是 CS/micaDA-MWCNTs 复合材料对小舟形藻生长抑制曲线。从图 3-17 中可知，空白试样中前 24 h 小舟形藻的细胞生长缓慢；随后藻细胞进入快速生长阶段，一直以较高的增长速度维持到第 72 h，藻细胞密度达到最高值，约为 15×10^5 cells/ml。之后小舟形藻细胞生长进入衰退期，藻细胞密度逐渐降低，108 h 后小舟形藻生长速度稳定在较低水平。与空白试样相对比，添加 CS/micaDA-MWCNTs 复合材料的试样中，小舟形藻细胞生长速度减慢，藻细胞密度在第 48 h 时达到最高值，约为 5.7×10^5 cells/ml。之后，小舟形藻细胞密度持续降低，72 h 后小舟形藻细胞密度达到稳定，藻细胞密度约为 1.3×10^5 cells/ml，说明培养液中大量小舟形藻已被杀死。

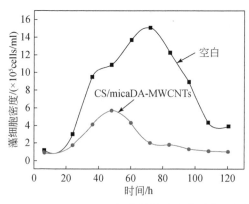

图 3-17　CS/micaDA-MWCNTs 复合材料对小舟形藻生长抑制曲线

图 3-18 是 CS/micaDA-MWCNTs 复合材料对成排舟形藻生长抑制曲线。从图 3-18 中可知，成排舟形藻的空白试样与小舟形藻类似，藻细胞密度整体呈现出先增长后降低的趋势。不同的是，在 48~96 h，成排舟形藻细胞密度增长速度减慢，藻细胞密度变化较小，在第 72 h 时，藻细胞密度达到最高值，约为 18.8×10^5 cells/ml；随后成排舟形藻生长进入衰退期，藻细胞密度迅速降低，第 108 h 后成排舟形藻生长速度稳定在较低水平，藻细胞密度稳定在约 10×10^5 cells/ml。与空白试样相对比，添加 CS/micaDA-MWCNTs 复合材料的试样中，成排舟形藻生长速度减慢，藻细胞密度在第 48 h 时达到最高值，约为 6.9×10^5 cells/ml。之后，成排舟形藻细胞密度持续降低，在 72 h 后藻细胞密度维持在稳定的较低密度范围内（$2.1\times10^5 \sim 2.8\times10^5$ cells/ml）。

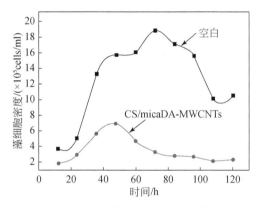

图 3-18　CS/micaDA-MWCNTs 复合材料对成排舟形藻生长抑制曲线

由 CS/micaDA-MWCNTs 复合材料对两种硅藻生长抑制曲线可得到复合材料对小舟形藻及成排舟形藻生长抑制率曲线。由图 3-19 可知，CS/micaDA-MWCNTs 复合材料对小舟形藻及成排舟形藻的生长抑制率曲线趋势相似，呈现出逐渐增长后趋于稳定的趋势，其中在 36~60 h 由于两种硅藻进入快速生长期，CS/micaDA-MWCNTs 复合材料对两种硅藻的生长抑制率降低，同时对比发现复合材料对成排舟形藻的抑制效果更好。硅藻细胞的细胞膜由磷脂双分子层结构构成，膜的通透性和选择性运输对于维持硅藻细胞正常代谢具有重

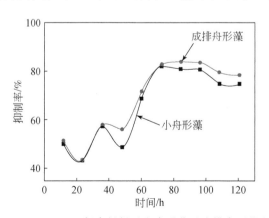

图 3-19　CS/micaDA-MWCNTs 复合材料对小舟形藻及成排舟形藻生长抑制率曲线

要作用。CS/micaDA-MWCNTs复合材料通过其疏水基团插入细胞质膜内，破坏藻细胞的膜结构，导致藻细胞膜透性受到破坏、细胞内含物外泄，硅藻细胞死亡。而此时化合物更易进入细胞内部，对细胞内的叶绿体、线粒体、细胞核等细胞器造成破坏，进而使细胞器结构及功能均遭到破坏，最终导致藻细胞溶解消失。

为了更准确地比较不同材料的抑菌性能差异，研究人员又进一步进行计数法抑菌实验，表征MWCNTs、CS、CS-Ag及CS/PDA-MWCNTs/Ag对大肠杆菌、金黄色葡萄球菌和鳗弧菌的抑菌性能。以不加任何抑菌材料的菌悬液做空白对照，添加不同抑菌材料（0.2 mg/ml），分别考察不同细菌培养14 h后菌悬液的细菌浓度情况。

如图3-20所示，添加了MWCNTs的菌悬液细菌浓度比空白试样有所降低，表现出一定的抑菌性；添加了CS的菌悬液细菌浓度比空白试样显著降低，细菌数量减少了近一半；CS与AgNPs复合后，由于AgNPs的高效、广谱抑菌性，CS-Ag的抑菌效果更加显著，其菌悬液细菌浓度与空白试样相比，降低为空白试样的1/6；MWCNTs的加入为AgNPs的复合制备提供了更多的活性位点，使材料中AgNPs的含量增加，因此CS/PDA-MWCNTs/Ag复合材料表现出优异的抑菌性，其浓度为0.2 mg/ml时，材料的抑菌率达到100%。总之，样品的抑菌性CS/PDA-MWCNTs/Ag>CS-Ag>CS>MWCNTs。

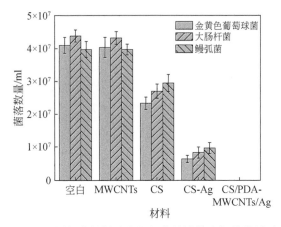

图3-20　不同抑菌材料对大肠杆菌的计数法抑菌效果对比

3.3　氧化石墨烯/壳聚糖复合防污剂

3.3.1　氧化石墨烯/壳聚糖复合防污剂概述

氧化石墨烯是各种物理化学性能都极为优异的"明星材料"，壳聚糖是具有良好的生物相容性、成膜性、抑菌性的绿色高分子材料。近年来，随着研究的不断深入，许多科研工作者尝试着将氧化石墨烯与壳聚糖反应，通过不同方法制备各种氧化石墨烯/壳聚糖复合材料，这种复合材料综合了氧化石墨烯和壳聚糖各自的优异性能，不仅力学性能好，而且作用位点多，在众多领域表现出潜在的应用价值。

目前，将氧化石墨烯和壳聚糖复合在一起制备新材料的研究层出不穷。关于氧化石墨烯和壳聚糖混合后的分散性是氧化石墨烯和壳聚糖复合物制备中最先需要研究的问题，大多数学者通过探究得出如下结论：在适当的 pH 和组分下，氧化石墨烯可在壳聚糖基质中均匀分散，两者之间具有强烈的羟基氢键作用。石墨烯及氧化石墨烯在壳聚糖中的分散具有 pH 响应性，随着 pH 不同，会表现不同的分散程度。氧化石墨烯表面具有较多的含氧基团，可与含有极性基团的壳聚糖产生强的分子间相互作用力。将氧化石墨烯作为纳米增强材料添加到壳聚糖中，可增强其物理性能。壳聚糖作为交联剂将氧化石墨烯片交联，可制备出具有三维网络结构的氧化石墨烯–壳聚糖水凝胶，这种凝胶通过静电作用能有效地吸附阴离子、阳离子及重金属离子等，因此可作为一种新型吸附材料用于水的净化。采用间接冷冻干燥法将氧化石墨烯和壳聚糖复合可制备出多孔的复合材料，这种材料的机械性能及吸附金属离子的能力非常优异，可用于污水处理等净化领域。除此之外，氧化石墨烯和壳聚糖复合成的有机无机复合材料，具有较好的生物相容性，在生物医学领域也有较多的应用，如生物组织、DNA 检测、药物传递等。

氧化石墨烯拥有独特的平面结构、优异的抗菌性能及非凡的力学性能，这使其在组织工程领域有很大潜力。据有关报道，氧化石墨烯纳米片层通过破坏细菌的细胞膜而达到抗菌的作用，同时生物相容性好，具有温和的细胞毒性[47]。

3.3.2　氧化石墨烯/壳聚糖复合防污剂制备方法

目前，氧化石墨烯/壳聚糖复合材料的制备方法主要有溶液共混法、冷冻干燥法、湿法纺丝法、声化学法、滴落涂布法、静电纺丝法等。氧化石墨烯与壳聚糖的结合不是简单的物理混合，氧化石墨烯上的羧基可与壳聚糖结构中的氨基发生酰胺化反应，形成—NH—CO—键，实际上两者之间形成了共价键。下面主要介绍溶液共混法、冷冻干燥法和湿法纺丝法 3 种制备氧化石墨烯/壳聚糖复合材料的方法。

3.3.2.1　溶液共混法

溶液共混法是目前制备氧化石墨烯/壳聚糖复合材料最常用的一种方法，该方法的优点是制备简便易操作，可以控制氧化石墨烯的体积分数等参数，缺点是氧化石墨烯片层很容易团聚，共混时难以实现粒子的均匀分散。通过溶液共混法制备复合材料的关键是氧化石墨烯片层能否与壳聚糖基质形成均匀稳定的分散液，具体的操作过程是将氧化石墨烯分散于壳聚糖酸性溶液中，加入交联剂，采用机械搅拌或超声处理使其混合均匀。Liu 等[48]使用醋酸同时分散氧化石墨烯和壳聚糖粉末，通过超声使溶液共混均匀，静置 12 h 后加入 3.0% 的 NaOH 溶液形成珠状的液体，最后加入交联剂，通过洗涤、干燥等工序得到氧化石墨烯/壳聚糖复合材料。Ye 等[49]将 Fe_3O_4 和氧化石墨烯复合后分散在壳聚糖酸性溶液中，以戊二醛为交联剂，在 60 ℃ 下机械搅拌 2 h，磁性分离、真空干燥后得到 Fe_3O_4/氧化石墨烯/壳聚糖磁性微球。

3.3.2.2 冷冻干燥法

冷冻干燥法是一种在低温和真空条件下制备复合材料的新途径，用该方法制备混合物一般分为两步：①将聚合物溶液置于低温环境下，由制冷剂间接导热使物料中所含的水分冻结成冰；②通过抽真空并加热使冰升华。Wang 等[50]将甲醛加入氧化石墨烯/壳聚糖混合溶液中，在50 ℃下不断搅拌形成水凝胶，在-18 ℃下冻结后转移至冷冻干燥箱中（设置温度为-55 ℃，压力为20～30 Pa），经过两天形成海绵状的氧化石墨烯/壳聚糖复合块体材料。研究结果表明，加入0.96%的氧化石墨烯，复合材料的孔隙率高达97%，密度仅为0.0436 g/cm³。Alhwaige 等[51]系统地研究了加入不同含量氧化石墨烯的壳聚糖气凝胶对CO_2的吸附情况。研究发现，氧化石墨烯的加入不仅改变了气凝胶的微观形貌，而且还提高了复合气凝胶的热力学稳定性。当氧化石墨烯的添加量为20%时，该复合气凝胶对CO_2的吸附值提高了1倍。冷冻干燥法不仅可以赋予材料不同尺寸、形貌可控的连续多孔状结构，而且操作简便、经济环保，因此近年来广泛用于制备聚合物多孔材料。Zhang 等[52]利用定向冻融法制备了壳聚糖-明胶/氧化石墨烯复合块体材料。该复合块体材料的孔隙率高，能够有效地吸附Cu^{2+}、Pb^{2+}等各种重金属离子，还可以用来吸收蛋白质、DNA 等大分子，同时该复合块体材料可生物降解、无毒、吸附效率高。

3.3.2.3 湿法纺丝法

湿法纺丝法作为纺丝技术的一种主要方法，已广泛应用于各种纤维的制备和生产中，其工序包括：①制备纺丝原液；②将原液从喷丝孔压出形成细流；③原液细流凝固成初生纤维；④对初生纤维进行后处理。湿法纺丝法的特点是喷丝头孔数多，但纺丝速率较慢，通常用来纺制短纤维。Du 等[53]以壳聚糖为载体，通过湿法纺丝法制备了氧化石墨烯/壳聚糖/二氧化硅（GO/CS/Si）纤维，然后利用HF 溶液将Si 刻蚀掉而得到GO/CS 纤维。Li 等[54]通过如下步骤制备了氧化石墨烯/壳聚糖（GO/CS）复合纤维，①制备出均匀稳定的GO/CS 纺丝原液；②将纺丝原液通过直径为0.5mm 的喷丝头注入凝固浴中形成细流；③原液细流凝固后形成GO/CS 复合纤维。与纯壳聚糖纤维相比，纺丝后的复合纤维显示出有序规整的微纤排列，并且结构更加密实，实验证明，这种排列能够极大地提高复合材料的力学性能。

3.3.3 氧化石墨烯/壳聚糖复合防污剂抑菌性能

针对石墨烯-壳聚糖复合材料在防污抑菌领域的应用，许多研究人员进行了大量研究，并取得了一定的研究进展。蒋焱[55]结合壳聚糖、氧化石墨烯各自的特性，采用改良的Hummers 方法合成GO，然后利用化学共沉淀法合成磁性壳聚糖/氧化石墨烯（MCGO）复合材料，制备出了既具有抗菌性能，又有吸附能力的新型多功能复合材料，分别考察了氧化铁纳米颗粒、GO、CS 和MCGO 四种材料对大肠杆菌的抗菌性能；MCGO 浓度对大肠杆菌抗菌性能的影响；大肠杆菌与材料接触前后细胞形态的变化。研究结果表明，四种材料的抗菌性能为 MCGO>CS>GO>氧化铁纳米颗粒；MCGO 的抗菌性能随着材料浓度的增加逐渐增加，当材料浓度从 50 μg/ml 增加到 200 μg/ml 时，接触 20 min 后，材料的抗菌率从 53.85%±15.39% 增加到 99.91%±0.02%；Mg^{2+}、Ca^{2+} 和 Ba^{2+} 的加入将抑制 MCGO 的抗菌性能；细胞膜的破损是大肠杆菌死亡的重要原因。

禄启航[56] 对氧化石墨烯/壳聚糖复合膜的抑菌性进行了分析研究，由图 3-21 可以看出，在氧化石墨烯/壳聚糖复合膜（GO/CS-2）的表面细菌菌落较少，其他地方细菌则生长繁殖生成菌落，可以初步证明复合膜具有抑制细菌生长的作用。但是在雾化实验中，细菌分散不均匀，主要集中在培养皿边缘，而且复合膜表面并非完全没有细菌生长，所以只能初步说明复合膜并无明显的抑菌作用。将复合膜、玻璃片及真空抽滤所用的聚四氟乙烯（PTFE）膜分别制备成 1 cm×1 cm 的样品，在紫外灯下照射 30 min 杀菌。将单菌落的大肠杆菌接种至液体培养基，设置摇床转速为 150 r/min，温度为 37℃，此条件下过夜培养；将新鲜的细菌培养液与高温消毒的液体培养基按照 1:100 的比例加入灭菌的三角瓶；将制备的样品插入 PDMS 胶板，一起放入三角瓶，将三角瓶放在摇床 120 r/min，37℃培养 6 h。

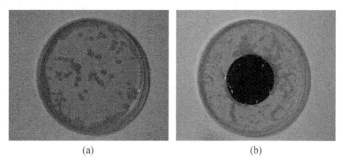

(a)　　　　　　　　　　　(b)

图 3-21　氧化石墨烯/壳聚糖复合膜雾化细菌实验的抑菌效果

取出 PDMS 上的玻璃片、PTFE 膜及 GO/CS-2 样品，用灭菌的 PBS 冲洗；将冲洗后的样品放入 2.5% 的戊二醛溶液中固定 2 h，并用 PBS 冲洗；接下来用 30%、50%、75%、85%、95% 的乙醇溶液及无水乙醇溶液对样品进行梯度脱水；脱水后的样品进行 CO_2 临界干燥，喷金制备成扫描电镜样品进行观察，如图 3-22 所示。

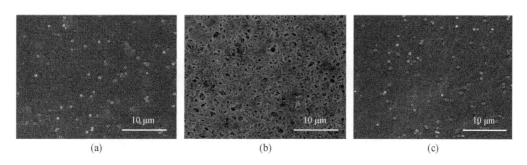

(a)　　　　　　　　　　　(b)　　　　　　　　　　　(c)

图 3-22 在液体培养基中，玻璃片、PTFE 膜及 GO/CS-2 与细菌相互作用的扫描电镜图像
(a) ~ (c) 对应各材料作用前，(d) ~ (f) 对应各材料作用后

在含 2% 浓度的纯壳聚糖、GO、rGO、壳聚糖/GO 和壳聚糖/rGO 溶液的肉汤中，37 ℃过夜培养，对革兰氏阴性菌铜绿假单胞菌进行杀菌实验，采用经典菌落计数法测定处理后铜绿假单胞菌的微生物活力。用纯壳聚糖、GO 和 rGO 溶液进行的三个对照实验没有引起明显的细菌抑制作用，如图 3-23 所示，琼脂上存在大量的菌落。

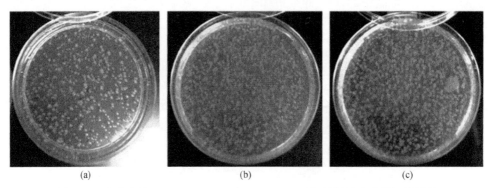

图 3-23 纯壳聚糖 (a)、GO (b) 和 rGO (c) 对铜绿假单胞菌的抑菌效果

相比之下，当 rGO 与壳聚糖偶联时，细菌菌株甚至对最低浓度的 rGO 敏感，其中壳聚糖/小面积 rGO（CS/3rsGO）膜和壳聚糖/大面积 rGO（CS/3rhGO）膜表现出最大的生长抑制作用，其中琼脂的培养皿均不受细菌生长的影响，如图 3-24 (a) 和 (b) 所示；与壳聚糖/rGO 复合材料相比，无论是小面积 GO 还是大面积 GO，壳聚糖/GO 复合材料都没有表现出完全的抗菌性能，如图 3-24 (c) 和 (d) 所示。

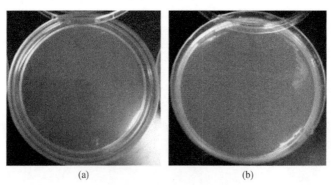

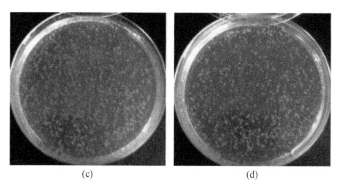

(c)　　　　　　　　　　　(d)

图 3-24　（a）壳聚糖/小面积 rGO 复合材料的 CS/3rsGO、（b）壳聚糖/大面积 rGO 复合材料的 CS/3rhGO、（c）壳聚糖/小面积 GO 的 CS/3sGO、（d）壳聚糖/大面积 GO 的 CS/3hGO 对铜绿假单胞菌的抑菌效果

细菌生长不依赖于 rGO 的浓度大小，并且可以被壳聚糖溶液中的低浓度 rGO 完全抑制，导致细菌 100% 死亡，如图 3-24（a）和（b）所示。这证实了壳聚糖和 rGO 的协同作用提高了杀菌效率。此外，由于石墨烯片边缘没有氧化物官能团，还原纳米壁的锐化边缘与细菌细胞膜之间的相互作用更强，细菌与还原纳米壁边缘之间的电荷转移更好，最终导致细菌细胞膜在接触过程中进一步受损。

梁红培等[57] 研究了明胶（Gel）浓度为 15%、CS 浓度为 1%、羟基磷灰石（HA）（12 μm）浓度为 5% 和 GO 浓度为 2% 的四元复合纤维的防污抑菌特性，利用平板涂布法对其进行定性抗大肠杆菌研究。细菌恒温培养 12 h 后，在 Gel/CS/HA/GO 表面基本没发现大肠杆菌的菌落，Gel/CS/HA/rGO 只有少量的菌落，而对照试样的 Gel/CS/HA 表面已有一些菌落堆积，形成菌落。该结果表明，Gel/CS/HA/GO 和 Gel/CS/HA/rGO 对大肠杆菌均具有较强的抗菌能力，且 Gel/CS/HA/GO 对大肠杆菌的抗菌能力较强。同时对抗菌性能进行定量分析可以发现，Gel/CS/HA/GO 对大肠杆菌的抗菌率为 100%，Gel/CS/HA/rGO 对大肠杆菌的抗菌率仅为 38.6%。这些结果均表明 Gel/CS/HA/GO 对大肠杆菌具有较强的抗菌性能。定性分析复合纤维对金黄色葡萄球菌的抗菌效果，可以看出细菌恒温培养 12 h 后，Gel/CS/HA/rGO 表面的菌落与 Gel/CS/HA 表面的菌落均较多且差异不明显，Gel/CS/HA/GO 表面的菌落明显减少。研究表明，Gel/CS/HA/GO 对金黄色葡萄球菌具有较强的抗菌能力。Gel/CS/HA/GO 的抗菌率达到 73.24%，而 Gel/CS/HA/rGO 的抗菌作用较弱，只达到 3.4%。定量实验结果和定性实验结果相一致，表明 Gel/CS/HA/GO 对金黄色葡萄球菌具有较好的抗菌性能。

据文献报道，GO 和 rGO 材料均具有抗菌性，其抗菌机理主要有两种：氧化应激和损坏细胞膜。氧化应激是由靶细胞中 ROS 的产生而引起的，如果细胞中的抗氧化酶不能清除活性氧，就会损坏细胞大分子中的蛋白、DNA 和脂类等，从而破坏细胞。损坏细胞膜是 GO 和 rGO 通过其锐利边缘的物理作用给细胞膜造成损伤。大肠杆菌与 GO 的直接作用会造成细胞膜的完整性破坏和谷胱甘肽（GSH）的氧化损失。这表明 GO 的抗菌作用是因为细胞膜的破坏和氧化应激，且石墨烯基材料的抗菌机制很大程度上取决于纳米材料的表面，即石墨烯在复合材料中的分散越均匀，其抗菌效果越好。GO 具有较好的亲水性，确保了其在复合纤维中的分散性，所以复合纤维可以表现出较强的抗菌活性。

有专家学者研究了 GO、壳聚糖、氧化铁纳米颗粒和 MCGO 的抗菌活性。氧化铁纳米颗粒具有抗菌活性，暴露 2 h 后，活细胞减少（0.36±0.12）lg（CFU/ml）（失活率为55.92%±9.62%）。其他科学家也发现了类似的现象，即氧化铁纳米颗粒具有一定的抗菌活性。GO 对大肠杆菌细胞有较好的抑菌效果，2 h 后活细胞减少（0.92±0.14）lg（CFU/ml）（失活率为87.26%±3.75%）。CS 使大肠杆菌细胞数减少了（3.06±0.06）lg（CFU/ml）（失活率为99.91%±0.02%），说明 CS 比 GO 和氧化铁纳米颗粒具有更好的灭菌活性。当大肠杆菌细胞暴露于 MCGO 悬浮液中 40 min 后，细菌浓度下降到 10 CFU/ml 以下。与氧化铁纳米颗粒、GO 和 CS 相比，MCGO 暴露 20 min 后的失活率（98.76%±0.16%）高于氧化铁纳米颗粒（27.59%±3.09%）、GO（67.08%±7.17%）和 CS（97.24%±1.09%），说明所制备的 MCGO 在四种材料中抗菌性能最强、最快。

将不同浓度的 MCGO 纳米颗粒暴露于大肠杆菌细胞中，通过平板计数法鉴定其失活性，并观察浓度对其抑菌活性的影响，如图 3-25 所示。从图中可以看出，MCGO 对大肠杆菌的毒性作用和杀菌率随 MCGO 浓度的增加而增加。当暴露于 50 μg/ml、100 μg/ml 和200 μg/ml 浓度的 MCGO 20 min 后，活细胞的数量分别减少了（0.36±0.16）lg（CFU/ml）（失活率为53.85%±15.39%）、（1.91±0.05）lg（CFU/ml）（失活率为98.76%±0.16%）和（3.04±0.07）lg（CFU/ml）（失活率为99.91%±0.02%）。当在给定的材料浓度下培育时，细胞活性的丧失随着暴露时间的增加而升高。结果表明，MCGO 的抑菌能力不仅具有浓度依赖性，而且具有时间依赖性。之前关于人肠杆菌暴露于负载氧化铁的石墨烯纳米复合材料的研究表明，随着材料浓度从 30 μg/ml 增加到 300 μg/ml，细胞死亡比例升高，没有细胞可以在 200 μg/ml 的材料浓度下存活 2 h。

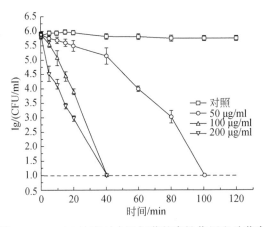

图 3-25　MCGO 浓度对大肠杆菌的毒性作用和杀菌率

为了更好地理解大肠杆菌细胞和 MCGO 纳米复合材料之间的相互作用，进行暴露于100 μg/ml 纳米复合材料之前和之后细胞的 SEM 分析，以研究细胞形态的变化。如图 3-26所示，与暴露于纳米材料之前的细胞相比，纳米复合材料呈现棒状并保持细胞的完整性[图 3-26（a）]，细胞膜在用 MCGO 处理后变形并且膜上存在明显的破裂[图 3-26（b）]。

其他研究人员也发现了类似的现象。细菌细胞毒性的机制可能直接由膜损伤引起。膜的破裂可能导致细胞内组分泄漏，最终导致细菌细胞死亡。根据以前研究，带正电的 CS 和带负电的细胞膜之间的相互作用改变了细胞的通透性并导致细胞内组分泄漏。此外，GO 可通过诱导膜应力导致细胞结构损伤。氧化铁纳米颗粒在与细菌相互作用时产生 ROS，导致蛋白质氧化和 DNA 损伤，最终导致细胞死亡。因此，MCGO 的抗菌性能可能与氧化铁纳米颗粒、GO 和 CS 的协同作用有关。

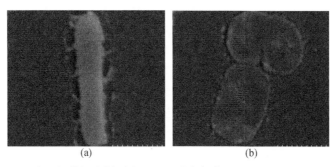

(a)　　　　　　　　　　　　　(b)

图 3-26　大肠杆菌细胞暴露在 MCGO 纳米复合材料前后的细胞形态变化

3.4　碳纳米管/纳米银复合防污剂

3.4.1　碳纳米管/纳米银复合防污剂概述

自 1991 年日本科学家 Ijiama 发现 CNTs 以来，CNTs 因其独特的结构、电学、机械等性能，在纳米电子器件、超强复合材料、储氢材料、催化剂载体等诸多新领域取得了较大突破，引起全球物理、化学及材料等科学界的极大兴趣。基于 CNTs 的良好物化性能，将其作为复合材料的组分，利用其关键性能，已逐渐成为开展 CNTs 多领域多元化应用的手段。目前，已有 CNTs 与金属、聚合物、氧化物等多种材料复合，应用于储氢材料、摩擦材料及催化材料等。而在 CNTs 复合金属纳米颗粒研究中，贵金属纳米粒子因具有优异的光、电、磁和催化性能，而被广泛应用在化学、生物等领域，是非常重要的纳米材料。纳米银粒子由于在纳米电子学、磁学、生物传感器、数据存储、催化、表面增强拉曼散射（SERS）以及抗菌等方面的潜在应用受到许多研究者的青睐。但是纳米银等粒子具有较高表面能，容易团聚成大颗粒，而尺寸增大则会限制其固有的优异性质，所以在适当载体表面负载金属粒子是提高颗粒稳定性的方法之一。研究者在以 CNTs 为载体负载纳米银方面已经做了大量工作。吴永庆等[58]采用热蒸发沉积法在多壁碳纳米管表面沉积银纳米颗粒，发现银原子与多壁碳纳米管之间相互作用，导致多壁碳纳米管结构发生形变，从而形成银纳米晶颗粒/多壁碳纳米管异质结。这种由零维/一维材料形成的纳米复合材料在传感器、纳米电子器件、超高磁性存储、光催化和能量存储等领域也具有广阔的应用前景[59]。

3.4.2 碳纳米管/纳米银复合防污剂制备方法

Ag/CNTs 的制备方法主要是采取化学还原的方式将纳米银粒子修饰在碳纳米管上，以缩短两者界面间的距离，从而达到复合并发挥协同效应的优势。依据对 CNTs 不同的改性手段，将 Ag/CNTs 制备途径分为三类：第一类，非功能型 CNTs 上沉积纳米银（Ag/r-CNTs）；第二类，功能型 CNTs 上沉积纳米银（Ag/f-CNTs）；第三类，吸附 CNTs 沉积纳米银（Ag/a-CNTs）。

3.4.2.1 Ag/r-CNTs 复合材料

Ag/r-CNTs 复合材料中碳纳米管与纳米银只是通过两组分之间的分子间作用力结合，结合力弱，容易造成银脱落，复合材料性能不稳定。Vijwani 等[60]采取化学气相沉积（chemical vapor deposition，CVD）方式在碳泡沫或高定向热解石墨上制得 CNTs，后用高温二甲基亚砜（DMSO）还原硝酸银得到 2 ~ 4 nm 的银粒子并将其沉积在 CNTs 上，从而制得 Ag/r-CNTs。Peng 和 Chen[61]用 CVD 法制得直径为 60 nm 的 CNTs，再在其上用化学镀银工艺沉积银，得到直径约 160 nm 的准一维纳米线，并发现在该复合材料中银的晶体取向与 CNT 的轴向一致。Yamada 等[62]利用超声波降解法制备了 Ag/r-CNTs 复合材料，银的加入使复合材料可在 300 ℃下进行烧结，十二烷胺分散剂在该反应中既是分散剂又是还原剂，该试剂的加入可使纳米银反应完全，且在 300 ℃烧结时可使复合材料的密度增加。刘孔华等[63]通过原位热降解方法在环氧树脂–咪唑固化体系中制备了 Ag/r-CNTs 复合材料掺杂的环氧导电复合材料，发现 Ag/r-CNTs 的引入虽然降低了导电复合物质的体积电阻率且有利于低温烧结时减少纳米物质的含量，但同时也降低了复合材料的剪切强度。

3.4.2.2 Ag/f-CNTs 复合材料

Ag/f-CNTs 的制备方法是通过对碳纳米管改性处理，在其结构上引入官能团，通过官能团对银的抓捕、固定等作用，实现了 CNTs 与纳米银之间强力复合，但这种改性方式（混酸、剪切等）会对 CNTs 有一定的损伤，容易对 CNTs 固有构造产生影响（如断裂），从而减弱 CNTs 的加强效果。Chen 等[64]在碳酸氢铵的存在下，用球磨工艺在 CNTs 上修饰了氨基基团，后用银镜反应在其上沉积纳米银，从而合成了 Ag/f-CNTs 复合材料。该方法可以通过调节银镜反应的时间从而对纳米银的尺寸进行调控，制得的复合材料有很好的热导率，其热导率比修饰 CNTs 和原 CNTs 都高，使其可作为有效的热传导媒介，且纳米银所占组分越多，热导率越高。Ramin 和 Taleshi[65]在混酸作用的功能化 CNTs 上用化学沉淀法沉积了纳米银，合成了 Ag/f-CNTs。考察了 CNTs 的引入对纳米银形貌和大小的影响，发现 CNTs 的引入使纳米银粒子变小（48 ~ 35 nm），这是因为 CNTs 上官能团成为银的固定点，阻止了纳米银的团聚。Hemant 和 Vimal[66]用改善的分子级混合方法制得 Ag/f-CNTs 复合材料，并分析了 CNTs 的种类及 CNTs 功能化的形式对所制备的 Ag/f-CNTs 复合材料导热性的影响，发现单壁或多壁的共价功能化 CNTs 与银复合后导热性都有所降低，而多壁非共价功能化 CNTs 与银复合后导热性有明显提升。

3.4.2.3 Ag/a-CNTs 复合材料

Ag/a-CNTs 复合物是通过将某些离子、分子等吸附于碳纳米管上，通过离子、分子与银的作用，紧固 CNTs 与纳米银界面间的作用力，该方法虽然保证了 CNTs 固有结构的完整性，但其他分子的引入将造成复合材料不纯净。唐建等[67]阐释了利用银镜反应还原得到银及苯环和 CNTs 间存在强 π-π 共轭效应的机理，将吸附有香草醛的 CNTs 与银氨溶液反应，制备得到了 Ag/a-CNTs。发现该复合物表现出明显的荧光特性，CNTs 的存在有效地改善了纳米银的粒径和性能，使纳米银粒子更小（5.0 nm），且增强了复合材料的表面的荧光效应。周鑫等[68]采取溶胶–凝胶法，在保持超声状态下于 CNTs 平面上均匀附着一层 SiO$_2$，使两者形成核壳结构，提高了 CNTs 的分散性，且由于 SiO$_2$ 的存在能够更好地引入氨基，从而通过库仑力作用连接纳米银，形成 Ag/a-CNTs 复合材料。该材料有效抑制了纳米银的团聚，且由于拥有高 SERS 效应的纳米银的引入，该复合材料相较于纯 CNTs，SERS 效应提高近 5 倍，有望应用于无损检测。刘雪刚等[69]先在多壁碳纳米管上键入了水溶性离聚物聚（苯乙烯磺酸钠–co–丙烯酸）（PSA），后采取化学还原法将纳米银负载于 CNTs 上，制得 Ag/a-CNTs 复合材料。离聚物 PSA 分子链上大量的磺酸基团和羧基基团在银的制备中分别起到离子交换和螯合作用，使纳米银紧紧附着在 CNTs 上。离聚物的存在不仅有效地控制了 CNTs 上纳米银的粒径和均匀分布，还促进了纳米银和 CNTs 界面之间的作用力。

3.4.3 碳纳米管/纳米银复合防污剂抑菌性能

3.4.3.1 混酸改性碳纳米管/纳米银复合材料

MWCNTs 经混酸改性后在水、乙醇、丙酮三种介质中的分散性显著提高。一般来说，混酸改性后的碳纳米管上存在两种基团：羧基和羟基，这提高了碳纳米管的溶解性和反应活性。扫描电镜观察可以发现，改性前的多壁碳纳米管微观形貌比较杂乱无章，并且含有杂质，在混酸处理以后，碳纳米管的杂质明显减少，并且有些碳管发生断裂，端口由封闭变为打开。

研究人员采用抑菌圈测试的方法对复合材料的抑菌性能进行了表征。选用的培养基为适合大肠杆菌生长的 LB 培养基，具体配方为蛋白胨 5 g、酵母粉 10 g、氯化钠 5 g、蒸馏水 1 L。用高压蒸汽灭菌锅在 121 ℃对培养基灭菌 20 min。用灭菌的接种环将大肠杆菌接种到液体培养基中，过夜培养，稀释为菌液备用。制作培养基平板，将菌液均匀涂抹于平板上，在平板中央放置浸泡过材料混合液的滤纸片。放于恒温箱中培养 12 h 后观察抑菌情况。

纳米颗粒抑菌能力的提升主要来自于比表面积的提高，因此合适的粒径是较大抑菌能力的前提，研究人员将酸化处理并且敏化过后的碳管作为对照组，对比了对照组和复合材料的抑菌性能，如图 3-27 所示。图 3-27（a）表明原始碳纳米管具有极小的抑菌圈，证明对照组中的碳纳米管具有极小的抑菌效果。这种抑菌能力来自三个方面：一是碳管本身的小尺寸效应；二是羧基化以后，碳管上的基团能够与细菌接触，杀死一部分细菌，但这些基团抑菌能力是微弱的；三是敏化处理，亚锡离子的加入虽然是少量的，而且经过了大量的洗涤，应该不存在游离的锡离子，但是敏化处理后难免会在碳管上有锡元素出现，这在 EDX 中也可以看到。而锡元素具有较强的毒性，对细菌有抑制作用，以上三点是对照组具有抑菌性的原因。图 3-27（b）是碳纳米管/纳米银复合材料，具有明显抑菌圈，说明制备的复合材料具有明显的抑菌效果。抑菌能力的大幅度提升，证明纳米银粒子强大的杀菌能力得到了体现，而且合适的粒径保证了纳米银与细菌的充分接触，体现了优异的杀菌性能。

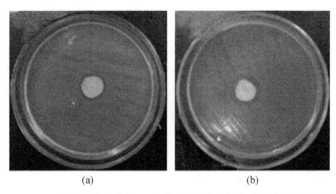

(a)　　　　　　　　　　(b)

图 3-27　混酸改性碳纳米管和碳纳米管/纳米银复合材料的抑菌效果

3.4.3.2　多巴胺改性碳纳米管/纳米银复合材料

碳纳米管和银粒子的主要结合力是物理吸附，这种吸附力不够强，虽然能在一定程度上减少纳米银的流失，但在稳定性和持久性上还存在欠缺。原始碳纳米管需经过改性处理后才能进一步作为载体应用，前面介绍了采用酸洗的改性方法对多壁碳纳米管进行处理的过程，但是酸洗处理存在一定弊端，会或多或少地破坏碳纳米管的结构，使其物理性能降低，操作过程中氧化程度过高时，会造成碳纳米管结构完全破坏，因此，利用高分子材料，如多巴胺对碳纳米管进行化学改性的方法是更为恰当的。

多巴胺与碳纳米管之间的结合机理目前还没有定论，一般认为，多巴胺在碱性条件下容易发生自聚合，产生活性点，这些活性点极易与各种基体结合，采用这种方法来改性碳纳米管可以避免酸洗过程中对碳纳米管造成损害，而且多巴胺本身具有的官能团很可能为纳米银的附着提供吸附力。

研究人员采用抑菌圈测试的方法对复合材料的抑菌性能进行了表征。选用的培养基为适合大肠杆菌生长的 LB 培养基，具体配方为蛋白胨 5 g、酵母粉 10 g、氯化钠 5 g、蒸馏水 1 L。用高压蒸汽灭菌锅在 121 ℃对培养基灭菌 20 min。实验用的仪器也需高压灭菌，用灭菌的接种环将大肠杆菌接种到液体培养基中，过夜培养，稀释为菌液备用。

从图 3-28 可以看出多巴胺改性碳纳米管/纳米银（dopa@CNT/Ag）复合材料和碳纳米管载银（CNT/Ag）复合材料以悬浮液形式储存较长时间（3 个月）后的抑菌效果，为了使对比效果明显，两者均配置了浓度极小且相同浓度的溶液（小于 5 mmol/L）。在此浓度下，碳纳米管载银复合材料由于纳米银的流失和氧化，其抑菌圈明显减小，尤其是对金黄色葡萄球菌，几乎没有抑菌圈出现。而多巴胺改性碳纳米管/纳米银复合材料则持久性很好，证明此材料中纳米银流失较缓慢，因此其抑菌圈非常明显，抑菌性能显著，对两种细菌都具有很好的抑菌效果。抑菌效果印证了 3.4.3.1 节我们的推断，多巴胺改性碳纳米管/纳米银复合材料的确具有良好的抑菌能力，有望用于抗菌材料领域。

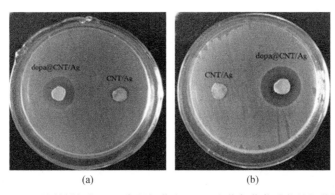

图 3-28　不同材料对（a）大肠杆菌和（b）金黄色葡萄球菌的抑菌效果

3.4.3.3　碳纳米管接枝葡萄糖胺载银复合材料

葡萄糖胺也被称为氨基葡萄糖，是组成壳聚糖分子链的基本单位，将壳聚糖在浓盐酸中充分降解能够得到葡萄糖胺盐酸盐，其结构式如图 3-29 所示。

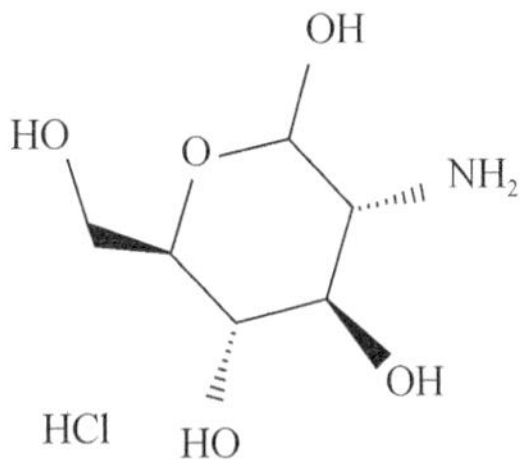

图 3-29　葡萄糖胺盐酸盐分子结构式

葡萄糖胺是一种天然的氨基单糖，其分子中含有氨基和大量羟基，水溶性很好，且能够与金属离子发生配合反应，其金属配合物的水溶性良好、毒性低，且具有抗菌的作用。葡萄糖胺与金属配合物在医药、食品、催化方面以及功能性材料等众多领域都有着广泛的应用前景。一般先用共价结合的方式将羧基化碳纳米管与葡萄糖胺结合在一起，形成碳纳米管-葡萄糖胺材料，然后利用葡萄糖胺分子中部分未反应的—NH₂、—OH 为活性点，引入纳米银颗粒，制备出具有高效抑菌能力的碳纳米管接枝葡萄糖胺载银复合材料。

为了验证所制备样品的抑菌性，研究人员选择大肠杆菌和金黄色葡萄球菌作为受试菌种进行抗菌性实验。图 3-30 依次为葡萄糖胺、碳纳米管-葡萄糖胺分别对大肠杆菌和金黄色葡萄球菌的抑菌圈照片。从图 3-30 中可以看出，葡萄糖胺和碳纳米管–葡萄糖胺都不具有抑菌性。

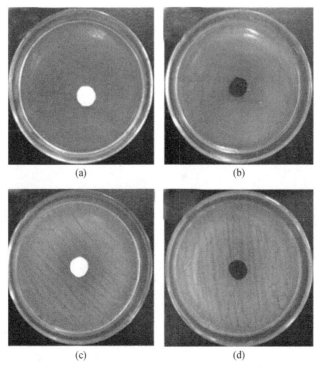

(a)
(b)
(c)
(d)

图 3-30 葡萄糖胺、碳纳米管–葡萄糖胺对大肠杆菌［（a）和（b）］
和金黄色葡萄球菌［（c）和（d）］的抑菌效果

图 3-31 为碳纳米管–葡萄糖胺载银复合材料（MWCNTs-CmCs）、碳纳米管–羧甲基壳聚糖金属配合物（MWCNTs-CmCs-Zn）分别对金黄色葡萄球菌和大肠杆菌的抑菌圈照片。从图中可以看出，碳纳米管–葡萄糖胺载银复合材料对两种细菌都表现出了非常显著的抑菌性，其滤纸周围出现的抑菌圈范围要比碳纳米管–羧甲基壳聚糖金属配合物大得多，说明纳米银的引入显著地提高了材料的抑菌性。其中碳纳米管–葡萄糖胺载银复合材料对金黄色葡萄球菌的抑菌活性更为显著。分析原因，可能为金黄色葡萄球菌对银的敏感度更高，故而对其的抑制杀灭性更强。

为了更准确地研究碳纳米管–葡萄糖胺载银复合材料的抑菌性能，我们又进一步进行了平板菌落计数法抑菌实验。以不加任何抑菌材料的菌悬液为空白对照，考察了添加碳纳米管–葡萄糖胺载银复合材料后的抑菌效果。如图 3-32 所示，其中大肠杆菌空白对照组的菌落数为 273 个，添加碳纳米管–葡萄糖胺载银复合材料的菌落数只有 2 个；金黄色葡萄球菌空白对照组的菌落数为 218 个，添加碳纳米管–葡萄糖胺载银复合材料的菌落数只有 1 个，抑菌效果非常明显。对金黄色葡萄球菌的抑菌性要好于大肠杆菌，这与抑菌圈实验的结果是一致的。

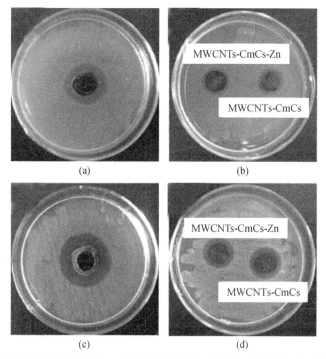

图 3-31 碳纳米管-葡萄糖胺载银复合材料、碳纳米管-羧甲基壳聚糖金属配合物对大肠杆菌 [（a）和（b）] 和金黄色葡萄球菌 [（c）和（d）] 的抑菌效果

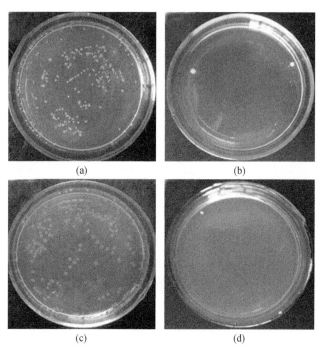

图 3-32 空白对照、碳纳米管-葡萄糖胺载银复合材料对大肠杆菌 [（a）和（b）] 和金黄色葡萄球菌 [（c）和（d）] 的抑菌效果

郝湘平等[70]采用菌落计数法研究了 MWCNTs-葡萄糖胺-AgNPs 的抗菌性能，如图 3-33 所示。结果表明，MWCNTs- AgNPs 和葡萄糖胺- AgNPs 具有一定的抗菌性能，葡萄糖胺-AgNPs 比 MWCNTs-AgNPs 具有更好的抗菌活性。对于 MWCNTs- AgNPs，MWCNTs 具有毒性，在直接接触细菌后会导致细菌死亡。此外，由于它们对金属离子的吸附性能，一些 AgNPs 可以固定在 MWCNTs 的表面，改善样品的抗菌性能。对于葡萄糖胺- AgNPs，葡萄糖胺作为壳聚糖的衍生物，与壳聚糖具有相似的抗菌机制，都是通过破坏细胞壁导致细菌死亡。此外，大量的葡萄糖胺羟基可以增强 AgNPs 的抗菌能力，并使葡萄糖胺- AgNPs 比 MWCNTs- AgNPs 具有更好的抗菌活性。MWCNTs-葡萄糖胺- AgNPs 样品不仅对大肠杆菌而且对金黄色葡萄球菌都具有非凡的抗菌性能。用葡萄糖胺改性后，MWCNTs 在水溶液中的分散性显著提高，固定 AgNPs 的能力也增强。因此，MWCNTs- 葡萄糖胺- AgNPs 具有优异的抗菌性能。

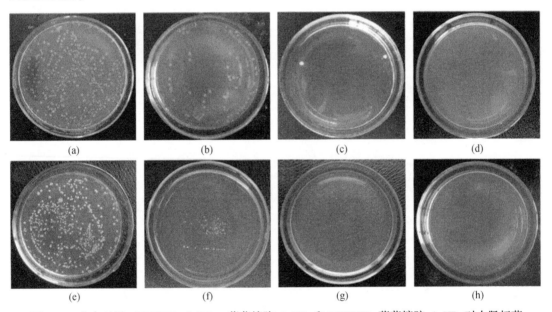

图 3-33　空白对照、MWCNTs-AgNPs、葡萄糖胺-AgNPs 和 MWCNTs-葡萄糖胺-AgNPs 对大肠杆菌
［(a)～(d)］和金黄色葡萄球菌［(e)～(h)］的抑菌效果

通过对葡萄糖胺- AgNPs 和 MWCNTs-葡萄糖胺- AgNPs 的抗菌性能进行分析，对于 MWCNTs-AgNPs，菌落数量随着时间的推移而稳定增加。这意味着 MWCNTs-AgNPs 的抗菌性能随着时间的推移而降低。对于葡萄糖胺-AgNPs，其趋势与 MWCNTs-AgNPs 相似，但菌落数量很少，说明葡萄糖胺-AgNPs 的抗菌性能优于 MWCNTs-AgNPs，但仍然有大量的菌落。与空白对照组比较，MWCNTs-葡萄糖胺-AgNPs 的杀菌结果令人满意，细菌的菌落数较低。这意味着在 PBS 中放置 35 天后抗菌性能显著，杀菌效率可达 88% 以上。因此，MWCNTs-葡萄糖胺-AgNPs 通过 MWCNTs 与葡萄糖胺的协同作用而更加稳定，并且 35 天后仍能够保持优异的抗菌效果。

3.5 石墨烯/纳米银复合防污剂

3.5.1 石墨烯/纳米银复合防污剂概述

石墨烯是一种二维片层状碳质材料，是碳原子在同一平面上以六角蜂窝形紧密堆积而成的。石墨烯新奇的结构，优良的电学、热学、力学、光学等性能，使其自发现之日就得到研究人员的关注，但是石墨烯在水相中分散程度较差限制了其应用。氧化石墨烯（石墨烯的衍生物）由于表面具有大量含氧基团，如羟基、羧基、环氧基团等，在水相中具有很高的分散性，拓展了石墨烯的应用。研究表明，纳米银颗粒因具有特殊的电子结构和巨大的表面积，以及特有的光学性质和表面等离子共振等，使其在催化、传感、生物标记、抗菌等多方面有着重要的应用。氧化石墨烯的表面因含有大量的含氧活性官能团而成为金属氧化物理想的支撑材料，实现了两者的有机组合。氧化石墨烯和纳米银制备的复合材料中，氧化石墨烯利用其丰富的极性官能团将纳米银颗粒固定在片层结构上，对纳米银起到了稳定和保护作用，从而提高了其抗菌性能。有研究表明，氧化石墨烯/纳米银复合材料可以降低纳米银的释放速度，故相对于纳米银，复合材料具有较低的毒性，并且能在较长时间内保持良好的杀菌性能[71,72]。

3.5.2 石墨烯/纳米银复合防污剂制备方法

目前国内外制备石墨烯基/纳米银复合材料的方法主要分为两类：一类是原位还原法，采用还原剂同时还原 GO 和银化合物，制备 rGO/Ag 复合材料，将 GO 与银盐复合得到氧化石墨烯–银盐前驱体，通过化学还原、微波还原、光催化还原等方法，还原氧化石墨烯–银盐得到纳米银–氧化石墨烯复合材料；另一类是自组装法，采用还原剂还原 GO 制备 rGO，再在 rGO 表面负载纳米银，制备 rGO/Ag 复合材料，或先在 GO 表面负载纳米银，再用还原剂还原 GO 制备 rGO/Ag 复合材料，分别制备氧化石墨烯和纳米银颗粒，然后将两种材料通过分子间作用力、静电作用力等方式结合获得复合材料。

3.5.2.1 原位还原法

原位还原法制备银/石墨烯的常规实验过程为：将不同体积的 $AgNO_3$ 水溶液和 GO 悬浮液均匀混合形成稳定的混合液。将混合物前驱体在室温下搅拌，然后在剧烈搅拌条件下逐渐加入还原剂，在该反应过程中，混合物前驱体的颜色从红棕色变为深棕色至灰色，混合物保持搅拌一段时间，最后通过离心水洗干燥即可获得银/石墨烯复合材料。Huang 等[73]用 $NaBH_4$ 作为还原剂，通过原位还原 $AgNO_3$ 与 GO 的混合液，制备获得氧化石墨烯/纳米银（GO/AgNPs）。GO 的均匀厚度约为 1.3 nm，球形 AgNPs 均匀地分布在 GO 表面上，AgNPs 的尺寸分布范围为 5~20 nm。Shao 等[74]用葡萄糖还原获得 GO-Ag。在该研究中，将 GO 配制成均匀悬浮液，在冰水浴下超声处理，将所需量的 AgNO$_3$ 加入 GO 悬浮液中并加热，然后将葡萄糖和淀粉在另一 GO 悬浮液中加热，在剧烈搅拌下将葡萄糖淀粉混合液缓慢加入到 GO 与 AgNO$_3$ 混合液中，反应混合物的颜色从深棕色变为灰色，最后变为深绿色即为实验反应完毕。将合成的 GO-Ag 纳米复合材料离心后用去离子水反复洗涤并干燥得到 GO-Ag 纳米复合材料。结果显示几乎透明的单层 GO 纳米片上均匀分布着大量的 AgNPs，AgNPs 是球形的且尺寸分布相对较窄，平均直径约为 22 nm。

3.5.2.2　自组装法

目前国内外有关自组装法制备银/石墨烯复合材料、氧化石墨烯/银复合材料的相关报道很多。其中静电自组装法是依靠静电作用力或者分子间作用力将两种材料复合在一起的方法。实验室根据静电自组装法制备银/石墨烯复合材料，通常就是先分别制备出银溶胶（银溶液）和 GO 悬浮液，然后再组装形成复合材料。例如，Kim 等[75] 使用改进的 Hummers 法制备 GO，通过超声处理将硫醇化的 GO 粉末分散在去离子水中，然后在搅拌条件下将 AgNO$_3$ 溶液加入到 GO 溶液中，随后向混合溶液中加入 NaOH 溶液并搅拌反应 20 h，通过离心再用去离子水洗涤，在 40 ℃真空干燥获得 GO-Ag 产物。最后使用硫醇基团作为连接体将纳米银颗粒固定到 GO 表面使其不发生聚集。尺寸分布均匀的准球形 AgNPs 被锚定到 GO 表面。GO-Ag 中的 AgNPs 具有窄的尺寸分布，平均直径大约为 3.5 nm。利用静电自组装法来制备复合薄膜的研究也有颇多成果。例如，Yang 等[76] 利用静电自组装法交替沉积 GO 和 AgNO$_3$，制备了 GO-Ag 薄膜。经过热处理之后，获得具有高透明度和导电性的还原氧化石墨烯/银纳米粒子（rGO/AgNPs）多层膜。实验首先通过液相还原法制备稳定和单分散的 AgNPs/PDDA（聚二烯丙基二甲基氯化铵）胶体，然后分别沉积 GO 与 AgNPs/PDDA 胶体，通过热处理，GO 薄膜被还原为 rGO 薄膜且 AgNPs 生长，形成大尺寸、类球形的 AgNPs 装饰的 rGO 薄膜，高密度类球形的 AgNPs 平均粒径为 85 nm，均匀分布在 rGO 薄膜上。

3.5.3　石墨烯/纳米银复合防污剂抑菌性能

目前，针对石墨烯基/纳米银复合材料防污抑菌性能的研究，根据材料的不同主要划分为以下几类：石墨烯/纳米银复合材料、氧化石墨烯/纳米银复合材料、还原氧化石墨烯/纳米银复合材料以及多巴胺改性氧化石墨烯/纳米银复合材料等。

3.5.3.1　石墨烯/纳米银复合材料

原始石墨烯和改性石墨烯均能够用作抗菌材料中的 AgNPs 载体。使用高质量石墨烯作为底物和十二烷基硫酸钠作为还原剂可以在石墨烯纳米片的表面上产生良好分散的 AgNPs。如图 3-34 所示，石墨烯/纳米银复合材料有效地抑制了大肠杆菌的生长和增殖。

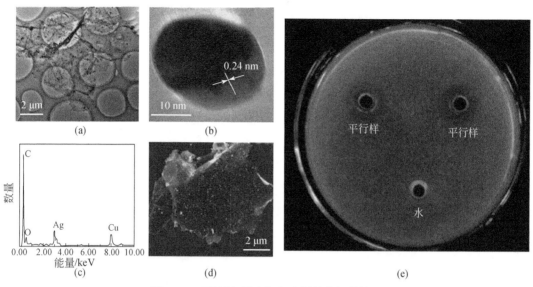

图 3-34　石墨烯/纳米银复合材料的抑菌效果

3.5.3.2　氧化石墨烯/纳米银复合材料

可以采用直接混合、原位还原和其他常见的材料合成方法（如微波辐射或等离子体改性等）制备 GO-Ag 复合材料。AgNO$_3$ 溶液通常用于与还原剂（如葡萄糖和硫醇）合成 AgNPs。在去离子水中混合的 GO、AgNO$_3$ 和还原剂钠盐可以生成 GO-Ag 纳米复合材料。Ag 的还原优先发生在 GO 表面的位点上，形成 Ag 晶核，而 AgNPs 在这些位点上生长。除了防止 Ag 聚集外，GO 还可以减缓 AgNPs 的氧化过程，从而产生长期的杀菌效果。氢醌（HQ）、明胶和硼氢化钠（NaBH$_4$）常用作还原剂，Ag$^+$ 可被 HQ 吸收并在柠檬酸盐缓冲溶液中原位还原。纸状 GO/AgNPs 复合材料对大肠杆菌和金黄色葡萄球菌均表现出强烈的抗菌活性。AgNO$_3$ 可以通过使用真核微生物或真菌形成 AgNPs 的生物方法进行还原。尖孢曲霉可以还原 AgNO$_3$ 并产生生物 AgNPs。最终得到的 Bio-GO-Ag 产品由单层 GO 和 Bio-AgNPs 组成，即使浓度低至 2.0 μg/ml，其对鼠伤寒沙门氏菌仍然具有极强的杀灭能力。与正常的 AgNPs 和 GO 纳米片相比，GO 纳米片上的单分散 AgNPs 显示出显著增强的抗菌活性。如图 3-35 所示，与正常的纳米片结构相比，填充有 AgNPs 的 GO 纳米片表现出增强的抗微生物活性。通过超声处理形成的碳纳米卷（carbon nanoscroll，CNS）可以使 AgNPs 表现出更有效、更持续的释放。

为了制备水溶性、低细胞毒性和更稳定的 GO-Ag 纳米复合材料，一些研究人员在预处理阶段对 GO 纳米片进行了改性。PDDA 等分子已被用于 AgNPs 在 GO 上的吸附。GO 纳米片表面的 dsDNA 可以引导 AgNPs 的生长并增加复合物的水溶性。AgNPs 和 GO 在实际应用中被嵌入到再生的纳米复合纤维素膜中。与单独含有 AgNPs 的膜相比，多孔 GO-Ag 纤维素膜为细菌与 AgNPs 相互作用提供了更多应用。GO 能吸收近红外光谱，对细菌有光热杀灭作用。当暴露在外磁场中时，磁性离子促进了材料的聚集。AgNPs 是有效的抗菌剂，

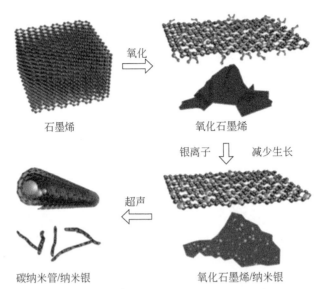

石墨烯　　　　氧化石墨烯

银离子　　减少生长

超声

碳纳米管/纳米银　　　　氧化石墨烯/纳米银

图 3-35　填充 AgNPs 的 GO 纳米片表现出优异的抗微生物活性和控释性能

由于 AgNPs 和 GO 的协同作用，纳米复合材料在低浓度下表现出显著的杀菌活性。AgNPs 可以与细胞壁上的蛋白质相互作用，然后破坏细胞膜，增加通透性，最终导致细胞死亡。此外，细胞膜上的脂多糖亚单位和 GO 纳米片上的含氧基团可以形成丰富的氢键，这些键结合带负电荷的细菌并聚集在一起，阻止细胞吸收营养。在柠檬酸钠作为稳定剂的条件下，$NaBH_4$ 可以将 $AgNO_3$ 还原为 AgNPs。制备的 GO/AgNPs 混合悬浮液诱导枯草芽孢杆菌和金黄色葡萄球菌细胞壁的蛋白质及糖类泄漏，杀死细菌。

3.5.3.3　还原氧化石墨烯/纳米银复合材料

还原剂是获得 rGO 和 AgNPs 所必需的。一些还原剂物质可以同时转化为 rGO 和银基前体成为 AgNPs。除了对大肠杆菌表现出杀菌活性外，AgNPs 对罗丹明 6G 表现出敏感的表面增强拉曼散射响应。鉴于有机溶剂的使用限制了 GO-Ag 复合材料在生物材料中的应用，Nguyen 等[77]使用超临界 CO_2（$SCCO_2$）作为溶剂，氢气作为还原剂，得到纳米银颗粒改性的 rGO。为了提高重复利用率，Fe_3O_4 NPs 被添加到 rGO/Ag 纳米复合材料中。在磁场存在下，能够将复合物在银灭菌液体中进行回收。除了纳米卷之外，可以通过将多巴胺修饰的埃洛石纳米管（HNTs）插入 GO 纳米片中以扩大表面积来制备夹心状结构的 GO。多巴胺分子在还原反应后作为还原剂合成 rGO 和作为 AgNPs 的吸附剂。

rGO-Ag 复合材料的抗菌机理结合了 rGO 和 AgNPs 的作用。为了确定 rGO 纳米片上 AgNPs 的尺寸与抗菌性能之间的关系，研究人员在 rGO 表面上依次减少 $AgNO_3$ 的尺寸。结果表明，直径为 20～30 nm 的纳米粒子具有最高的抗菌活性，这与 AgNPs 和细菌化合物的 S/P 原子之间的相互作用有关，AgNPs 的分布受 rGO 的影响。用 AgNPs 修饰的 rGO 纳米片涂覆后，随着 rGO 释放 ROS，通过电解直接接触和电场产生的 Ag^+，可以杀死大肠杆菌和金黄色葡萄球菌。rGO 作为碱和电子受体，NPs 可以更有效地发挥作用。由于 rGO 和

AgNPs 的协同作用，rGO-Ag 复合材料使用较少的 Ag 即可对铜绿假单胞菌具有较高的抗菌活性。

研究人员将银纳米粒子–埃洛石纳米管–还原石墨烯氧化物纳米复合物（AgNPs-HNTs-rGO）混合到聚醚砜（PES）膜基质中，制备了一种新型的高通量、抗菌和防污超滤膜。采用 HNTs 技术扩大了相邻 rGO 片间的层间距，阻止了 AgNPs 的浸出。与纯 PES 膜相比，杂化膜具有更高的亲水性、表面光滑性和水渗透通量。动态和静态牛血清白蛋白（BSA）吸附实验表明，杂化膜的防污性能有所改善。此外，合成的 AgNPs 均匀地附着在 rGO 载体上，平均粒径为 10 nm，保证了其良好的抗菌性能，即使存放 6 个月后，杂化膜对大肠杆菌仍有理想的抑菌效果。

3.5.3.4 多巴胺改性氧化石墨烯/纳米银复合材料

刘文超[78]研究使用多巴胺原位化学还原法制备 GO/PDA/Ag，在室温下将多巴胺沉积在氧化石墨烯表面形成一个均匀的聚多巴胺层，利用 PDA 对 Ag^+ 的吸附作用和弱还原性将 $AgNO_3$ 溶液中的 Ag^+ 还原为银纳米粒子，并固定在氧化石墨烯表面，相较于其他还原剂和还原条件，此方法环境友好且温和。

利用抑菌圈测试方法，对制备的复合材料进行抑菌性能测试。菌液的浓度仍保持为 10^7 CFU/ml，结果如图 3-36 所示。由对照组可以看出，多巴胺改性氧化石墨烯/纳米银复合材料（PDA/GO/AgNPs）比氧化石墨烯/纳米银复合材料对大肠杆菌的抑菌性能要强。由此可见，多巴胺改性氧化石墨烯/纳米银复合材料在抑菌领域具有较好的应用前景。

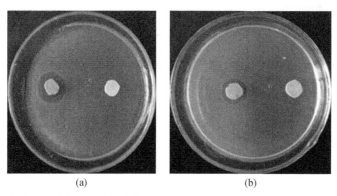

图 3-36　多巴胺改性氧化石墨烯/纳米银复合材料（a）和氧化石墨烯/纳米银复合材料（b）的抑菌效果

为了验证 PDA/GO/AgNPs 的抑菌性，选用大肠杆菌、金黄色葡萄球菌和鳗弧菌作为受试菌种，进行抑菌圈实验。图 3-37 依次为空白、PDA/GO、PDA/GO/AgNPs 分别对大肠杆菌、金黄色葡萄球菌和鳗弧菌的抑菌圈照片。从图 3-37 中可以看出，PDA/GO 几乎没有抑菌性，在负载纳米银之后，产物对大肠杆菌、金黄色葡萄球菌和鳗弧菌都表现出了很明显的抑菌效果，在滤纸周围出现的抑菌圈范围要比 PDA/GO 大得多，这说明纳米银的存在显著地提高了 PDA/GO 的抑菌性。由抑菌实验可知，PDA/GO/AgNPs 对革兰氏阴性和革兰氏阳性细菌的生长都有抑制作用，对海洋环境生长的细菌也有抑菌作用。

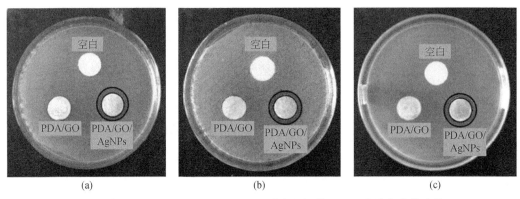

图 3-37　空白、PDA/GO、PDA/GO/AgNPs 对大肠杆菌（a）、金黄色葡萄球菌（b）、
鳗弧菌（c）的抑菌效果

用扫描电镜可以观察不同培养条件下大肠杆菌细胞的形态。图 3-38 为无涂层的纳米复合材料的扫描电镜图。从图 3-38 中可以看出，附着在溶胶-凝胶涂层上的大肠杆菌的形态保持良好状态，而 PS 涂层上的大肠杆菌密度虽有所降低，但细菌仍保持良好状态，表明没有细菌杀灭特性。然而，附着在 GO-PS 涂层上的少量大肠杆菌细胞变形，AgNPs@rGO 复合材料中大多数大肠杆菌细胞在 rGO/Ag-PS 涂层上变形、破坏和聚集，因此可以认为类似的机制是纳米复合涂层杀菌的原因。复合涂层的抗菌机理可能是：GO 纳米片可以吸附和聚集大肠杆菌，从而增加细菌与 AgNPs 接触的可能性。AgNPs 和释放的 Ag^+ 与大肠杆菌接触后使其细胞壁破裂，最后被破坏成碎片。GO 和 AgNPs 的协同作用是优良抗菌性能的关键。

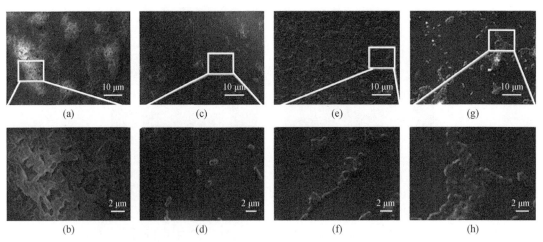

图 3-38　不同涂层的纳米复合材料的扫描电镜图

（a）空白板，（c）PS 涂层，（e）GO-PS 涂层，（g）GO/AgNPs-PS 涂层；（b）、（d）、（f）、（h）分别是上图的局部放大图

金属表面的生物膜会加速金属的腐蚀，而 AgNPs@rGO 纳米复合材料具有良好的抗菌活性，因此可以作为生物阻垢剂来抑制生物膜的形成。以小球藻、三角褐指藻和舟形藻为

模型藻，对藻类在红豆色涂层上的附着行为进行研究。经 24 h 附着实验后，发现大量藻类仍附着在溶胶–凝胶膜上。附着在溶胶–凝胶涂层上的小球藻、舟形藻和三角褐指藻的覆盖面积分别为 49%、34% 和 8.4%。然而，附着在 PS 涂层上的小球藻、舟形藻和三角褐指藻的覆盖面积却大大减少，分别仅为 5%、11.1% 和 1.5%。原因可能是表面能为 22 mN/m 的 PDMS 弹性体可以最大限度地减少藻类在涂层上的沉降。出乎意料的是，在原始 GO 纳米片下，藻类在涂层上的沉降增加，小球藻、舟形藻和三角褐指藻的覆盖面积分别为 20%、17% 和 3.2%。这种现象可能是由于原始 GO 的亲水性降低了疏水性。在涂层中引入 AgNPs@rGO 可以显著降低藻类的附着，rGO/Ag-PS 涂层上的小球藻、舟形藻和三角褐指藻的覆盖面积分别仅为 3.1%、7.1% 和 0.3%。与溶胶–凝胶涂层相比，rGO/Ag-PS 涂层上小球藻、舟形藻和三角褐指藻的覆盖面积分别下降了 46%、27% 和 8%，表明其具有优异的抗藻类性能。因此，rGO/Ag-PS 涂层由于 AgNPs 具有很强的防止涂层上藻类黏附和定殖的作用，显示出优异的抗藻类性能。

参 考 文 献

[1] 赵冬梅，李振伟，刘领弟，等. 石墨烯/碳纳米管复合材料的制备及应用进展. 化学学报，2014，72 (2)：185-200.

[2] 张明艳，隋珊，陈金玉，等. 功能化碳纳米管/环氧树脂复合材料性能研究. 电工技术学报，2014，29 (4)：97-102.

[3] 赵江. 高质量多壁碳纳米管的制备方法和应用研究. 上海：上海交通大学博士学位论文，2013.

[4] 张晓鸿. 功能化改性碳纳米管在载药和催化领域的初步应用. 上海：复旦大学硕士学位论文，2011.

[5] 王浩. 多壁碳纳米管的功能化及其抑菌性能研究. 广州：广东工业大学硕士学位论文，2019.

[6] 王佳. 碳纳米管负载金属纳米颗粒的制备及应用. 兰州：兰州大学硕士学位论文，2013.

[7] 李绪奇，姚日生，何红波，等. 等离子体法制备碳纳米管负载银粒子及抑菌性研究. 安徽化工，2014，40 (5)：10-12.

[8] Yu W, Li S S, Yu H Y, et al. Progress in the functional modification of graphene/graphene oxide: A review. RSC Advances, 2020, 10 (26): 15328-15345.

[9] van Hieu N. Recent advances in experimental basic research on graphene and graphene-based nanostructures. Advances in Natural Sciences Nanoscience & Nanotechnology, 2016, 7 (2): 023001.

[10] Zhu Y W, Murail S, Cai W W, et al. Graphene and Graphene Oxide: Synthesis, Properties, and Applications. Advanced Materials, 2010, 22 (46): 3906-3924.

[11] Yang M C, Tsou H M, Hsiao Y S, et al. Electrochemical Polymerization of PEDOT-Graphene Oxide-Heparin Composite Coating for Anti-fouling and Anti-clotting of Cardiovascular Stents. Polymers, 2019, 11 (9): 1-16.

[12] Qiu H, Peng Y, Ge L, et al. Pore channel surface modification for enhancing anti-fouling membrane distillation. Applied Surface Science, 2018, 443: 217-226.

[13] Shen X, Liu P, Xia S, et al. Anti-Fouling and Anti-Bacterial Modification of Poly (vinylidene fluoride) Membrane by Blending with the Capsaicin-Based Copolymer. Polymers, 2019, 11 (2): 1-17.

[14] Moradi G, Zinadini S. A high flux graphene oxide nanoparticles embedded in PAN nanofiber microfiltration membrane for water treatment applications with improved anti-fouling performance. Iranian Polymer Journal,

2020, 29 (9): 827-840.

[15] Wang J, Zhao C, Wang T, et al. Graphene oxide polypiperazine-amide nanofiltration membrane for improving flux and anti-fouling in water purification. RSC Advances, 2016, 6 (84): 82174-82185.

[16] Georgakilas V, Otyepka M, Bourlinos A B, et al. Functionalization of graphene: covalent and non-covalent approaches, derivatives and applications. Chemical Reviews, 2012, 112 (11): 6156-214.

[17] Salavagione H J, Gomez M A, Martinez G. Polymeric Modification of Graphene through Esterification of Graphite Oxide and Poly (vinyl alcohol). Macromolecules, 2009, 42 (17): 83-86.

[18] 吕生华, 刘晶晶, 崔亚亚, 等. 石墨烯的功能化研究进展. 化工时刊, 2013, 27 (8): 35-40.

[19] Hu W, Peng C, Luo W, et al. Graphene-based antibacterial paper. ACS Nano, 2010, 4 (7): 4317-4323.

[20] Tu Y, Lv M, Xiu P, et al. Destructive extraction of phospholipids from Escherichia coli membranes by graphene nanosheets. Nature Nanotechnology, 2013, 8 (12): 968-968.

[21] Akhavan O, Ghaderi E. Toxicity of graphene and graphene oxide nanowalls against bacteria. ACS Nano, 2010, 4 (10): 5731-5736.

[22] Liu S, Zeng T H, Hofmann M, et al. Antibacterial activity of graphite, graphite oxide, graphene oxide and reduced graphene oxide: membrane and oxidative stress. ACS Nano, 2011, 5 (9): 6971-6980.

[23] Liu S, Hu M, Zeng T H, et al. Lateral dimension-dependent antibacterial activity of graphene oxide sheets. Langmuir, 2012, 28: 12364-12372.

[24] Krishnamoorthy K, Veerapandian M, Zhang L H, et al. Antibacterial efficiency of graphene nanosheets against pathogenic bacteria vialipid peroxidation. Journal of Physical Chemistry C, 2012, 116: 17280-17287.

[25] Gurunathan S, Han J W, Dayem A A, et al. Antibacterial activity of dithiothreitol reduced graphene oxide. Journal of Industrial and Engineering Chemistry, 2013, 19: 1280-1288.

[26] 曾鹏, 朱雪芬, 操江飞, 等. 氧化石墨烯的制备及其对大肠埃希菌的抑菌性能研究. 广东化工, 2019, 46 (2): 30-31.

[27] 孙翔宇, 魏琦峰, 任秀莲. 虾、蟹壳中甲壳素/壳聚糖提取工艺及应用研究进展. 食品研究与开发, 2013, 39 (22): 128-130.

[28] Yebra D M, Kiil S, Dam-Johansen K. Antifouling technology-Past, present and future steps towards efficient and environmentally friendly antifouling coatings. Progress in Organic Coatings, 2004, 50: 75-104.

[29] Lee H S, Hickok N J, Yee M Q, et al. Reversible swelling of chitosan and quaternary ammonium modified chitosan brush layers: effects of pH and counter anion size and functionality. Journal of Materials Chemistry, 2012, 22: 19605.

[30] Chen H, Zhao C, Zhang M, et al. Molecular Understanding and Structural-Based Design of Polyacrylamides and Polyacrylates as Antifouling Materials. Langmuir, 2016, 32: 3315-3330.

[31] 雷莉. 壳聚糖/海藻酸钠吸附剂的制备及性能研究. 广州: 华南理工大学硕士学位论文, 2011.

[32] 何玲. 甲壳素/壳聚糖生物抗菌敷料在皮肤组织工程中的应用. 中国组织工程研究与临床康复, 2010, 14: 14-17.

[33] 张勇. 水溶性壳聚糖的制备及性能研究. 大连: 大连理工大学硕士学位论文, 2011.

[34] 郝湘平, 陈守刚, 刘丹, 等. 改性碳纳米管/壳聚糖复合材料的制备及抗菌性能的研究//全国卫生产业企业管理协会抗菌产业分会. 2016年抗菌科学与技术论坛论文集. 全国卫生产业企业管理协会

抗菌产业分会：全国卫生产业企业管理协会抗菌产业分会，2016，64-73.

[35] 王先津，秦丽梅，贺继东．聚乙二醇单甲醚接枝改性壳聚糖的研究．化学与生物工程，2018，35（3）：32-36.

[36] Wang S F, Shen L, Zhang W F, et al. Preparation and Mechanical Properties of Chitosan/Carbon Nanotubes Composites. Macromolecules, 2005, 6: 3067-3072.

[37] Luo X L, Xu J J, Wang J L, et al. Electrochemically deposited nanocomposite of chitosan and carbon nanotubes for biosensor application. Chemical Communications, 2005, 16: 2169-2171.

[38] Ge J J, Hou H Q, Li Q, et al. Assembly of well-Aligned multiwalled carbon nanotubes in confined polyacrylonitrile environments: electrospun composite nanofiber sheets. Journal of the American Chemical Society, 2004, 126 (48): 15754-15761.

[39] Sen R, Zhao B, Perea D, et al. Preparation of single-walled carbon nanotube reinforced polystyrene and polyurethane nanofibers and membranes by electrospinning. Nano Letters, 2004, 4 (3): 459-464.

[40] Ohkawa K, Cha D, Kim H, et al. Electrospinning of Chitosan. Macromolecular Rapid Communications, 2004, 25: 1600-1605.

[41] 封伟，袁晓燕，冯奕钰．壳聚糖/碳纳米管静电纺丝膜的制备方法．中国：CN1730742A，2007-02-14.

[42] Tan X C, Li M J, Cai P X, et al. An amperometric cholesterol biosensor based on multiwalled carbon nanotubes and organically modified sol-gel/chitosan hybrid composite film. Analytical Biochemistry, 2005, 337: 111-120.

[43] 林友文，陈伟，罗红斌．羧甲基壳聚糖对铅离子的吸附性能研究．离子交换与吸附，2001，17（4）：333-338.

[44] 徐甲坤．壳聚糖及其羧甲基衍生物的配位化学研究．青岛：中国海洋大学硕士学位论文，2007.

[45] 于慧．碳纳米管/壳聚糖复合材料的制备以及抑菌性研究．青岛：中国海洋大学硕士学位论文，2013.

[46] 刘丹．多巴胺改性碳纳米管/壳聚糖复合材料的制备及其防污性能研究．青岛：中国海洋大学硕士学位论文，2015.

[47] Zhao X, Guo B, Wu H, et al. Injectable antibacterial conductive nanocomposite cryogels with rapid shape recovery for noncompressible hemorrhage and wound healing. Nature Communication, 2018, 9 (1): 2784.

[48] Liu L, Li C, Bao C, et al. Preparation and characterization of chitosan/graphene oxide composites for the adsorption of Au (III) and Pd (II). Talanta, 2012, 93: 350-357.

[49] Ye N, Xie Y, Shi P, et al. Synthesis of magnetite/graphene oxide/chitosan composite and its application for protein adsorption. Materials Science & Engineering C Materials for Biological Applications, 2014, 45 (45): 8-14.

[50] Wang Y, Liu X, Wang H, et al. Microporous spongy chitosan monoliths doped with graphene oxide as highly effective adsorbent for methyl orange and copper nitrate (Cu (NO_3)$_2$) ions. Journal of Colloid & Interface Science, 2014, 416: 243-251.

[51] Alhwaige A A, Agag T, Ishida H, et al. Biobased chitosan hybrid aerogels with superior adsorption: role of graphene oxide in CO_2 capture. Rsc Advances, 2013, 3 (36): 16011-16020.

[52] Zhang N, Qiu H, Si Y, et al. Fabrication of highly porous biodegradable monoliths strengthened by graphene oxide and their adsorption of metal ions. Carbon, 2011, 49 (3): 827-837.

[53] Du Q, Sun J, Li Y, et al. Highly enhanced adsorption of congo red onto graphene oxide/chitosan fibers by

wet-chemical etching off silica nanoparticles. Chemical Engineering Journal, 2014, 245: 99-106.

[54] Li Y, Sun J, Du Q, et al. Mechanical and dye adsorption properties of graphene oxide/chitosan composite fibers prepared by wet spinning. Carbohydr Polym, 2014, 102: 755-761.

[55] 蒋焱. 磁性壳聚糖/氧化石墨烯复合材料抗菌及吸附染料研究. 长沙：湖南大学硕士学位论文, 2016.

[56] 禄启航. 氧化石墨烯/壳聚糖复合膜的制备及其抑菌性和润湿可控性的探究. 青岛：中国海洋大学硕士学位论文, 2015.

[57] 梁红培, 王英波, 粟智. 电纺制备明胶/壳聚糖/羟基磷灰石/氧化石墨烯抗菌复合纳米纤维的研究. 无机材料学报, 2015, 5: 516-522.

[58] 吴永庆, 李效民, 王震遐, 等. Ag 纳米晶颗粒/碳纳米管复合材料的制备与结构研究. 无机材料学报, 2009, 24: 122-124.

[59] 李莎. 碳/金属（银、铜）复合材料的制备及防污性能. 天津：天津大学博士学位论文, 2014.

[60] Vijwani H, Nadagouda M, Namboodiri V, et al. Hierarchical hybrid carbon nano-structures as robust and reusable adsorbents: kinetic studies with model dye compound. Chemical Engineering Journal, 2015, 268: 197-207.

[61] Peng Y, Chen Q. Fabrication of one-dimensional Ag/multiwalled carbon nanotube nano-composite. Nanoscale Research Letters, 2012, 7 (1): 195.

[62] Yamada T, Hayashi Y, Takizawa H. Synthesis of carbon nanotube/silver nanocomposites by ultrasonication. Materials Transactions, 2010, 51 (10): 1769-1772.

[63] 刘孔华, 刘岚, 高宏, 等. 原位法制备纳米银修饰碳纳米管环氧导电复合材料. 物理化学学报, 2012, 28 (3): 711-719.

[64] Chen L F, Xie H, Wei Y, et al. Multi-walled carbon nanotube/silver nanoparticles used for thermal transportation. Journal of Materials Science, 2012, 47 (14): 5590-5595.

[65] Ramin M, Taleshi F. The effect of carbon nanotubes as a support on morphology and size of silver nanoparticles. International Nano Letters, 2013, 3 (1): 1-6.

[66] Hemant P, Vimal S. Thermal conductivity of carbon nanotube-silver composite. Transactions of Nonferrous Metals Society of China, 2015, 25 (1): 154-161.

[67] 唐建, 陈述, 龙云飞. 银/碳纳米管纳米复合物制备及性质研究. 化学研究与应用, 2012, 24 (8): 1207-1212.

[68] 周鑫, 姚爱华, 周田, 等. 碳纳米管@SiO2@Ag 纳米复合材料的制备及其表面增强拉曼效应. 无机化学学报, 2014, 30 (3): 543-549.

[69] 刘雪刚, 杜飞鹏, 丁一刚, 等. 碳纳米管担载纳米银及其电催化甲醇氧化的研究. 功能材料, 2011, 42 (9): 1591-1594.

[70] 郝湘平, 陈守刚, 王文惠, 等. pH 响应型抗菌自修复聚多巴胺/海藻酸-辣椒素@壳聚糖复合类聚电解质涂层的制备及性能研究// 2018（第 3 届）抗菌科学与技术论坛论文摘要集, 2018.

[71] 钟涛, 杨娟, 周亚洲, 等. 纳米银-氧化石墨烯复合材料抗菌性能研究进展. 材料导报, 2014, 28 (1): 64-66.

[72] Cai X, Lin M, Tan S, et al. The use of polyethyleneimine-modified reduced graphene oxide as a substrate for silver nanoparticles to produce a material with lower cytotoxicity and long-term antibacterial activity. Carbon, 2012, 50 (10): 3407-3415.

[73] Huang L, Yang H, Zhang Y, et al. Study on synthesis and antibacterial properties of AgNPs/GO nanocom-

posites. Journal of Nanomaterials, 2016, (7): 1-9.

[74] Shao W, Liu X, Min H, et al. Preparation, characterization, and antibacterial activity of silver nanoparticle- decorated graphene oxide nanocomposite. ACS Applied Materials & Interfaces, 2015, 7 (12): 6966-6973.

[75] Kim Y K, Han S W, Min D H. Graphene oxide sheath on Ag nanoparticle/graphene hybrid films as an antioxidative coating and enhancer of surface-enhanced Raman scattering. ACS Applied Materials & Interfaces, 2012, 4 (12): 6545-6551.

[76] Yang J, Zhou Y, Sun L, et al. Synthesis, characterization and optical property of graphene oxide films. Applied Surface Science, 2012, 258 (12): 5056-5060.

[77] Nguyen V H, Kim B K, Jo Y L, et al. Preparation and antibacterial activity of silver nanoparticles-decorated graphene composites. Journal of Supercritical Fluids, 2012, 72: 28-35.

[78] 刘文超. 碳基载银复合材料的制备及其抑菌性能的研究. 青岛: 中国海洋大学硕士学位论文, 2013.

第4章 环境友好型有机类防污剂

4.1 环境友好型有机类防污剂概述

海洋防污涂层的发展经历了沥青、焦油、石蜡等早期防污涂层时期，到20世纪60年代开发的传统 TBT 基涂料时期，再到目前已成为主流的金属基防污涂料时期。金属类防污剂因其广谱抗菌性、较低的生产成本和简便的生产工艺，已成为当前民用船舶防污涂料的主要来源，常见的金属类防污剂以氧化亚铜类为主，然而该类防污剂仍存在长效释放性、利用率低问题。更重要的是，与已被联合国国际海事组织明令禁止使用的 TBT 防污涂料相比，氧化亚铜基等金属类防污剂尽管毒性更低，但其环境蓄积风险问题仍不可否认，长期大量使用势必会对海洋生态造成不容忽视的严重危害，如降低水生物的光合成活性，从而影响水域中水生物群居结构等。因此，氧化亚铜基等金属类防污剂也终将随着时间推移逐渐退出历史舞台。近年来，不少国家提出了大力开发低铜、无铜类防污剂的倡导，也开始对防污涂层中铜的释放量有所限制。我国环境保护标准《环境标志产品技术要求 船舶防污漆》（HJ 2515—2012）规定，防污涂层中铜离子渗出率（稳定状态）不得大于 25 μg/($cm^2 \cdot d$)，且已把含氧化亚铜防污涂料列入"高污染，高环境风险"产品名录[1]，并规定氧化亚铜用作防污剂是一种过渡性措施。另一类无机非金属类防污剂，如碳基材料，主要是通过材料的机械作用对生物膜的损伤、氧化应激的化学作用及大分子的覆盖作用起杀菌防污作用，或通过防污剂自身存在的小尺寸效应产生生物毒性。然而，石墨烯材料仍存在产业化、自身生物毒理性等问题。

区别于无机类防污剂，有机类防污剂主要是通过有机物分子中具有防污功能的官能团起防污作用。第二次世界大战期间，由于战事的影响，人工合成有机杀菌剂获得了迅速发展，部分人工合成杀菌剂在防污涂料中获得了应用，并取得了良好的防污效果。有机类防污剂包括天然的生物提取有机物或人工合成有机物，按照其对环境的影响程度，可大体将其分为传统型有机防污剂和环境友好型有机防污剂。

传统型有机防污剂主要是指基于杀生物剂的有机防污剂，典型代表有双对氯苯基三氯乙烷（DDT）、TBT 等，但这两种防污剂已被禁止使用。图 4-1 展示了几种目前常见的市售有机防污剂分子式。传统型有机防污剂主要是通过对附着生物进行毒杀来发挥防污功效，但这将对海洋及其他生态中的生命体造成不可恢复的损伤，且会污染环境，破坏海洋生态平衡。此外，持久性有机污染物对人类本身的影响也将会持续几代，对人类生存繁衍和可持续发展构成重大威胁。因此，越来越多的研究人员将目光转移至开发无毒的环境友好型有机防污剂，使用无毒的环境友好型有机防污剂将是未来发展的重要方向。

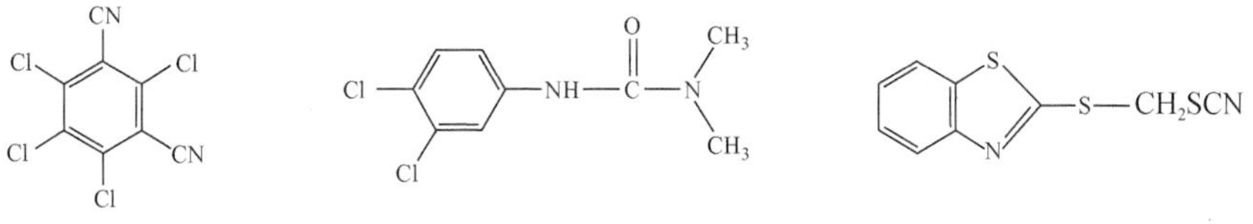

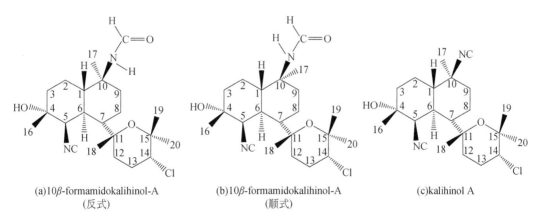

(a)2,4,5,6-四氯-1,3-苯二腈   (b)3-(3,4-二氯苯基)-1,1-二甲基脲   (c)2-硫氰基甲基硫代苯并噻唑
（百菌清）   （敌草隆）   （苯噻硫氰）

图 4-1　几种常见的市售有机防污剂分子式

　　近年来，随着人们环保意识的日益提升，环境友好型防污剂的发展方兴未艾，其主要特点在于能够在不破坏环境的前提下防止生物附着。这些防污剂主要来源于自然界，或是在自然产物的基础上进行改性修饰，可分为天然有机防污剂和合成有机防污剂。这类防污剂已有不少成功的使用案例，中国科学院南海海洋研究所、厦门大学、中国海洋大学等单位已对相关课题开展了深入的研究，也有一些已商品化的产品。该类防污剂结构简单、易于合成、抗污活性高、低毒、易降解、无环境蓄积风险，且具有较高的生物安全性，因此是一种潜力巨大的新型绿色防污剂[2]。

4.1.1　天然有机防污剂

　　经过人类长期观察发现，许多海洋生物可以通过分泌活性物质来防止或抑制污损生物在其表面的吸附生长。基于此，不少研究人员利用生物技术从多种海洋动植物、微生物中提取出了其自身产生的具有防污活性的次级代谢产物，作为天然防止海洋生物污损的物质，包括有机酸、无机酸、内酯、萜类、酚类、醇类和吲哚类等，这些物质具有降解性好、不危害生物生命的特点，且有利于维持生态平衡。例如，Yang 等[3]从海洋无脊椎动物棘体海绵（*Acanthella cavernosa*）体内分离提取出了两种二萜类物质，即 10β-formamidokalihinol-A 和 kalihinol A，其结构如图 4-2 所示。经测试，这两种物质对从自然环

(a)10β-formamidokalihinol-A   (b)10β-formamidokalihinol-A   (c)kalihinol A
（反式）   （顺式）

图 4-2　从海洋棘体海绵的组织中分离出的 10β-formamidokalihinol-A 和 kalihinol A

境中分离出的细菌均显示出有效的抑制作用。此外，也有不少抑菌防污活性物质从陆地动植物和微生物体内被提取出来，如从辣椒中提取的辣椒素类化合物、从喜树中提取的喜树碱（camptothecine，CPT），以及广泛存在于各种生物体内的溶菌酶等。图4-3列举了几种环境友好型有机防污剂的分子结构。

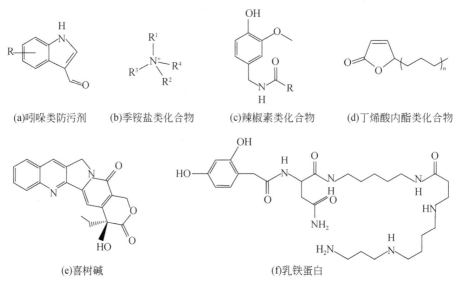

(a)吲哚类防污剂　　(b)季铵盐类化合物　　(c)辣椒素类化合物　　(d)丁烯酸内酯类化合物

(e)喜树碱　　　　　　　　　(f)乳铁蛋白

图4-3　几种环境友好型有机防污剂的分子结构示意

4.1.2　合成有机防污剂

　　尽管天然防污剂具有良好的生物相容性、来源广泛，但其仍存在提取和量产有难度等问题，且未经处理的天然防污剂的稳定性、广谱性欠佳。因此，通过从自然界的生物中提取具有较好防污活性的物质，然后研究这些防污活性物质的结构与防污效果的关系，找到防污活性官能团，再进一步通过人工合成此类防污活性化合物及其结构类似物，或以天然活性化合物分子结构为基础，通过化学改性合成新的有机防污剂，是目前天然防污剂研究开发中的一条重要途径。目前主要的环境友好型合成有机防污剂有辣椒素类、季铵盐类、吲哚类、丁烯酸内酯类[4]。壳聚糖及其衍生物以其优异的抗菌性能而著称，因此也有望在海洋防污领域发挥其功效，并已有不少相关研究。其中，对壳聚糖季铵化改性形成抗菌防污性能更佳的壳聚糖季铵盐（HACC）也是一个重要的应用方向。于良民教授课题组深入系统地研究了辣椒素及其衍生物在海洋防污领域的应用，并且通过各种方式合成了多种辣椒素衍生物。钱培元教授课题组长期从事海洋天然产物防污剂的研究，其通过对海洋链霉菌代谢物的化学结构进行改造，开发出了丁烯酸内酯类防污剂。

　　本章选取环境友好型有机防污剂中的季铵盐类、辣椒碱及其衍生物类、萜类和蛋白多肽类防污剂进行介绍。

4.2 季铵盐类防污剂

季铵盐又称四级铵盐，是铵离子中的四个氢原子都被烃基取代而生成的化合物，通式 $R_4N^+X^-$，其中四个烃基可以相同，也可以不相同，X^- 多为卤素阴离子，该类化合物是阳离子表面活性剂的主要品种。1915年，Jacobs等第一次合成季铵盐，并指出该类化合物具有一定的杀菌能力。

由于季铵盐具有杀菌作用可靠、稳定性好和无毒无刺激等优点，目前仍广泛应用于医疗卫生、食品和日用化工等领域，此外在抗菌织物、水产养殖业、畜牧业、工业水处理、造纸工业等方面也有较广泛的应用。季铵盐的抗菌机理主要分为三个关键步骤：吸附带负电荷的细菌细胞表面，侵入细胞壁并改变细胞壁的通透性，与细胞膜结合进而摧毁细胞膜。季铵盐的分子量可以影响分子中正电荷的密度，从而影响抑菌性能。提高季铵盐抗菌剂的分子量，季铵盐分子中正电荷的密度便能明显增加，进而增强抗菌剂对细菌细胞壁表面的有效吸附能力。此外，分子中含有较长烷基链的季铵盐抗菌剂与细胞膜结合能力更强，因此抗菌效果也会更好。该类防污剂主要包括壳聚糖季铵盐、季铵盐表面活性剂等。

4.2.1 壳聚糖季铵盐

4.2.1.1 壳聚糖及其抗菌应用

壳聚糖是甲壳素经过一定程度脱乙酰基的产物，如图4-4所示，其包含5000多个氨基葡萄糖单元，含有游离氨基，是天然多糖中唯一的碱性多糖，广泛存在于昆虫和虾蟹等甲壳类动物的外壳以及藻类、菌类等低等植物的细胞壁中。纯品的壳聚糖是带有珍珠光泽的白色片状或粉末状固体，不溶于大多数溶剂，但可溶于稀有机酸，如醋酸、甲酸、琥珀酸、乳酸和苹果酸[5]。在酸性条件下，壳聚糖分子链上的氨基发生质子化，是一种呈现正电性的聚阳离子。目前，壳聚糖及其衍生物已广泛应用于农业抗菌、废水处理、食品工业、日化产品等领域。

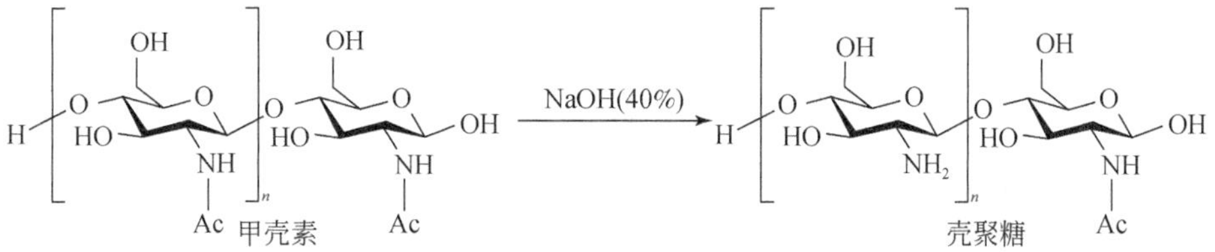

图4-4 甲壳素脱乙酰化生成壳聚糖

壳聚糖及其衍生物对包括真菌、藻类和某些细菌在内的多种微生物具有抗微生物活性，抗菌谱广泛。对于壳聚糖及其衍生物抗菌的确切机制，人们仍未彻底搞清楚，但已经明确其抗菌性能与其溶解所呈的阳离子性有关，且已提出了不同的机制，这些机制主要包括：

1）竞争性地络合细胞生长所需的金属离子，影响微生物细胞正常代谢。

2）较小分子量的壳聚糖可直接通过细胞膜进入微生物细胞，进而与其中的蛋白质和核酸等带负电的物质结合，从而扰乱细胞内蛋白质合成、DNA 复制等重要生物过程，致使细胞死亡。

3）大分子壳聚糖在微生物细胞表面吸附，形成一层隔绝物质运输的膜，起到杀菌作用。

4）带正电的壳聚糖作用于细菌的外表面，与带负电的微生物细胞膜之间产生相互作用，改变细胞通透性，导致蛋白质和其他细胞内成分泄漏，从而起到杀菌作用。

5）壳聚糖激活微生物细胞分泌几丁质酶，将壳聚糖分解为小分子进入微生物细胞内，进而影响细胞内正常的遗传因子传递与表达。此外，高浓度壳聚糖还可能诱导细胞壁上肽聚糖水解，导致细胞内电解质渗漏，进而导致微生物细胞死亡。

综上所述，壳聚糖及其衍生物的抗菌活性与分子量、脱乙酰化程度相关。关于壳聚糖的抑菌防污作用，已有不少研究与应用。例如，秦朋[6]利用壳聚糖的成膜性、抗菌性以及对 Cu^{2+} 的选择吸附性能，分别制备了纯壳聚糖膜、壳聚糖/聚乙烯醇共混膜、戊二醛交联壳聚糖/聚乙烯醇共混膜、壳聚糖-淀粉-苯甲酸钠三元共混膜、壳聚糖/纳米 TiO_2 复合膜、戊二醛改性壳聚糖/纳米 TiO_2 复合膜共六种环境友好型海洋防污涂料膜，对其抗菌防污性能开展了一系列研究。他通过抑菌圈法对上述六种膜的抑菌性能进行了研究，结果表明，六种壳聚糖基膜对金黄色葡萄球菌和大肠杆菌两种细菌均表现出一定抑制作用，且吸附铜离子后各膜的抑菌效果有所增强。随后，秦朋在海南陵水新村港扇贝养殖区用人工挂板的实验方法研究了壳聚糖涂膜的防污效果。结果表明，涂膜可以有效地减少附着生物的附着量，起到一定的防除作用，且戊二醛改性壳聚糖/纳米 TiO_2 复合膜的防污损效果最佳。此外，各种壳聚糖基涂层对水产养殖生物的生长没有明显的负面影响。

根据壳聚糖中的氨基及羟基可以和金属离子发生螯合反应这一特性，杨川峰[7]将壳聚糖与另一种杀菌效果优异的金属离子硝酸银结合，将其分散到聚乙烯醇基体材料中，制备出一种壳聚糖-硝酸银凝胶材料，在保留壳聚糖杀菌、促愈合等优势的同时，使新材料获得更高效的杀菌效果。为检测壳聚糖-硝酸银凝胶材料的体外杀菌作用，作者使用菌片检测法分别检测了壳聚糖-硝酸银凝胶材料、单纯硝酸银、单纯壳聚糖材料、磺胺嘧啶银乳膏（SD-Ag）和莫匹罗星软膏（Mupicocin）对耐甲氧西林金黄色葡萄球菌（MRSA）、大肠杆菌及白色念珠菌的杀灭作用。与空白对照组相比，实验组均显示出明显的杀菌效果。此外，壳聚糖-硝酸银凝胶材料结合了壳聚糖和硝酸银各自的优势，对 MRSA、大肠杆菌及白色念珠菌均显示出几乎 100% 的杀灭作用；而单纯壳聚糖对革兰氏阳性的 MRSA 及白色念珠菌有较好杀灭作用，单纯硝酸银对革兰氏阴性的大肠杆菌有较好抑制作用。

壳聚糖不溶于水、黏度高且在高 pH 下容易与蛋白质凝结，因此其使用受到了一定限制。为拓宽壳聚糖的应用，可以通过对其进行化学修饰来制备功能性衍生物，以增加壳聚糖在水中的溶解度。如前所述，要发挥壳聚糖的抗菌性能，需要解决其水溶性问题。而壳聚糖中大量游离氨基与羟基的存在，为通过不同的化学反应途径对其改性提供了条件。通过化学改性，在分子中引入不同性能的官能团，不仅可以改善壳聚糖的溶解性，也可获得具有不同性能和功效的衍生物，从而拓宽其应用领域，提高其应用价值。化学改性方法包括酯化、醚化、烷基化、接枝共聚、季铵化等，所得到的水溶性壳聚糖衍生物包括羧甲基壳聚糖、壳聚糖谷氨酸盐、壳聚糖季铵盐等。苏云等[8]以壳聚糖为原料，在弱碱性条件下与氯乙酸反应，合成出具有良好水溶性的 N,O-羧甲基壳聚糖，并以此产品为抑菌剂，分别对大肠杆菌、枯草芽孢杆菌和金黄色葡萄球菌进行了抗菌实验。结果表明，羧甲基壳聚糖对金黄色葡萄球菌有很强的抑菌作用，且抑菌活性随浓度的增大而增加，对枯草芽孢杆菌、大肠杆菌的抑菌作用较弱一些。随后，研究人员对影响羧甲基壳聚糖抑菌性能的几个因素进行了研究，结果如图 4-5 所示。结果表明，羧甲基壳聚糖取代度的变化对金黄色葡萄球菌的抑菌作用差别不大，对于其他两种细菌，随着取代度的增加，抑菌活性减小，分子量在 11.2×10^4 左右时对三种细菌的抑菌作用最好。

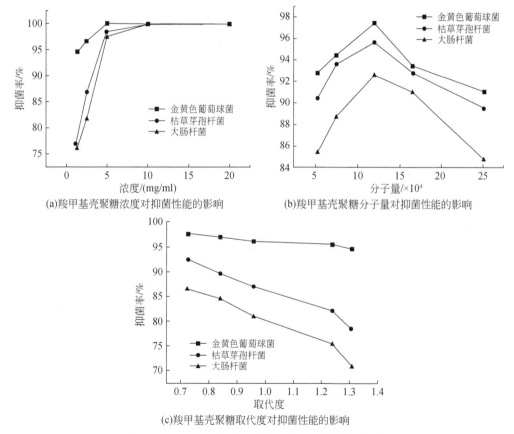

(a)羧甲基壳聚糖浓度对抑菌性能的影响　　(b)羧甲基壳聚糖分子量对抑菌性能的影响

(c)羧甲基壳聚糖取代度对抑菌性能的影响

图 4-5　不同因素对羧甲基壳聚糖抑菌性能的影响

此外，对壳聚糖进行季铵化处理可得到壳聚糖季铵盐，其结合了壳聚糖与季铵盐的协同抗菌优势，成为一种更有效的杀菌防污剂。壳聚糖作为一种天然高分子，来源广泛，价格低廉，且环境友好性、生物相容性良好，因此以壳聚糖为基础进行季铵盐的制备，是一种有意义的研究思路。

4.2.1.2 壳聚糖季铵化

壳聚糖季铵盐是将壳聚糖中的氨基基团替换成季铵基团而得到的壳聚糖衍生物，融合了壳聚糖和季铵盐的优点。与壳聚糖相比，壳聚糖季铵盐具有更好的抑菌性能，这是由于季铵盐基团（—NR$_3^+$）带的电荷比单独的氨基（—NH$_2$）强，更高的表面电荷容易对细菌细胞壁产生破坏作用，且引入的季铵盐基团也能够明显提高其水溶性。因此，季铵化壳聚糖在抗菌性、溶解性、吸附保湿性等方面都有了很大的提高。图4-6给出了一种壳聚糖季铵盐的结构式。

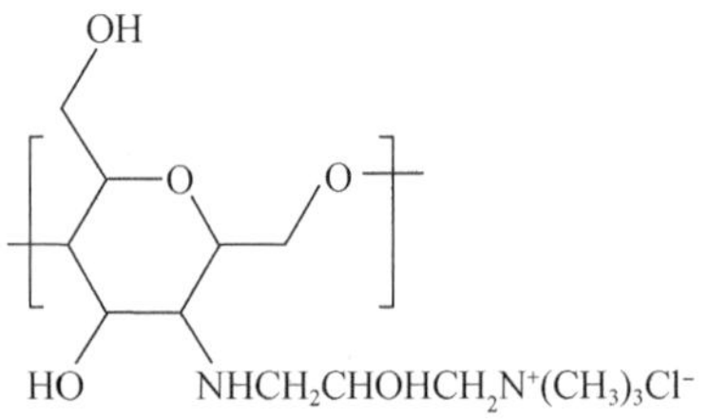

图4-6　羟丙基三甲基氯化铵壳聚糖的结构式

壳聚糖的季铵化方式有多种，主要包括以下几种。

（1）直接季铵化

直接季铵化法的实质是将壳聚糖中对其他改性试剂具有亲核性能的氨基转化为季氨基团，主要方式是将壳聚糖分子结构中的氨基在碱性条件下直接与碘甲烷进行甲基化反应，从而逐步取代得到壳聚糖季铵盐。例如，将壳聚糖与 N-甲基吡咯烷酮放置在一起，加入碘甲烷和 NaOH 的混合溶液，反应生成三甲基壳聚糖碘化铵，再将产物加入到丙酮溶液中置换，即可得到碘化-N-三甲基壳聚糖季铵盐。

（2）间接季铵化

间接季铵化是指含有季氨基基团的环氧键、卤素等的改性试剂与壳聚糖进行反应，这些基团将会取代壳聚糖分子中有活性的 H，生成壳聚糖季铵盐。间接季铵化包括烷基化季铵化、氮取代季铵化及氧取代季铵化等。其中，氮取代季铵化是目前制备壳聚糖季铵盐最常用的方法。

烷基化季铵化是将壳聚糖分子中—NH$_2$与羰基化合物进行反应生成席夫碱，随后将席夫碱中的—C≡N 在硼氢化钠作用下还原为—NH—CH$_2$—，再与活性卤代烃进行二次还原反应，转化为季铵基团，从而得到壳聚糖季铵盐。这种方式可以在壳聚糖分子中引入不同数量的烃基，以便获得不同碳链的壳聚糖季铵盐。

壳聚糖可与含有环氧键、双键、卤素等基团的季铵盐化合物发生反应，其分子中 C$_2$位—NH$_2$和 C$_6$位—OH 的活性 H 会被这些基团部分取代而得到烷基化季铵化的壳聚糖衍生物，在 N—、O—位上均有发生反应的可能。而—NH$_2$与—OH 相比具有更高的反应活性，因此在不保护—NH$_2$的情况下，季铵化的产物一般是氮取代的产物。氮取代季铵化的一种方式是将壳聚糖与3-氯-2-羟丙基三乙基氯化铵加入75 ℃水中反应12 h，用乙醇沉淀、过滤，用水溶解出产物，再用丙酮同样沉淀、过滤，便可得到 N-季铵化壳聚糖。

　　氧取代的壳聚糖季铵盐，是用化学方法对 C_2 位的—NH_2 进行保护，将取代基团接在 C_6 位—OH 上。该方法能使具有抗菌性的季铵盐与壳聚糖本身的聚阳离子性氨基共同作用，形成双抗菌活性基团，从而大大提高壳聚糖衍生物的抗菌性；同时壳聚糖衍生物的水溶性也能够增强，促进了其应用性能的提高和应用范围的扩大，为壳聚糖的改性研究开辟了新途径。

　　壳聚糖季铵盐的抗菌效果受到脱乙酰度（DD）、正电荷密度、季铵化程度（DQ）、分子量和亲疏水性等诸多因素的影响。其中，壳聚糖季铵盐的脱乙酰度、正电荷密度都与抗菌效果呈正相关趋势，N-烷基取代的壳聚糖季铵盐的抗菌性与烷基链的疏水性有关，疏水性越强，抗菌效果越明显。而壳聚糖季铵盐分子量对其抗菌性能的影响没有统一的定论，这是由于壳聚糖季铵盐分子量大小不同时，其杀菌过程以不同的机理进行。

4.2.1.3　壳聚糖季铵盐抗菌应用

　　刘鹏涛等[9]对壳聚糖进行改性，制备了 N-三甲基壳聚糖季铵盐（NTCC），其合成路线如图 4-7 所示。

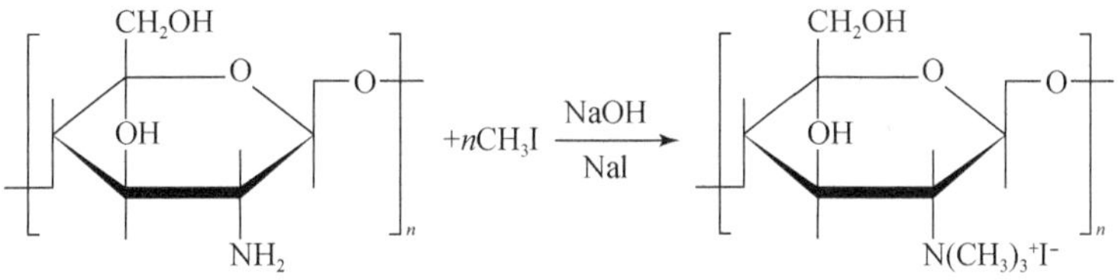

图 4-7　NTCC 的合成路线

　　随后，刘鹏涛等系统考察了 NTCC 溶液的浓度、培养温度、pH 等因素对革兰氏阴性菌大肠杆菌及革兰氏阳性菌金黄色葡萄球菌的抑菌效果。结果表明，NTCC 溶液对大肠杆菌、金黄色葡萄球菌和黑曲霉均具有不同程度的抑菌性，当 NTCC 的浓度达到 0.025% 以上时，对大肠杆菌和金黄色葡萄球菌的抑制作用都会达到 50% 以上；当浓度继续升高达到 0.1% 时，对大肠杆菌和金黄色葡萄球菌的抑制作用达到了 90% 左右。另外，环境 pH、温度对抗菌效果均有一定影响。

　　随后，刘鹏涛等用不同 NTCC 含量的手抄片样品置于涂布菌悬液的培养基平板上，在标准条件下培养，用抑菌圈法评价了 NTCC 对三种微生物的杀灭效果，结果见表 4-1。结果表明，试样对大肠杆菌、金黄色葡萄球菌和黑曲霉的抑制效果明显，且放置一段时间后，抑菌圈没有收缩现象，表明该试样对这三种微生物的抵抗性良好，季铵化壳聚糖对这三种微生物的抵抗作用有所改善。

表 4-1　不同 NTCC 含量手抄片的抑菌圈直径

NTCC 含量/%	抑菌圈直径/mm		
	大肠杆菌	金黄色葡萄球菌	黑曲霉
0.1	3.8	3.0	2.4

续表

NTCC 含量/%	抑菌圈直径/mm		
	大肠杆菌	金黄色葡萄球菌	黑曲霉
0.3	4.0	3.6	2.6
0.5	4.6	4.0	3.8
0.7	5.2	4.6	4.6
0.9	6.2	5.4	4.6

赵希荣和夏文水[10]对合成的系列单取代（如 N-烷基-N、N-二甲基壳聚糖氯化铵产物）和双取代（如 O-季铵化-N-壳聚糖席夫碱产物）壳聚糖季铵盐进行了抗菌实验，分别将其置于含有金黄色葡萄球菌和大肠杆菌的培养基中 37 ℃连续培养 48 h 左右，探究了菌群生长情况与 HACC 取代度的关系，实验结果见表 4-2。

表 4-2　壳聚糖季铵盐对细菌的 MIC　（单位：mg/kg）

壳聚糖季铵盐	MIC	
	金黄色葡萄球菌	大肠杆菌
十二烷基三甲基氯化铵	5	500
十四烷基三甲基氯化铵	5	150
十六烷基三甲基氯化铵	5	4500
双十烷基二甲基氯化铵	1	50
双十四烷基二甲基氯化铵	700	200
N-水杨基二甲基壳聚糖氯化铵	200	200
三甲基壳聚糖氯化铵	800	500
阳离子化壳聚糖	400	500
O-季铵化-N-肉桂醛壳聚糖席夫碱	100	200
O-季铵化-N-水杨基二甲基壳聚糖氯化铵	200	400

结果表明，单取代壳聚糖季铵盐抗菌活性弱于双取代壳聚糖季铵盐，其中 O-季铵化-N-肉桂醛壳聚糖席夫碱对金黄色葡萄球菌的 MIC 值达到 0.01%，对大肠杆菌的 MIC 值达到 0.02%，抗菌活性最强。实验表明，壳聚糖的季铵化度越高（HACC 携带的单位正电荷数越多），其抑菌性能越强。

Sajomsang 等[11]用 N-(3-氯-2-羟丙基)三甲基氯化铵（Quat-188）作为季铵盐基团，制备了一系列壳聚糖季铵盐衍生物，制备过程如图 4-8 所示。经实验验证发现，制备出的所有衍生物在酸性、碱性和中性环境下都有较高的水溶性。而当 N—取代度高于 22% 时，某些壳聚糖季铵盐衍生物的抗菌性会下降，这可能是由于引入了较多的亲水性基团。另外，疏水基团（如 N—苄基）的存在会提高其抗菌性。

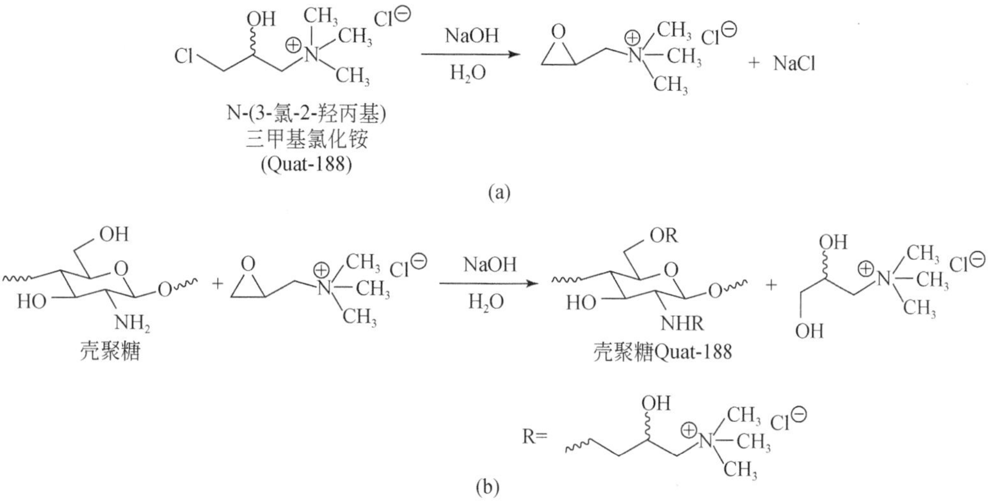

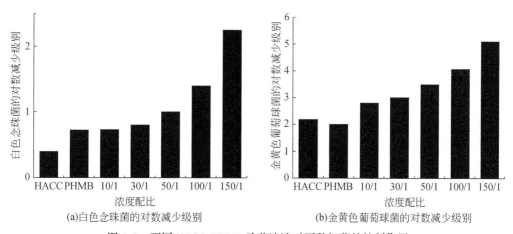

图 4-8　在浓 NaOH 水溶液中用 Quat-188 对壳聚糖进行季铵化的合成路线

　　王华甫[12]将壳聚糖季铵盐与另一种阳离子杀菌剂聚六亚甲基双胍（PHMB）复配，形成一种杀菌性和生物相容性皆好的双杀菌体系，并将其应用于隐形眼镜护理液中。研究人员通过悬浮定量杀菌实验确定了细菌对数减少级别，从而评价了不同浓度配比的 HACC-PHMB 双杀菌体系对白色念珠菌和金黄色葡萄球菌的抑菌性能，结果如图 4-9 所示。从结果可以看出，双杀菌体系的杀菌效果随着 HACC 浓度的升高而增加。同时，HACC-PHMB 双杀菌体系的杀菌效果明显优于 HACC 或 PHMB 单杀菌体系。

(a)白色念珠菌的对数减少级别　　　　　(b)金黄色葡萄球菌的对数减少级别

图 4-9　不同 HACC-PHMB 杀菌溶液对两种细菌的抑制作用

　　李恩宇[13]利用壳聚糖的活性基团，对壳聚糖进行化学修饰，首先在 C$_2$ 位—NH$_2$ 上进行季铵化反应，得到壳聚糖季铵盐，随后在 C$_6$ 位—OH 上通过与苯甲酰氯发生反应，生成具有双抗菌官能团的壳聚糖（DCS），合成过程如图 4-10 所示。此外，分别将壳聚糖（CS）、季铵化壳聚糖（QCS）和苯甲酰壳聚糖（BCS）作为对照，之后，对各种壳聚糖衍生物的抑菌和防污性能进行测试。

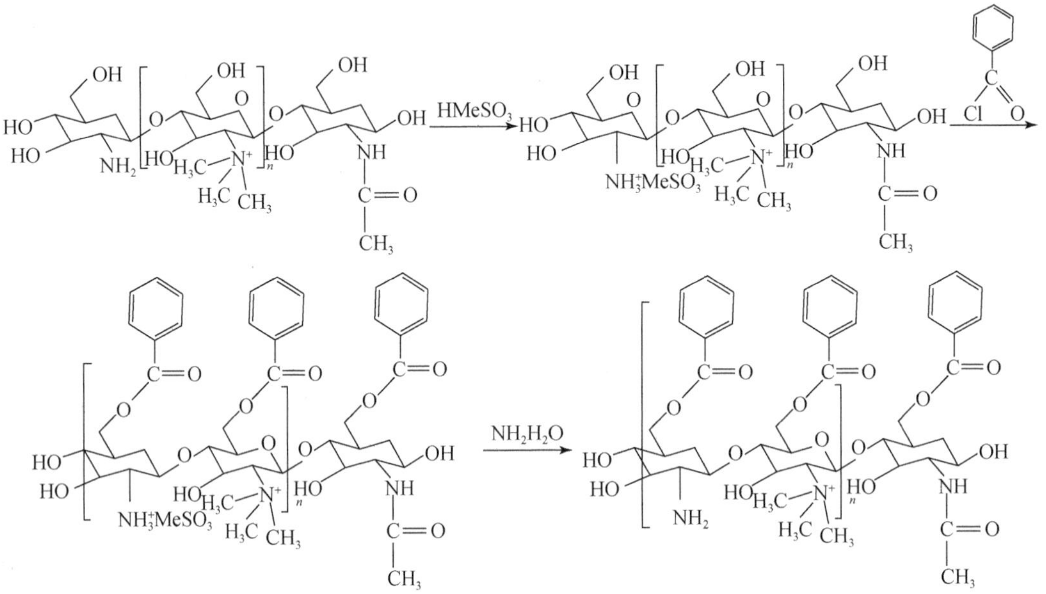

图 4-10 双官能团壳聚糖的合成反应示意

壳聚糖及三种壳聚糖衍生物的抑菌性能通过抑菌圈法进行评价，结果见表 4-3。结果表明，QCS 对金黄色葡萄球菌和大肠杆菌的抑菌效果强于 CS，而 BCS 只能提高对金黄色葡萄球菌生长的抑制能力，DCS 能全面提高对两种细菌的抑制能力。

表 4-3　壳聚糖及三种壳聚糖衍生物的抗菌圈直径　　　　　　（单位：mm）

抗菌剂	受试菌种	
	金黄色葡萄球菌	大肠杆菌
CS	12	14
QCS	13.5	17
BCS	14	14
DCS	16	18

作者还研究了壳聚糖及三种壳聚糖衍生物对新月菱形藻的生长抑制情况，结果表明，壳聚糖及三种壳聚糖衍生物抗海藻生长能力排序为 DCS>QCS>BCS>CS，即当两种抗菌官能团同时引入壳聚糖时，与单独具有两种抗菌官能团的壳聚糖衍生物相比，其抗海藻能力更佳。最后，作者将壳聚糖及三种壳聚糖衍生物加入到丙烯酸锌树脂中制成涂料，在威海荣成海域进行实海挂板测试，结果如图 4-11 所示。其中，尾号为 0 的涂料为空白对照组，尾号为 4、5、6、7 的涂料中分别加入了等量的 CS、QCS、BCS 和 DCS。

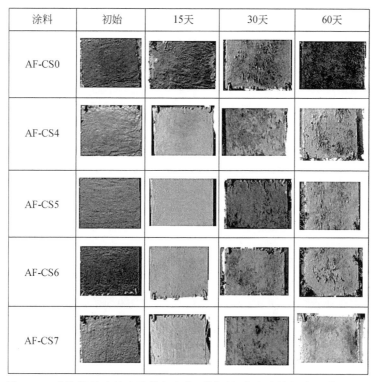

涂料	初始	15天	30天	60天
AF-CS0				
AF-CS4				
AF-CS5				
AF-CS6				
AF-CS7				

图 4-11　壳聚糖及改性壳聚糖衍生物不同时间的实海挂板防污效果示意

结果表明，在短时间内，含有壳聚糖防污剂的丙烯酸防污涂层具有良好的防污效果。随浸泡时间增加，含不同壳聚糖衍生物涂层的防污效果开始出现明显差异，四种涂层的防污效果顺序为 AF-CS7>AF-CS5>AF-CS6>AF-CS4。这表明，当壳聚糖和改性壳聚糖衍生物作为防污剂分别加入到海洋防污涂料之中时，改性壳聚糖衍生物的防污效果要优于未改性的壳聚糖，且双抗菌官能团修饰壳聚糖的防污效果要优于单官能团修饰壳聚糖的防污效果。结合以上结果，双抗菌官能团壳聚糖衍生物有望代替传统含铜防污剂，成为一种新型的环境友好型无毒海洋防污剂。

4.2.2　季铵盐表面活性剂

季铵盐类化合物是阳离子表面活性剂的主要代表。自 20 世纪 50 年代应用开发至今，季铵盐类的品种已有数百种。季铵盐表面活性剂多为白色晶体或粉状，溶于水，不溶于乙醚，熔点较高且在熔点时分解。一般情况下季铵盐的水溶性很好，但随着烷基碳链长度的增加，水溶性呈下降趋势。根据其结构特点，可分为烷基季铵盐、含杂原子的季铵盐、含杂环的季铵盐、有苯环的季铵盐和有机硅季铵盐等。

4.2.2.1 烷基季铵盐

烷基季铵盐是季铵盐表面活性剂的重要品种之一，已作为杀菌剂、纤维柔软剂、矿物浮选剂、乳化剂等被广泛地应用。其结构特点是氮原子上连有四个烷基，即铵离子的四个氢原子全部被烷基所取代，通常这个烷基中只有一个或两个是长链烃基，其余烷基的碳原子数为一个或两个。烷基季铵盐的主要合成方法是由高级卤代烷与低级叔胺反应。该类季铵盐的代表性产品是十八烷基三甲基氯化铵，其结构式如图4-12所示。

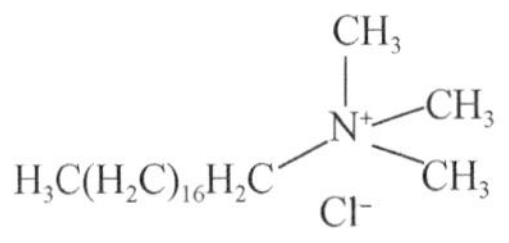

$$H_3C(H_2C)_{16}H_2C - N^+ \begin{matrix} CH_3 \\ CH_3 \\ CH_3 \end{matrix} \quad Cl^-$$

图4-12 十八烷基三甲基氯化铵结构式

陈雪刚等[14]采用十八烷基三甲基氯化铵（OTAC）和双十八烷基二甲基氯化铵（DODAC）对蒙脱石进行插层改性，系统研究了该复合材料的结构和抗菌性能。其中，蒙脱石可以吸附带有正电荷的季铵盐，此外其对水体系中的细菌也有良好的吸附作用。结果表明，在水分散体系中，改性蒙脱石的抗菌性能随季铵盐用量的增大而上升；当OTAC或DODAC与蒙脱石的质量比超过一定比例后（分别为35%、15%），其抗菌性能开始急剧下降。这是由于蒙脱石土层间距离 d_{001} 下降，且出现季铵盐以不同倾斜角排列的层间超结构，导致蒙脱石及季铵盐与细菌的接触概率受到限制，影响复合材料的抑菌性能。而在干燥条件下，超结构对蒙脱石的抗菌性能影响甚微，不同用量季铵盐改性的蒙脱石都具有极佳的抗霉菌性能。

4.2.2.2 含杂原子的季铵盐

含杂原子的季铵盐主要是指季铵盐分子中疏水性碳氢链部分中含有O、N、S等杂原子，也就是分子中亲油基含有醚键、酯键、酰胺键或硫醚键的季铵盐阳离子表面活性剂。张明[15]利用DMAEMA与卤代试剂溴代正丁烷亲核取代反应的特性，合成了丙烯酸类季铵盐单体DM-BB，随后通过自由基聚合的方式，将制备的季铵盐单体与丙烯酸丁酯（BA）、甲基丙烯酸缩水甘油酯（GMA）共聚，制备出同时具有阳离子亲水基团与疏水基团侧链的两亲性共聚物。

最后作者将制备的高分子季铵盐调配成涂料，将其喷涂在马口铁板上，对涂层进行耐水性、接触角、热性能、附着力、抗冲击性能和抗海洋微生物附着性能等测试。结果表明，所制备的涂层力学性能良好，其中抗海洋微生物附着性能是通过扫描电子显微镜观察涂层表面微生物附着数量进行评价的，结果如图4-13所示。

与空白对照组相比，添加了两亲性高分子季铵盐防污涂料的表面上细菌附着数量可忽略不计，抗微生物附着性能良好。此外，随着聚合物中季铵盐离子含量的增加，涂层的抗菌性能有所提高。

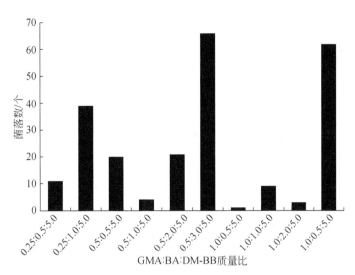

图 4-13　（DM-BB）-BA-GMA 共聚物中不同组分质量比与细菌附着数量的关系

4.2.2.3　含杂环的季铵盐

常用季铵盐分子中所含的杂环主要有吗啉环、哌嗪环、吡啶环、喹啉环和咪唑环等。Dizman 等[16]将 1,4-二氮杂二环-[2,2,2]-辛烷（DABCO）经季铵化，在氮原子连接上丁基或己基疏水基团后，与 11-溴癸酸、α-氯丙烯酸甲酯反应，得到含 DABCO 季铵盐的单体（DAM），分子结构如图 4-14（a）所示，再将其聚合得到含 DABCO 季铵盐侧基的甲基丙烯酸酯高分子季铵盐（DAP），分子结构如图 4-14（b）所示，并对其抑菌性能进行研究。

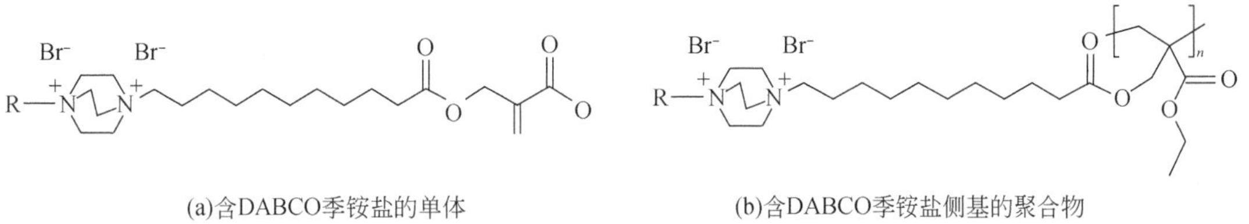

(a)含DABCO季铵盐的单体　　　　　　(b)含DABCO季铵盐侧基的聚合物

图 4-14　DABCO 季铵盐单体和聚合物结构

R 为—CH₂（CH₂）₂CH₃ 或—CH₂（CH₂）₄CH₃

通过 MIC 和 MBC（最低杀菌浓度）测试，研究人员发现所制备的高分子季铵盐对大肠杆菌和金黄色葡萄球菌具有中等抗菌活性，连接有丁基和己基疏水链的聚合物，其 MIC 分别为 250 μg/ml 和 62.5 μg/ml，MBC 分别为 1 mg/ml 和 62.5 μg/ml。结果表明，季铵盐分子中疏水链段的长度由丁基增加至己基时，聚合物的抗菌活性可显著提高。

4.2.2.4　有苯环的季铵盐

季铵盐分子中苯环的引入主要是通过氯化苄作烷基化试剂与叔胺反应。有苯环的季铵盐代表是十二烷基二甲基苄基氯化铵，是目前使用最广泛的季铵盐杀菌剂，又称洁尔灭、

1227 阳离子表面活性剂），其结构如图 4-15 所示。

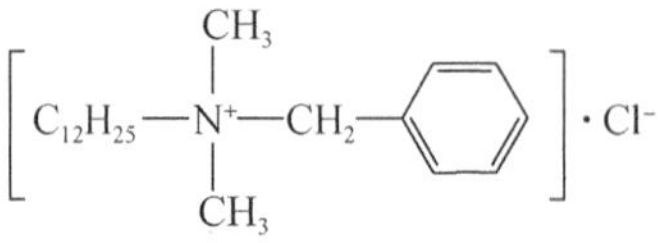

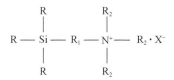

图 4-15　十二烷基二甲基苄基氯化铵结构

十二烷基二甲基苄基氯化铵具有广谱、高效的杀菌灭藻能力，能有效地控制水中菌藻繁殖和黏泥生长，并具有良好的黏泥剥离作用和一定的分散、渗透作用，同时具有一定的去油、除臭能力和缓蚀作用。

4.2.2.5　有机硅季铵盐

有机硅季铵盐是带正电荷的聚硅氧烷化合物，其结构通式如图 4-16 所示。

$$R — \underset{\underset{R}{|}}{\overset{\overset{R}{|}}{Si}} — R_1 — \underset{\underset{R_2}{|}}{\overset{\overset{R_2}{|}}{N^+}} — R_2 \cdot X^-$$

图 4-16　有机硅季铵盐结构通式

R 为可以水解的基团，如—$O_2C_2H_5$、—OCOOCl 等；R_1 为烃基、含氧或含氮基团，
如—CH_2、—$CH_2COCH_2CH_2$—等；R_2 为含碳原子 1~20 个的烃基；X 为酸根阴离子

有机硅季铵盐与烷基季铵盐相比，用硅氧烷替代了烷基，使分子的化学活性提高，可使季铵盐通过 Si—O 键牢固结合在基材表面，可同时以共价键和静电吸附二种结合方式形成耐久性优良的抗微生物表面膜，抗菌分子不易脱落，且对环境友好。仇春红[17]选取了有机硅季铵盐、十二烷基二甲基苄基氯化铵和十八烷基三甲基氯化铵三种不同季铵盐作为抗菌剂，并分别将其添加到有机硅涂层中，通过研究所制备涂层的力学性能、表面形貌和粗糙度、接触角、耐水性等性能，并考察不同涂层表面海洋生物附着量在不同海水浸泡时间下的变化情况，系统研究了季铵盐对涂层性能的影响。经测试，随涂层中有机硅季铵盐含量的增加，涂层的弹性模量、粗糙度、吸水率和失重率都有所增大，抑菌效果也明显增强。其中，涂层的抑菌效果通过生物附着实验进行，结果如图 4-17 所示。

结果表明，有机硅季铵盐涂层能够抑制海洋生物附着，十二烷基二甲基苄基氯化铵涂层经海水浸泡之后抑菌效果明显下降，十八烷基三甲基氯化铵涂层没有抑菌效果。此外，有机硅涂层中添加 1% 的有机硅季铵盐就能够有效抑制海洋生物附着。

除以上分类方式外，季铵盐防污剂还可分为单链季铵盐、双链季铵盐、聚季铵盐、混合季铵盐等。尽管季铵盐分子形态各异，但其抗菌能力与其结构变化呈现出一定的规律：

1）烷基链的长短对抗菌能力的影响较大，当烷基链中碳原子数小于或大于 14 时，季铵盐抗菌剂对细菌的杀伤力不大；当碳原子数为 14 时，抗菌能力最大。

2）烷基链为苄基及其衍生物时，抗菌能力要比为甲基时高得多。

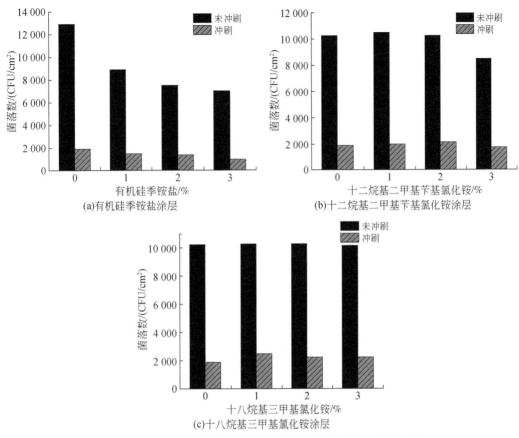

图 4-17　不同季铵盐涂层在海水中浸泡 30 天后表面的菌落数统计

3）季铵盐抗菌剂中引入不饱和烷基有助于提高抗菌活性。

4.3　辣椒碱及其衍生物类防污剂

　　辣椒是茄科辣椒属的多年生或一年生作物。原产中、南美洲，由墨西哥到秘鲁等地，1492 年哥伦布发现新大陆后传入欧洲。17 世纪，辣椒传入东南亚各国，明朝末年引入中国。辣椒富含维生素 C、维生素 A、胡萝卜素等多种营养物质，并有芬芳的辛辣味，是一种重要的世界性蔬菜，世界上有近 3/4 的人口经常食用辣椒和辣椒制品。辣椒独有的辛辣成分——辣椒素及同系物，以其独特的理化性质，广泛应用在加工、食品餐饮、医药工业、饲料工业等领域。

　　辣椒素又名辣素、辣椒碱，即反式-8-甲基-N-香草基-6-壬烯酰胺，分子结构式为 $C_{18}H_{27}NO_3$，其最早是由 Thres 从辣椒果实中分离出来并命名的，是香草基胺的酰胺衍生物，其结构如图 4-18 所示。其中，所有辣椒素类物质都是 $C_9 \sim C_{11}$ 支链脂肪酸和香草基胺合成的酰胺类化合物，不同辣椒素类物质的主要差异在于脂肪烃侧链长度、是否存在双键和分支点以及相对辣度。同时，辣椒素是生物自身产生的具有防污活性的次级代谢产物，是一种环境友好型天然防污活性物质，具有的抗菌和防止海洋生物生长的功能不受温度影响。

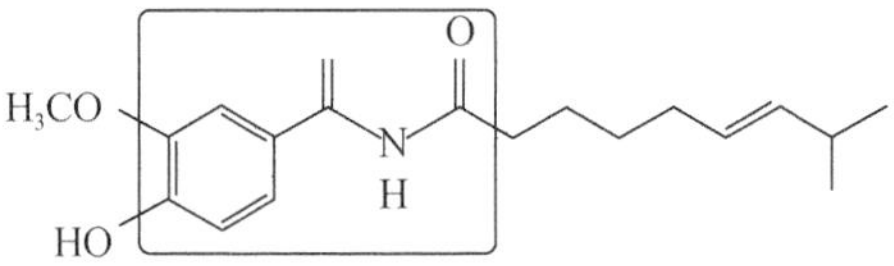

图 4-18　辣椒素的结构

Watts 于 1995 年首次将从辣椒中提取的辣椒碱用于防污涂料中，成为辣椒碱防污涂料的创始人。随后，很多学者对辣椒碱的防污性能进行了研究。在这些应用当中，学者们不仅关注天然辣椒素的使用，也对辣椒素的衍生物有着极大的兴趣。目前对于辣椒素的防污机制归因于阻止污垢附着，而不是通过持续释放杀死它们，在官能团层面，有学者认为是辣椒碱结构中苄酰胺结构（图 4-18 框标注）片段导致防污效果的发生[18]。

下面我们将对天然型辣素防污剂和人工合成型辣素防污剂分别展开论述。

4.3.1　天然型辣素防污剂

辣椒素是辣椒中的主要辣椒元，是辣味的主要决定因子，其次是二氢辣椒素，其余同系物只占少量。不同纯辣椒元的稀溶液可以给人带来不同的辛辣感，但其浓溶液无此差别。而 ω-羟基辣椒素则是一种不辣的辣椒素类化合物，此外在甜椒中存在无辣味的类辣椒素物质，如辣椒素酯（capsiate）、二氢辣椒素酯（dihydrocapsiate）和去甲二氢辣椒素酯（nordihydrocapsiate）。辣椒素酯具有与辣椒素类物质相同的侧链脂肪酸，但分子结构中的香草基胺被香荚兰醇（vanillyl alcohol）代替。在防污领域中，辣椒素的应用较多，所以我们将着重介绍辣椒素在防污领域中的应用研究。

Angarano 等[19]研究发现，辣椒素对水蚤具有良好的防污性能，其效价在微摩尔范围内（EC$_{50}$），并且在抑制贻贝的水蚤附着的浓度下，辣椒素对水蚤的成虫标本是致命的。在发现的抑制贻贝基底附着的七种化合物中，化合物 D（N-(1-(羟甲基) 丙基) 癸酰胺）和 O（N-(2-(2-(3,4-二甲氧基亚苄基) 肼)-2-氧乙基) 十二烷酰胺）效果最低（防污活性分别为 58.3%±10.03% 和 50.0%±11.61%）。因此，化合物 D 和 O 被排除在进一步研究之外。相比之下，化合物 A（辣椒素）在 30 μmol/L 下的防污活性为 91.7%±6.18%，化合物 B（N-香草基壬酰胺）为 92.4%±2.35%，化合物 L（N-苯甲酰基甲醇胺苯甲酸酯）为 72.7%±7.58%，化合物 R（辣椒素的 E 或反式异构体）为 100%±0%，化合物 S（辣椒素的 Z 或顺式异构体）为 95.8%±2.64%。辣椒素和二氢辣椒素在较低浓度下表现出优异的防污性能。

史航和王鲁民[20]以辣素作为海洋附着生物防污剂，研究了三种辣素防污涂料对海水养殖网衣材料的防污效果。试验于 2003 年 4～10 月进行，分别在网片涂上辣素防污涂料、辣素–聚四氟乙烯（PTFE）、辣素–硅酸盐防污涂料，对照组网片无涂料，吊挂在试验海区的生产网箱之间。试验中，每月吊挂一块新的无涂料网片，用于调查不同季节附着生物的种类和附着情况；每月测量 1 次海水的温度及透明度，并对网衣进行拍照、称重，计算被污损生物附着的网片占总面积的比例。结果表明，涂有 3 种辣素防污涂料的网衣增重比无涂料的对照网衣的增重要小得多，说明防污涂料的防污效果比较好，尤其是辣素–硅酸盐防污涂料的防污效果最佳。

辣椒素由于自身的独特优点，不仅被直接用于海洋防污领域，也被研究者们用于与其他海洋防污材料的配合使用。例如，纳米氧化锌可以杀灭附着的细菌和真菌，是一种很有前途的海洋防污材料。纳米氧化锌在镀锌钢表面表现出超强的抗菌性能，使 ZnO/Zn 纳米管膜在海洋防污、抗菌腐蚀等方面具有广阔的应用前景。因此，采用一种高效的方法在钢表面镀覆 ZnO/Zn 纳米薄膜具有重要意义。

Zhai 等[21]在碱性电解液中加入辣椒素诱导氧化锌纳米管的形成。在电解液中加入辣椒素，一次阴极电沉积可得到 ZnO/Zn 纳米管薄膜。添加到电解液中的辣椒素被酰胺键上的—NH—基团吸附在电沉积表面，负移的电沉积电位促进了 $Zn(OH)_4^{2-}$ 的扩散。扫描电镜和 X 射线衍射结果表明，当电解液中辣椒素浓度为 0.6 g/L 时，得到规则的氧化锌纳米颗粒。所制得的 ZnO/Zn 纳米管膜在大肠杆菌悬浮液中表现出较高的抗菌性能和较低的活菌覆盖率，在海洋防污方面具有良好的应用前景。电化学测试表明，辣椒素诱导的 ZnO/Zn 纳米管薄膜在 SRB 介质中的耐蚀性显著提高。结果表明，在镀液中加入 0.6 g/L 浓度的辣椒素可获得最好的膜层，其细菌覆盖率最低，耐蚀性最高。

4.3.2 人工合成型辣素防污剂

目前，研究人员已经得到了许多辣椒素衍生物，如 N-(4-羟基-3-甲氧基–苄基）丙烯酰胺（HMBA）、N-(2-羟基-3-叔丁基-3-甲基苯甲基）丙烯酰胺（MBHBA）、N-(2-羟基-3-丙烯酰胺-4,6-二甲基苄基）丙烯酰胺（HMDA）、2-(丙烯酰胺甲基)-3,4,5-三羟基苯甲酸丙酯（PAMTB）、N-(2-羟基-3-丙烯酰胺甲基-4,6-二甲基苄基）丙烯酰胺（HMABA）、N-(2-羟基-3-丙烯酰胺甲基-4,5-二甲基苄基）丙烯酰胺（AMHBA）、N-(3,4-二甲氧基苯甲基）丙烯酰胺（DMBA）、N-(2,3,4-三甲氧基苯甲基）丙烯酰胺（TMBA）、N-(4-羟基-3-甲硫基苯甲基）丙烯酰胺（HMTBA）、N-(2-甲基-4-羟基-5-甲硫基苯甲基）丙烯酰胺（HMMBA）、N-(4-羟基-3-氯苯甲基）丙烯酰胺（CHBA）、N-(4-羟基-3-溴苯甲基）丙烯酰胺（BHBA）、N-(3,5-二甲基-4-羟基–苯甲基）丙烯酰胺（HDMBA）、N-(1,3-苯并二氧杂戊环-5-甲基）丙烯酰胺（BMA）等[22]，部分结构如图 4-19 所示。

对于辣椒素衍生物来说，虽然还没有明确的定义来认定辣椒素衍生物防污性能来源，但相似的苄酰胺结构可能是防污性能的来源。下面我们将对部分辣椒素衍生物的应用进行简单叙述。

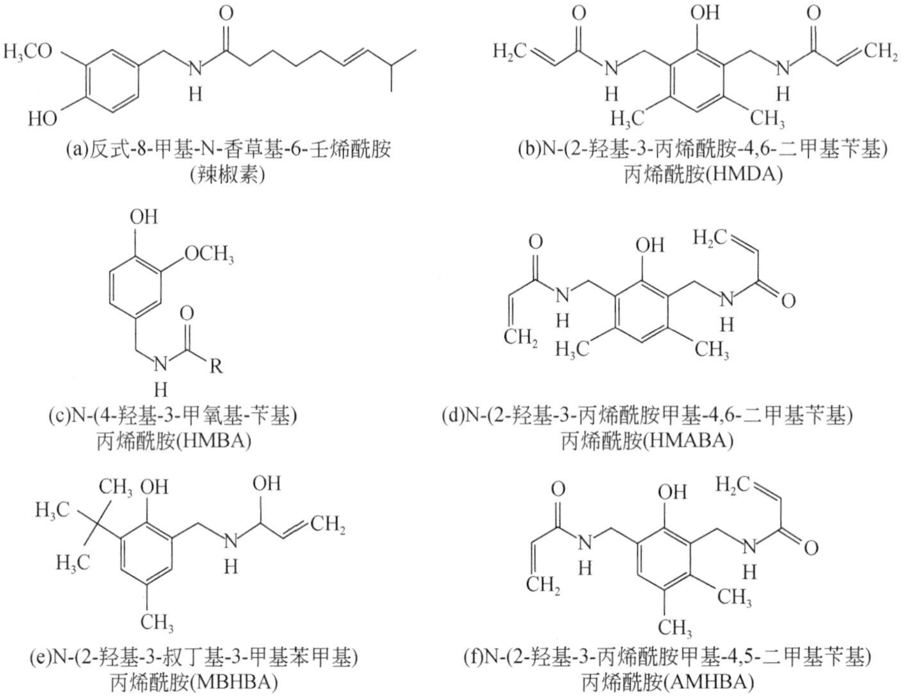

(a)反式-8-甲基-N-香草基-6-壬烯酰胺
（辣椒素）

(b)N-(2-羟基-3-丙烯酰胺-4,6-二甲基苄基)
丙烯酰胺(HMDA)

(c)N-(4-羟基-3-甲氧基–苄基)
丙烯酰胺(HMBA)

(d)N-(2-羟基-3-丙烯酰胺甲基-4,6-二甲基苄基)
丙烯酰胺(HMABA)

(e)N-(2-羟基-3-叔丁基-3-甲基苯甲基)
丙烯酰胺(MBHBA)

(f)N-(2-羟基-3-丙烯酰胺甲基-4,5-二甲基苄基)
丙烯酰胺(AMHBA)

图 4-19　辣椒素及部分辣椒素衍生物结构对比

4.3.2.1　N-(4-羟基-3-甲氧基–苄基) 丙烯酰胺 (HMBA)

HMBA 是一种辣椒素衍生物，其分子结构式如图 4-19（c）所示。徐焕志等[23]曾从愈创木酚和 N-羟甲基丙烯酰胺合成了辣椒素衍生物单体 HMBA，其产率达到 92.5%，熔点为 147.0~147.5 ℃。于良民等[24]最早合成 HMBA 和 MMA 的共聚物（此处称为 P（H-co-M））作为海洋防污涂料的材料，海上挂板实验表现出优良的防海洋生物附着的性能，证明此类化合物具有良好的防污性，是一种有机锡防污剂的较好替代品。徐焕志[25]利用包含 HMBA 和丙烯酸酯单体的共聚物制备了防污涂料，其暴露于海洋环境 37 天后的观察结果表明，它具有良好的抗生物污垢作用，海上挂板实验结果见表 4-4。

表 4-4　**HMBA、HMBA-AM 和对照丙烯酸树脂海上挂板实验结果**　（单位:%）

树脂	HMBA	HMBA-AM	海上挂板图
N-67	0	0	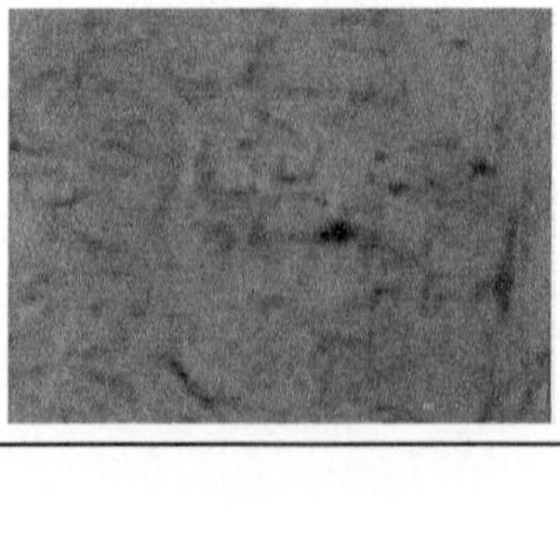

续表

树脂	HMBA	HMBA-AM	海上挂板图
H-50	13.1	0	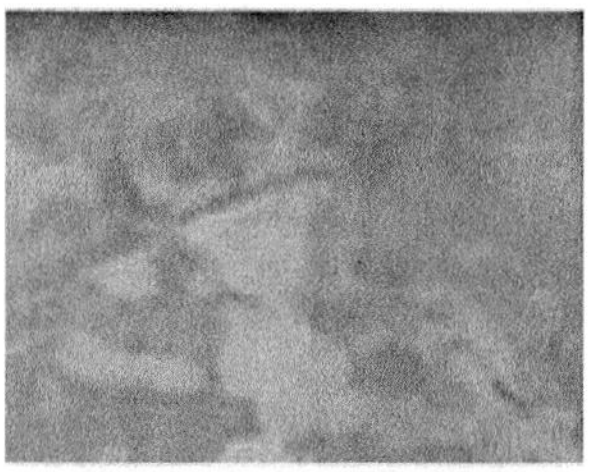
H-58	10.4	10.4	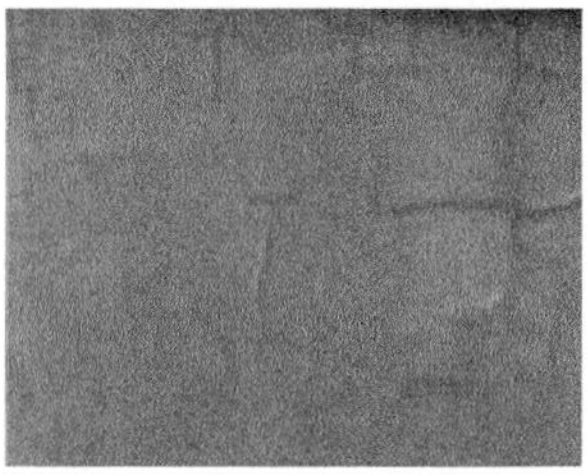

HMBA 除了应用于防污涂料中，研究人员对其在抑制膜污染的应用也有着极大的兴趣。在将膜用于水和废水处理中时，膜污染特别是有机污染和生物污染是主要的技术问题。天然水和工业用水中通常存在有机大分子、胶体、盐、细胞和微生物。它们可以附着并黏附在膜表面，并在数小时内形成复杂的有机膜或生物膜。结果表明，膜的性能随着时间的流逝而变差，导致频繁清洁和更换的操作及维护成本增加。如果膜污染非常严重，还会对纯净水造成二次污染。因此，自工业膜分离方法出现以来，开发具有改进防污性能的新型膜一直是许多学术研究和工业研究的重点。近年来，研究人员越来越关注使用天然产物防止生物膜形成，目的是使膜结垢最小化以增强膜的分离性能。

聚砜（PSf）因其出色的耐热性、化学稳定性、抗氧化性和机械性能而成为超滤最有吸引力的膜材料之一。Xu 等[26]将 HMBA、MMA 和丙烯酸（AA）通过自由基聚合合成了三元共聚物 P（HMA），然后用相转化法将该聚合物与 PSf 共混制备出一种超滤膜。这种引入新型防污共聚物的超滤膜具有更好的抵抗有机污垢和生物污垢的性能，且不影响膜的亲水性。为验证所制备超滤膜的抑菌或杀菌作用，作者进行了大肠杆菌抗菌实验，实验验证结果如图 4-20 所示。经过 24 h 培养后，原始 PSf 膜的外表面细菌菌落数明显较多，几乎没有抑菌或杀菌作用。与之相比，含 0.5% P（HMA）的 PSf/P（HMA）膜的平均抗菌效率为 38.2%，而含 3.0% P（HMA）的薄膜的平均抗菌效率则高达 89.2%。该结果进一步证实了 PSf/P（HMA）膜具有显著的抑制细菌生长的能力。

Wang 等[27]通过辣椒素衍生物（HMBA）和衣康酸（IA）的紫外线（ultraviolet ray，UV）辅助光接枝的方式，制备了抗生物结垢的聚醚砜（PES）超滤（UF）膜。研究者使用 BSA 和大肠杆菌测试了这些膜的防污与抗菌性能。在 150 min 的测试中，与原始膜相比，改性膜的通量下降幅度要小得多（PES-*g*-1H0I 为 42.7%，PES-*g*-1H1I 为 22.2%，PES-*g*-1H5I 为 7.7%）（通量下降了 77%），其变化如图 4-21 所示。

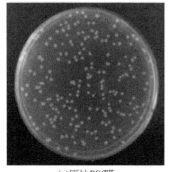  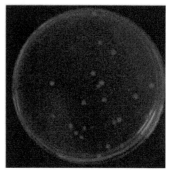

(a)原始PSf膜　　　(b)含0.5% P(HMA)的PSf/P(HMA)膜　　　(c)含3.0% P(HMA)的薄膜

图 4-20　不同组分膜培养基中大肠杆菌的生长情况

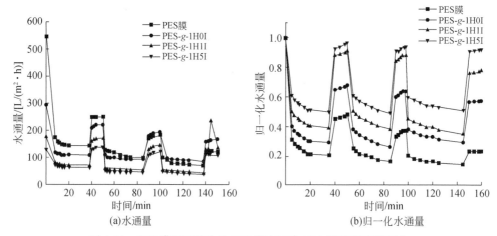

(a)水通量　　　　　　　　　(b)归一化水通量

图 4-21　PES 膜和三种改性 PES 膜在三次 BSA 溶液超滤循环中
水通量和归一化水通量随时间的变化

　　当紫外线照射时间为 6 min 时，HMBA 改性 PES 膜表现出极好的抗菌活性（接近100%）。HMBA 的接枝产生更大的亲水性和光滑的表面，这有助于改善膜的防污性能。更重要的是，由于在接枝聚合物链中 IA 的存在，改性膜的防污性能可通过减少水通量（从77% 减少至 7.7%）来实现进一步的改善，并且膜的抗菌活性也不会降低。

　　Zhan 等[28]使用聚乙二醇单甲醚甲基丙烯酸酯（PEGMA）、丙烯酸羟乙酯（HEA）和N-（4-羟基-3-甲氧基–苄基）丙烯酰胺（HMBA）通过自由基聚合合成了具有辣椒素–类似物组和亲水单元的多功能梳状共聚物 P（H-P-A），然后将所制得共聚物通过非溶剂致相分离法（NIPS）掺入聚醚砜（PES）树脂中以制备 PES 共混膜，制备过程如图 4-22 所示。

　　P（H-P-A）是通过自由基聚合反应合成的，其中 PEGMA 和 HEA 充当亲水剂，HMBA 充当抗菌剂。接触角的测量和渗透实验表明，加入共聚物后，膜的表面亲水性和透水性显著提高。BSA 过滤实验结果表明，共混后 PES 改性膜的防污性能得到了显著提高。此外，该膜对大肠杆菌表现出较好的抗菌活性。综上所述，PES 改性膜在水处理和蛋白质分离方面具有巨大的应用潜力。

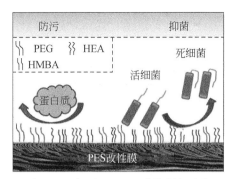

图 4-22　新型 PES UF 膜的制备示意

4.3.2.2　N-（2-羟基-3-叔丁基-3-甲基苯甲基）丙烯酰胺（MBHBA）

张智嘉等[29]通过 Friedel-Crafts 反应合成了 MBHBA，产率为 76.1%，熔点为 168℃，其化学式如图 4-19（e）所示。MBHBA 也是一种辣椒素衍生物，其反应原料价格低廉，工艺简单易操作，产率较高，具有较好的抑菌和防污性能，在海洋防污领域有着一定的应用。

蒋钰烨等[30]将含有辣素衍生物结构的 N-（2-羟基-3-叔丁基-3-甲基苯甲基）丙烯酰胺（MBHBA）和三甲基烯丙基氯化铵（TM）光聚合，合成出具有辣素衍生物结构的阳离子聚电解质 P（M-co-T）；采用自组装法将其引入聚丙烯腈（PAN）超滤膜表面进行改性，从而首次制备出新型抑菌荷正电超滤膜。对膜表面性质进行表征，并考察该抑菌超滤膜的分离性能和抑菌性能。

结果表明，以腐殖酸溶液为污染物模拟料液，改性膜的截留性能和抑菌性能较原膜均有较大改善。当 P（M-co-T）浓度为 1000 mg/L 时，改性膜的截留率和抑菌率分别为 95.98% 和 87.90%；抑菌率随着 P（M-co-T）浓度增大而提高，当 P（M-co-T）浓度为 1500 mg/L 时，抑菌率高达 91.50%，不同超滤膜的抑菌照片如图 4-23 所示。可见，含辣素衍生物结构的新型超滤膜在保证良好分离性能的同时，具有较强的抑菌能力，为高性能膜材料的开发开辟了一条新路径。

Gao 等[31]将 MBHBA 通过紫外线辅助接枝聚合共价键合到 PSf 超滤膜表面上，主要目的是将 PSf 膜的抗菌效率提高到更高水平。通过控制紫外线照射时间，在存在或不存在二苯甲酮（BP）的情况下制备膜。通常来说，表面粗糙度与膜的性能和表面性能相关，表面粗糙度越小，意味着防污性能越好。Gao 等根据平均高度的变化对平均表面粗糙度（Ra）

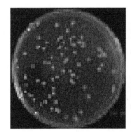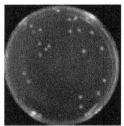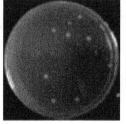

(a)大肠杆菌生长情况

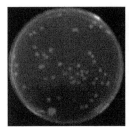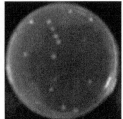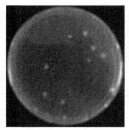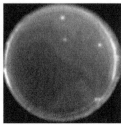

(b)金黄色葡萄球菌生长情况

图 4-23　不同超滤膜的抑菌照片

（a）（b）从左到右依次为未改性超滤膜、用 500 mg/L P（M-co-T）溶液改性超滤膜、

用 1000 mg/L P（M-co-T）溶液改性超滤膜、用 1500 mg/L P（M-co-T）溶液改性超滤膜

进行了估算，原始 PSf 膜的 Ra 值为 7.613。随着紫外线照射时间的延长，改性膜的 Ra 值从 7.6 降低到 4.0。这可能是由于 PSf 膜表面 MBHBA 的接枝率较低，这是由单体溶液的浓度较低和紫外线辐射的剂量较小引起的。另外，膜表面粗糙度的降低也意味着膜孔径的减小。膜孔径略有减小，这与 BSA 排斥率的增加相一致。值得注意的是，BSA 过滤测试表明，即使改性膜表面的亲水性降低，改性膜的防污性能也能得到增强。最重要的是，用 MBHBA 改性的 PSf 膜对大肠杆菌表现出优异的抗菌性能，这意味着该膜具有良好的抗污垢表面。

在上一项工作中，研究人员选择了辣椒素衍生物 MBHBA 通过接枝聚合方法制备抗菌 PSf 膜，对大肠杆菌的抗菌效率可以达到 100%，比通过混合方法制备的膜的抗菌效率要高得多。然而，膜本身的疏水性可能会导致有机污垢在表面不可逆黏合，从而降低 MBHBA 的抗菌活性。所以 Wang 等[32]使用 AA 作为亲水组分，结合 MBHBA 作为抗菌剂来修饰 PSf 膜，修饰过程如图 4-24 所示。

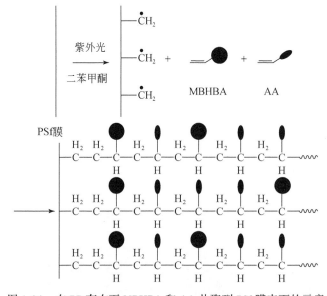

图 4-24　在 BP 存在下 MBHBA 和 AA 共聚到 PSf 膜表面的示意

通过调整 MBHBA 和 AA 的摩尔比，作者研究证实了接枝链中 AA 对 MBHBA 亲水性的影响。通过改性膜对大肠杆菌的抗菌测试，表征了改性 PSf 膜的防污性能，如图 4-25 所示。

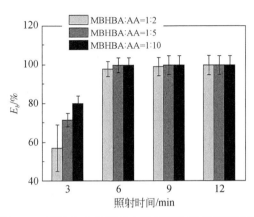

图 4-25　原始和改性膜对大肠杆菌的抗菌活性对比

4.3.2.3　N-（2-羟基-3-丙烯酰胺-4,6-二甲基苄基）丙烯酰胺（HMDA）

辣椒素是辣椒的主要活性成分，其衍生物作为天然的抗真菌和抗菌剂已引起了学者极大的关注。相关研究人员合成了一系列具有辣椒素模拟基团的共聚物，然后将其共混到流铸溶液中，利用湿相转化技术进行膜制备。与原始聚合物膜相比，所得膜表现出优异的防污性能和分离性能，这表明辣椒素模拟材料是用于水过滤膜的有前途的防污剂。然而，由于模拟辣椒素物质与周围聚合物的黏结力不够强，且具有自交联的倾向，辣椒素模拟物质在过滤过程中会逐渐从膜中浸出，这将降低膜防污效率和机械稳定性，显著影响膜的耐久性和使用寿命。辣椒素模拟单体中的酚羟基等聚合抑制基团使得获得具有模拟辣椒素部分的共聚物非常困难，也会产生非常高的成本。另外，常规的顺序制造过程，即聚合共混相转化，是复杂且耗时的，因为它通常需要分离/再分散过程，这仍然是制造抗菌膜的困难挑战。因此，为解决上述问题，应开发出高效的防污膜，并进行潜在的批量生产和工业用水净化。

Zhang 等[33]开发了一种具有两个碳–碳键的新型辣椒素模拟材料，即 HMDA，用于制备防污膜。与先前研究中使用的辣椒素模拟物质相比，如 HMBA 和 MBHBA，HMDA 具有碳–碳双键的两个独特特性：①相对较高的自聚合倾向，从而易于获得聚合物；②所得的聚合物保留了许多碳–碳双键，当长期暴露于空气和水环境中时，它们可以逐渐聚合或交联。利用前一特性可以将 HMDA 原位引入膜中来进行聚合，从而简化制造过程。后一特性是提高膜的耐久性和机械强度的关键。除了传统的"聚合–共混"工艺的复杂性之外，在该工艺中难以确保有机添加剂（聚合物）在膜基质中良好分散。相比之下，Zhang 等[33]提出的"原位聚合共混"为实现辣椒素模拟部分独特特性提供了简易膜制造新方法，可用于制造高效稳定的水处理膜。同时掺入新型辣椒素模拟单体后，所得的膜具有出色的分离性能和防污性能，可对抗有机污垢和生物污垢，其抗菌效果如图 4-26 所示。

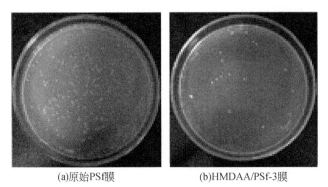

(a)原始PSf膜   (b)HMDAA/PSf-3膜

图 4-26   不同培养基上大肠杆菌生长情况对比

4.3.2.4   2-（丙烯酰胺甲基）-3,4,5-三羟基苯甲酸丙酯（PAMTB）

淡水稀缺和污染已经演变成世界各地一个棘手的长期问题，人口和工业的快速增长加剧了这一问题。新兴的膜分离净化技术具有能耗低、操作简单等优点，已被广泛应用于水处理的各个领域。特别是，纳滤（NF）膜可以过滤截留分子量（MWCO）大于 200 Da[①]的多价离子和有机分子，对单价离子截留率低，这使得纳滤膜技术吸引了研究人员将其用于海水淡化。作为一种典型的纳滤膜，薄膜复合膜由界面聚合（IP）反应形成的致密聚酰胺（PA）活性层和由超滤（UF）或微滤（MF）膜形成的底层多孔支撑层组成。PA 层是纳滤膜的核心，其结构和性能决定了膜的透水性与选择性。因此，需要付出大量的努力对 PA 层进行改性以增强分离性能。此外，膜污染对分离性能和膜寿命有着"臭名昭著"的影响，减轻膜污染是提高纳滤膜竞争力的重要一步。根据文献，改善膜的抗污染性能需要亲水性和光滑的膜表面。此外，表面电荷也会影响膜的抗污染性能。表面改性方法包括在膜表面涂覆一层薄膜和接枝聚合物，这通常是减轻膜污染以增强抗污染性能的有效策略。对于薄膜复合材料（TFC）纳滤膜，提高透水性和改善防污性能仍然是其实际应用中面临的巨大挑战。

Tang 等[34]通过在 PA 层中引入一种新的辣椒素衍生物 PAMTB，制备了一种新型的 TFC 膜，通过一系列表征方式证明了 PAMTB 成功引入到 PA 层中。此外，还获得了孔径较大的光滑亲水表面。与不含 PAMTB 的膜相比，以 2 g/L Na$_2$SO$_4$ 溶液为料液时，加入 PAMTB 的 TFC 膜的水通量提高了 43.8%，同时保持了 98% 以上的截留率。不同的测试方法表明，PAMTB-TFC 纳滤膜具有优异的抗污染性能和长期稳定性。PAMTB-TFC 纳滤膜的成功制备为辣椒素衍生物在海水淡化过程中的应用提供了新契机。

---

① 1 Da = 1 u = 1. 660 54×10^{-27} kg。

4.4 萜类防污剂

萜类是所有异戊二烯聚合物以及衍生物的总称，是普遍存在于植物界的一类化合物，可以从许多植物中提取得到。萜类化合物的分子结构以异戊二烯为基本单位，以异戊二烯单位数目为标准来进行分类，分子组成符合通式 $(C_5H_8)_n$。

在生物体内，萜类化合物是由乙酰辅酶 A 转化而来的。首先乙酰辅酶 A 和二氧化碳结合转化为丙二酰辅酶 A，后者再和一分子的乙酰辅酶 A 形成乙酰乙酰辅酶 A，这个中间体再和一分子乙酰辅酶 A 进行羟醛缩合反应，就得到一个六碳中间体，然后还原水解，产生萜的生物合成前体——3-甲基-3,5-二羟基戊酸。然后经过 ATP 的作用，两个羟基分步骤进行磷酸化，然后失去磷酸，同时失去羧基，得到焦磷酸异戊烯酯，由焦磷酸异戊烯酯再进行结合就可生成各种萜类化合物。根据分子中异戊二烯单位的数目可以将萜类分为单萜、倍半萜、二萜、二倍半萜、三萜、四萜、多萜，并且根据构效关系，表明防污活性大小顺序为二萜类化合物>三萜类化合物。

在自然界中，萜类化合物的分布很广，并且有些具有一定的生理活性，如青蒿素有抗疟作用、穿心莲内酯有抗菌作用、紫杉醇有良好的抗癌活性等。近些年，随着对萜类化合物抑菌杀菌以及灭虫功能的深入研究，发现萜类化合物可以通过干扰病菌细胞膜的渗透性和蛋白质合成，抑制菌丝的生长发育、孢子形成和萌发来达到灭菌的效果，并且许多萜类物质可以作为阻食剂和毒性物质对虫害直接产生阻食与毒害作用，而不会对环境产生不良影响，这为萜类防污剂的发展提供了有力的理论依据。

4.4.1 喜树碱类

喜树碱是从我国特有的珙桐科植物喜树（*Camptotheca acuminata*）中提取出来的一种细胞毒性喹啉类生物碱。其分子式为 $C_{20}H_{16}N_2O_4$，由 A、B、C、D、E 五环骈合而成，AB 环为喹啉环，C 环为吡咯环、D 环为吡啶酮结构，E 环为一个具有 S 形手性碳的 α-羟基内酯，其中 A、B、C、D、E 环在一个平面上，如图 4-27 所示。

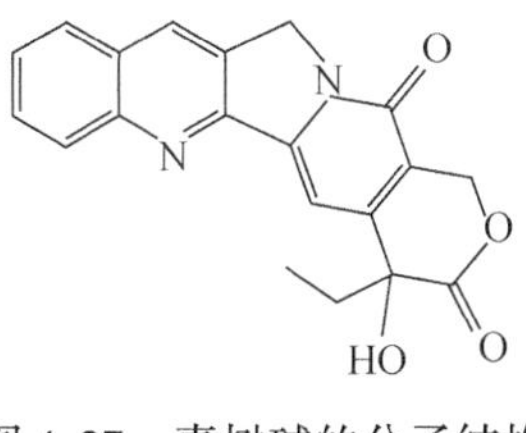

图 4-27 喜树碱的分子结构

研究表明，喜树碱能抑制 DNA 拓扑异构酶（TOPO I），进一步抑制 DNA 拓扑结构中的构象变化，因此此类生物碱具有较强的细胞毒活性[35]，可用于治疗多种恶性肿瘤，如骨癌、肝癌、膀胱癌和白血病等。目前已有 4 个喜树碱类衍生物被批准用于临床，分别为

10-羟基喜树碱、拓扑替康、伊立替康和贝洛替康。通过进一步的研究发现,喜树碱在对环境不造成影响的条件下具有高效的杀菌和杀虫性能,推测喜树碱可以作为一种新型的防污剂。

就目前的研究结果而言,与传统的杀虫剂有所不同,喜树碱作为一种高效的化学杀菌剂,主要通过干扰有性生殖潜能来控制生物的繁殖,因此,喜树碱对于脊椎动物的毒性和对环境的影响非常小,具有很高的杀菌选择性,可以作为一种性能优良的新型防污剂使用。

虽然已有的防污剂已经具有十分高效的防污效果,但是为了提高防污剂的防污效果,可以采取复配防污剂的方法,将天然产物(如喜树碱)与商业防污剂进行复配,希望借此得到具有更加高效的防污性能复配防污剂。例如,方倩云等[36]将鱼藤酮和喜树碱进行复配,复配比例为1∶1(质量比)。同时将这2种天然产物与3种商业防污剂分别进行复配,复配比例也为1∶1,其中商业防污剂分别为氧化亚铜、TCPM(1-(N-2,4,6-Tricholorphenyl)-H-pyrrole-2,5-dione,2,4,6-三氯苯基马来酰亚胺)和ZPT(zinc pyrithione,吡啶硫酮锌),共得到7种复配型防污剂,分别为喜树碱-氧化亚铜、鱼藤酮-氧化亚铜、喜树碱-TCPM、鱼藤酮-TCPM、喜树碱-ZPT、鱼藤酮-ZPT、鱼藤酮-喜树碱,最后将各复配防污剂以20%用量制备获得海洋防污涂料。随后,将上述涂料涂刷在环氧树脂板上,在海区进行挂板实验。在挂板2个、6个、10个月后分别对挂板拍照,结果如图4-28所示,并通过 Adobe Photoshop 软件计算挂板上污垢生物的覆盖率。

由图4-28可以观察到,海区挂板2个月后,发现7种复配防污剂实验组的生物覆盖率明显低于对照组,但是鱼藤酮-TCPM实验组的生物覆盖率与TCPM组无明显的差异,而喜

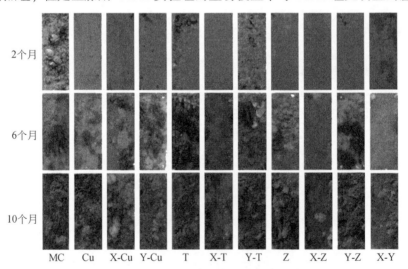

图4-28 含复配防污剂海洋防污涂料海区挂板不同月份后的照片

MC代表涂料基料组(阴性对照组);Cu代表含氧化亚铜(阳性对照组);T代表含TCPM(阳性对照组);
Z代表含ZPT(阳性对照组);X-Cu代表含喜树碱-氧化亚铜;Y-Cu代表含鱼藤酮-氧化亚铜;
X-T代表含喜树碱-TCPM;Y-T代表含鱼藤酮-TCPM;X-Z代表含喜树碱-ZPT;
Y-Z代表含鱼藤酮-ZPT;X-Y代表含喜树碱-鱼藤酮

树碱-TCPM 实验组的生物覆盖率为 0，显著低于 TCPM 组，这表明 TCPM 与喜树碱复配具有较好的防污性能。海区挂板 6 个月后，除了喜树碱-TCPM、喜树碱-ZPT、鱼藤酮–喜树碱三组复配防污剂能够保持显著的防污效率，其他实验组、对照组都丧失了防污效能。海区挂板 10 个月后，各组的防污效能与 6 个月的挂板基本一致，即喜树碱-TCPM、喜树碱-ZPT 和鱼藤酮–喜树碱这三个组的生物覆盖率都显著低于对照组。总体来说，由于喜树碱本身具有较高的防污活性，加入喜树碱可以提高防污剂的防污效能。因此，开展天然产物和已有防污剂复配的初步探索，对复配型防污剂未来的研究发展具有很大的参考价值。

当前 CPT 在海洋防污领域的推广应用由于其价格过高而受到一定限制，因此为了尽可能的降低成本，厦门大学近海海洋环境科学国家重点实验室的海洋藻类收集中心尝试设计实验得到具有高效杀菌性能的 CPT 浓度[37]。在实验中，将 CPT 以 0.1%、0.5%、1%、5%、10% 和 20% 六种浓度加入基体涂料中，然后将含有不同浓度 CPT 的涂料应用于挂板。将这些挂板悬挂在 1 m 深的浮筏上，浸没 11 个月，并在不同时间点拍摄照片，最后通过 Adobe Photoshop 软件计算每一个挂板上污垢生物的表面定殖比例。

由图 4-29 和图 4-30 可以观察到，在整个实验期间，0.1% CPT 未发现明显的防污效应。然而，0.5% 和 1% CPT 在浸泡前 2 个月的覆盖率明显低于阴性对照组（A）。但是在浸泡 3 个月后，这两种浓度显示出与阴性对照组相似的覆盖率，表明防污效率下降。5% CPT 在 6 个月内保持显著低于阴性对照组的覆盖率，表明其防污效果表现优于 0.5% 和 1% CPT。当浓度增加到 10% 时，CPT 表现出更高的防污效率，并在浸泡后保持 9 个月，而 20% CPT 可以持续 11 个月。因此在实验中，浓度为 10% 和 20%（尤其是 20%）的铜基涂料（CAP）表现出更好的防污性能。

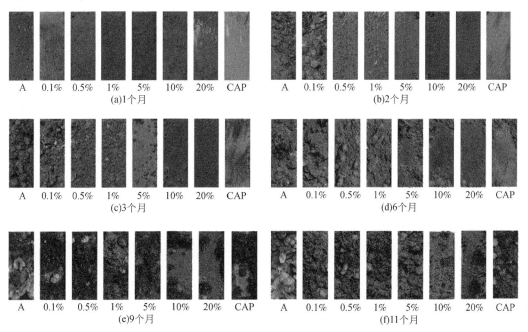

图 4-29　不同时间点下海水浸泡后挂板的状态

A 代表只用基体涂料涂布（阴性对照组）；CAP 代表商品防污涂料，本研究用的是市售的铜基涂料（阴性对照组）

不同浓度 CPT 的实验证明 CPT 在低浓度下具有防污效力，而 CPT 显著抑制生物污垢沉降的最低浓度为 0.5%。然而，目前实验中使用的涂料配方可能无法使 CPT 得到最有效释放，因此，可以通过修改涂料配方来进一步改善低浓度 CPT 的防污性能，如使用更合适的聚合物或利用活性化合物的微胶囊以更好地控制其浸出率[38]，从而达到更加高效的除菌防污效果。

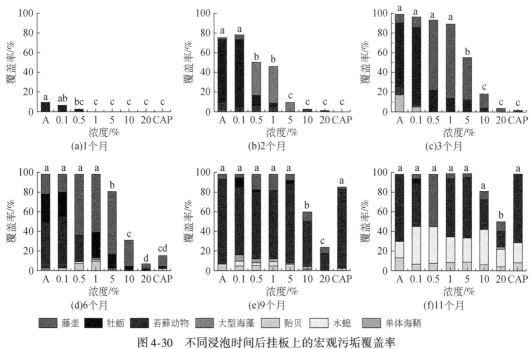

图 4-30　不同浸泡时间后挂板上的宏观污垢覆盖率
不同的字母代表不同挂板的宏观污垢覆盖率有差异

4.4.2　倍半萜类

倍半萜化合物属于萜类家族分子的一种，分布较广，主要存在于木兰目、芸香目、山茱萸目及菊目植物，以及微生物、海洋生物和某些昆虫中，可以从其中直接提取得到倍半萜类化合物。倍半萜类化合物是分子中含 15 个碳原子的天然萜类化合物，含有 3 个异戊二烯单元。倍半萜类化合物具有链状、环状等多种骨架结构，多按其结构的碳环数分类，如无环型、单环型、双环型、三环型和四环型等。因其多具有较强的香气和生物活性，被广泛应用于医药、食品、化妆品工业。

近些年的研究发现，倍半萜类化合物可以抑制菌体体内酶的活性，导致菌体体内的活性氧离子不能被及时清除，从而达到抑菌的目的。同时发现，倍半萜类化合物还会破坏细胞壁和细胞膜的完整性，导致细胞破裂，细胞质外泄，细胞器解体，细胞内物质减少，造成细胞空腔化，最后使菌体死亡。

4.4.2.1 紫茎泽兰提取物

为了证实倍半萜类化合物的杀菌性能，刘晓漫[39]于紫茎泽兰植株中得到紫茎泽兰叶油，然后提取得到倍半萜类化合物，并且测定了其抑菌活性。首先对紫茎泽兰叶油进行气相色谱–质谱（GC-MS）分析，发现倍半萜类占其总含量大部分，能够达到98.57%，其中9-羟基-10Hβ泽兰酮、9-羟基-10Hα泽兰酮、9-羟基-10,11-去氢泽兰酮这三种杜松烷型倍半萜含量高达98.17%，因此判断紫茎泽兰叶油高效的杀菌功能是倍半萜类化合物的生物活性所致。

随后刘晓漫采用含毒介质培养法来测试紫茎泽兰叶油中倍半萜类组分对常见病原菌的抑制效果，如图4-31所示。结果表明，紫茎泽兰叶油对5种病原菌菌丝的生长都有一定的抑制效果，且抑制效果随着紫茎泽兰叶油浓度的增加而增加，但可以明显观察到5种病原菌对紫茎泽兰叶油的敏感性具有较大的差异。群结腐菌和南瓜疫病菌对紫茎泽兰叶油最敏感，0.1 mg/ml的紫茎泽兰叶油能完全抑制群结腐菌菌丝的生长，0.5 mg/ml的紫茎泽兰叶油能够完全抑制南瓜疫病菌菌丝的生长，但是其他三种病原菌对紫茎泽兰叶油的敏感性明显低于这两种病原菌，甚至在紫茎泽兰叶油浓度较低的情况下促进了根腐离蠕孢菌菌丝的生长。推测紫茎泽兰叶油这种敏感性的差异可能是由于病原菌亲缘关系的差异，群结腐菌和南瓜疫病菌与真菌界的其他纲在进化发育方面存在较大的差异，因此它们对紫茎泽兰叶油的敏感性要明显高于其他三种病原菌。这个实验表明倍半萜类杀菌可能具有指向性，可以此为依据研究针对对应类型的病原菌的高效杀菌剂，从而提高杀菌效率。

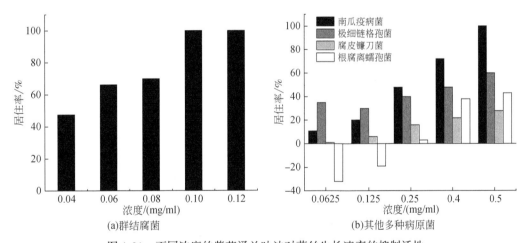

图4-31 不同浓度的紫茎泽兰叶油对菌丝生长速率的抑制活性

4.4.2.2 愈创木烯萜类化合物

在海洋生态系统中，进化使某些防污性能得以发展。众所周知，海洋生物产生多种天然产品，以保护自己免受生物污染的有害影响，在保护其表面的同时不造成严重的环境问题。根据调查，有超过70%的潜在防污海洋天然产品来自海绵、藻类。在收集中国南海海洋生物的过程中,我们发现柳珊瑚的表面十分干净,这使我们怀疑,柳珊瑚产生的次生代谢物具有防污性能。

海洋生物中含有大量的萜类化合物,目前已发现的海洋萜类中仅倍半萜就约有 400 种,其中很多具有抗癌、抗菌和其他活性,主要来自海藻、海绵、腔肠动物和软体动物。海洋倍半萜是由三个异戊二烯单元"首–尾"相连形成的化合物,海洋倍半萜含有与碳原子共价结合的卤素,此外含有异氰基和呋喃环。愈创木烯及其衍生物是一类典型的海洋生物产物,主要存在于柳珊瑚属。这个倍半萜家族及其二聚体或三聚体类似物的特征是具有各种氧化和环重排的薁(Azulene)核。愈创木酚经氧化缩合得到许多二聚体和三聚体产物[40],其中部分化合物具有显著的生物活性,包括抗生素、细胞毒性和免疫调节活性等。

Chen 等[41]对愈创木烯衍生物花色素 A ~ O 进行了结构解析和部分化合物的防污与抗菌活性测试。首先利用红外光谱、核磁共振氢谱、柱色谱等分析手段,分别测定和分析得到了 23 种化合物的基本结构,如图 4-32 所示。

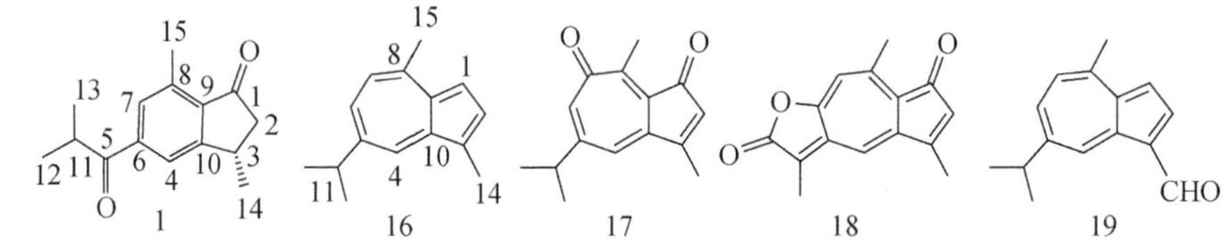

(a)花椒烯A(1)和已知单体的结构

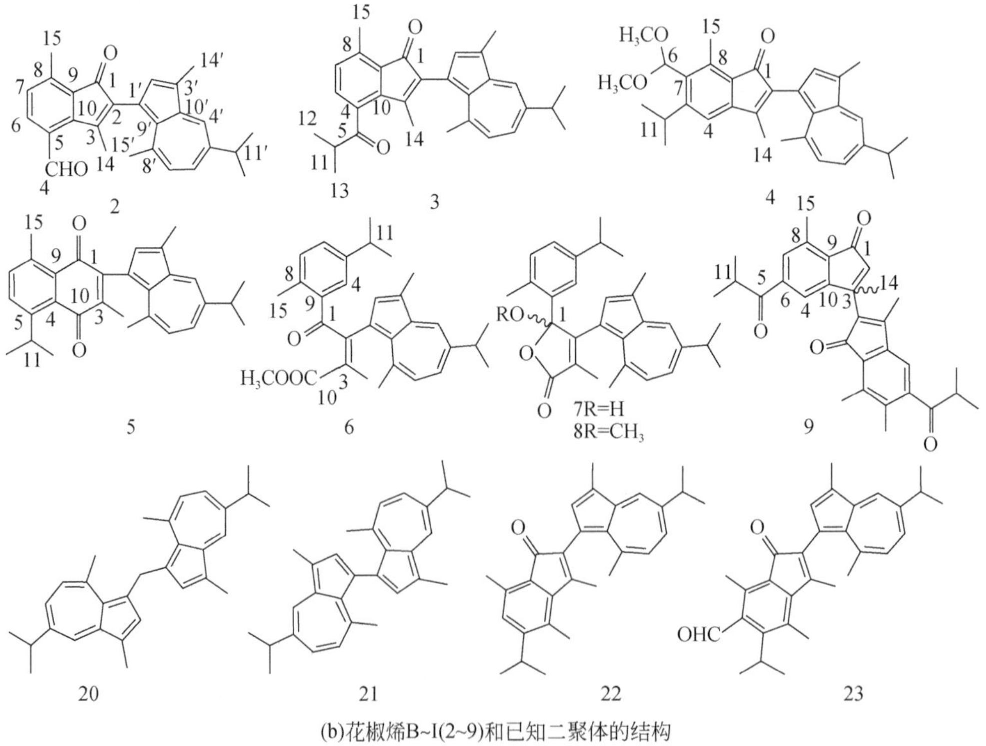

(b)花椒烯B~I(2~9)和已知二聚体的结构

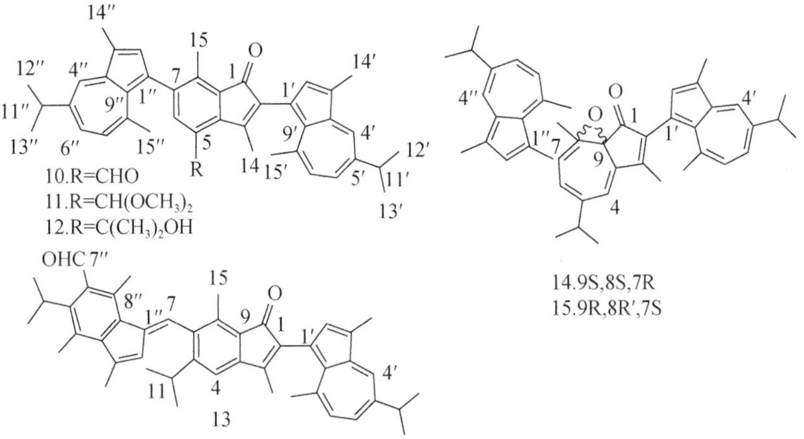

(c)花椒J~O(10~15)的结构

图 4-32 分离出 23 种愈创木烯衍生物的基本结构

随后实验人员选定一部分化合物进行了防污和杀菌实验。利用两栖藤壶幼虫进行防污实验，在琼脂培养基上培养金黄色葡萄球菌和肺炎链球菌，在马铃薯葡萄糖琼脂培养基上培养烟曲霉、黄曲霉和尖孢曲霉，通过肉汤培养基制备目标微生物（3 ~ 4 个菌落），再进行杀菌实验。孵育后，用微板读卡器（TECAN）测量 595 nm 处的吸光度，计算并绘制抑制率与实验浓度的关系图，得出 IC_{50}。实验结果表明，氧化单体 17 ~ 19 和二聚体 7 在 $EC_{50} <$ 7.0 mg/ml 的条件下对两栖藤壶幼虫沉降有显著的抑制作用，而愈创木烯等对幼虫沉降作用较弱，见表 4-5。这些发现说明愈创木烯部分衍生物具有不错的防污效果，能够起到生态环保型防污的作用。

选择 9 个代表性的化合物进行抗生素实验，分别是单体（16、17、19）、二聚体（7、21 ~ 23）和三聚体（14、15）。测定结果显示，17 对烟曲霉、黄曲霉、尖孢曲霉、金黄色葡萄球菌和肺炎链球菌都有中度的抑制作用，而 19 对烟曲霉、黄曲霉和尖孢曲霉有中度的抑制作用，7 对金黄色葡萄球菌和肺炎链球菌有选择性的抑制作用。

以上实验都为愈创木烯萜类化合物的发展提供了有效的借鉴意义，由于愈创木烯衍生物物理化学性质和生物活性都存在很大的潜在用途，其日益受到人们的关注。这是首次报道海洋生物中天然存在的愈创木烯基三聚体，且这项工作也提供了一个新的柳珊瑚属，以衍生出更丰富的愈创木烯基类似物。

表 4-5 化合物对两栖藤壶幼虫沉降的影响 （单位：μg/ml）

化合物	两栖藤壶幼虫	
	EC_{50}	LC_{50}
16	16.98	>50
19	2.13	>50
18	6.69	>50

化合物	两栖藤壶幼虫	
	EC_{50}	LC_{50}
17	2.67	>50
7	5.92	>50
2	>25	无法检测
20	>25	无法检测
21	>25	无法检测
22	>25	无法检测
23	>25	无法检测
14	>25	无法检测
15	>25	无法检测

4.4.3 二萜类

二萜类化合物是一类结构复杂多样且具有重要生物活性的天然产物，广泛分布于自然界中，在植物、动物及海洋生物中均能够发现。二萜类化合物是由 4 个异戊二烯单位构成的，含有 20 个碳原子的化合物类群，其分子通式为 $(C_5H_8)_4$。二萜类化合物按其分子中碳环的多少可以分为无环（链状）、单环、双环、三环、四环及五环等。许多二萜类含氧衍生物具有高效的生物活性，如紫杉醇、甜菊苷、穿心莲内酯等都具有较强的生物活性。近年来，二萜的研究得到了飞快发展，许多复杂的结构得到了确定，可以被广泛应用于医药、杀菌防污等方面。同时在很多海洋生物中也成功提取出二萜类衍生物，这对二萜类的发展起到了极大的推动作用。

4.4.3.1 角果木提取物

角果木主要生长在热带、亚热带的海岸潮间地带，属于红树科植物，在民间就有用角果木的叶子、树皮入药的习惯。近几年来，随着研究人员对海洋药物的进一步研究，角果木的化学成分也得到了更加详细的研究，如在角果木提取物中成功发现了一系列具有生物活性的萜类化合物，见表4-6。二萜类化合物是从角果木根中分离得到的防污效果最好的化合物，包括一个 dolabrane 型的二萜 Tagalsin C 和三个 pimarane 型的二萜。

表4-6　红树植物萜类成分的结构类型

萜类	结构类型
倍半萜化合物	杜松烷（cadinane）型
二萜类化合物	新克罗烷（neo-clerodane）型
	贝壳杉烷（kaurane）型

续表

萜类	结构类型
二萜类化合物	贝叶烷（beyerane）型
	海松烷（pimarane）型
	dolabrane 型
	惕各烷（tigliane）型
	半日花烷（labdane）型
	瑞香烷（daphnane）型
	赤霉烷（gibberellane）型
三萜类化合物	蒲公英赛烷（taraxerane）型
	齐墩果烷（oleanane）型
	乌苏烷（ursane）型
	羽扇豆烷（lupane）型
	木栓烷（friedelane）型
	达玛烷（dammarane）型
	柠檬苦素（limonoid）型
	链状Ⅷ等类型的三萜
萜类二聚体	由两个 dolabrane 型二萜聚合而成

陈俊德[42]对角果木根的乙醇提取物进行分离纯化后，利用红外光谱、质谱和核磁共振波谱法等多种波谱技术确定了其结构和构型，随后又利用白脊藤壶金星幼体对其防污活性进行了系统的测试。

陈俊德在进行角果木根化合物防污活性测试时，将各种化合物分别配制成一系列的浓度梯度，为 $0.1 \sim 100$ μg/cm^2，并且设计空白对照组，以方便进行对照。在每个杯子中分别加入 $25 \sim 50$ 只白脊藤壶金星幼体，48 h 后用显微镜观察白脊藤壶金星幼体的附着情况。毒性实验的方法与附着抑制实验大致相同，24 h 后用显微镜观察白脊藤壶金星幼体的死亡情况。最后对得到的实验数据进行分析，采用 Spearman-Karber 法求出化合物对白脊藤壶金星幼体的半抑制附着浓度 EC_{50} 和半致死浓度 LC_{50}，实验结果如图 4-33 所示。

实验结果显示，Tagalsin C 能够显著地抑制白脊藤壶金星幼体的附着，其最高无效浓度为 0.05 μg/cm^2，最低有效浓度为 0.1 μg/cm^2，EC_{50} 为 (0.65 ± 0.02) μg/cm^2，$LC_{50} > 10$ μg/cm^2，这表明此化合物具有较好的防污活性，是高效低毒性的天然防污成分。从角果木根中分离得到的三个 pimarane 型的二萜分别是 Ent-8（14）-pimarane-15R,16-diol、Tagalsin O 和 Ent-8（14）-pimarane-15,16-O-isopropylidene。这三种二萜的防污活性略有差异，其中 Ent-8（14）-pimarane-15R,16-diol 是这三种化合物中防污活性最强的化合物，其具有优秀的防污活性，最高无效浓度为 0.1 μg/cm^2，最低有效浓度为 0.5 μg/cm^2，EC_{50} 为 (0.04 ± 0.00) μg/cm^2，$LC_{50} > 10$ μg/cm^2，是一种高效低毒的天然防污成分；Tagalsin O 居于次之，它也能够有效地抑制白脊藤壶金星幼体的附着，最高无效浓度为 0.5 μg/cm^2，

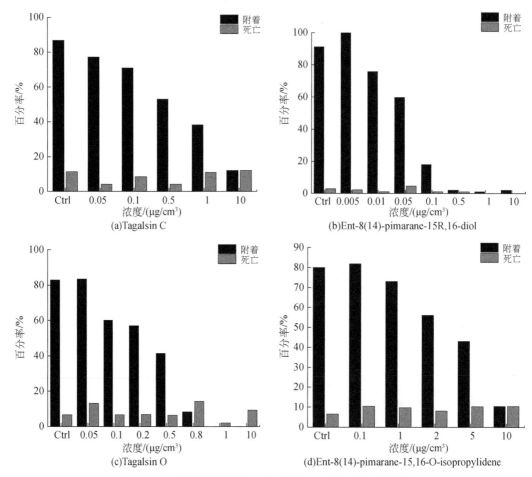

图4-33　不同萜类防污剂对白脊藤壶金星幼体附着的影响

Ctrl 表示未添加有效成分的对照组,实验中采用的是培养皿

最低有效浓度为 0.8 $\mu g/cm^2$,EC_{50} 为 (0.32±0.01) $\mu g/cm^2$,$LC_{50}>10$ $\mu g/cm^2$,同样是一种高效低毒的天然防污成分;防污活性最低的化合物是 Ent-8 (14)-pimarane-15,16-O-iso-propylidene,其最高无效浓度为 1 $\mu g/cm^2$,最低有效浓度为 2 $\mu g/cm^2$、EC_{50} 为 (4.02±0.06) $\mu g/cm^2$、$LC_{50}>10$ $\mu g/cm^2$,但是 Ent-8 (14)-pimarane-15,16-O-isopropylidene 仍然具有较高的防污活性,是一种高效低毒的天然防污成分。

　　同时,三个 pimarane 型的二萜防污活性的差异引起了陈俊德猜测,这三个 pimarane 型二萜的基本骨架是相同的,但是它们支链上的取代基却有所不同。其中,Ent-8 (14)-pimarane-15R,16-diol 支链上含有两个羟基,Tagalsin O 支链上含有一个羟基,而 Ent-8 (14)-pimarane-15,16-O-isopropylidene 支链上没有羟基。因此,作者猜想支链上的双羟基是 pimarane 型二萜的活性基团,于是设计实验对 Ent-8 (14)-pimarane-15R,16-diol 支链上双羟基两个活性位点进行结构修饰,然后再将改造后化合物重新进行防污活性测试,最后证实双羟基是 pimarane 型二萜的活性基团。

4.4.3.2 海洋藻类提取物

海洋生物产生的萜类，是一类最常见的海洋天然有机化合物，与陆地萜类不同，在海洋生物体内主要生成分子量较高的萜类，特别是二萜。海洋二萜是由 4 个异戊二烯单元"首-尾"相连形成的化合物。其分子碳架通常含有 20 个碳原子，是最常见的海洋萜类化合物。海洋二萜多数来自海藻、珊瑚，少数来自海绵。

近些年来，随着人们环保意识的不断增强，且由于传统的防污剂具有较高的毒性，会对海洋环境造成不良影响，对于环境友好型天然防污产品的研究越来越受到研究人员的关注。研究人员发现很多软体海洋物种（如藻类、软珊瑚和海绵等）尽管长期暴露在海洋环境中，但能够始终保持着不受污染的状态，它们通过产生防污的次生代谢物来抵御附着生物，这些次生代谢物显示出多种细胞毒性、抗菌、消炎、抗病毒和防污等生物活性，因此研究人员开始着手从这些海洋物种中筛选天然防污剂。例如，Wang 等[43]于软珊瑚中提取出西松烷二萜类化合物，见表4-7，并利用白脊藤壶和总合草苔虫来验证这些二萜类化合物的防污活性。

表4-7 从软珊瑚中分离出的西松烷二萜类化合物

化合物	名称	结构	分子量
1	环氧膜 A		288
2	辛那林		334
3	芥兰内酯		334
4	(1R,13S,12S,9S,8R,5S,4R)-9-Acetoxy-5,8：12,13-diepoxycembr-15（17）-en-16,4-olide		334

化合物	名称	结构	分子量
5	11-脱氢鞘氨醇		332
6	(−) 14-Deoxycrassin		318
7	二氢索拉林		336

在防污活性实验中，作者分别进行了总合草苔虫幼虫沉降的防污活性测定和白脊藤壶幼虫沉降的防污活性测定。首先将从软珊瑚中纯化得到的化合物溶于二甲基亚砜中，再注入孔板中（复合溶液需要与无菌过滤海水混合），然后每个孔中添加大约30只斑鳖幼虫（白毛白牙的成虫），在室温暗箱中培养24 h后，用体视显微镜计数幼虫的数量，然后采用单因素方差分析（analysis of variance，ANOVA）和邓尼特事后检验分析，处理与对照组之间幼虫沉降或死亡率的差异。最后使用 Spearman-Karber 法计算相对于对照组抑制沉降50%的化合物浓度（EC_{50}）和导致50%死亡率的浓度（LC_{50}），结果见表4-8。

表4-8　化合物对总合草苔虫和白脊藤壶的防污活性　　　　　（单位：$\mu g/ml$）

化合物	总合草苔虫	白脊藤壶	
	EC_{50}	EC_{50}	LC_{50}
1	21.37 (21.25~21.50)	30.60 (29.93~31.29)	36.66 (35.86~37.47)
2	>100	>100	>100
3	33.18 (32.77~33.61)	21.00 (20.82~21.19)	61.27 (59.58~63.02)
4	>100	20.34 (20.13~20.55)	33.23 (32.56~33.91)
5	21.02 (20.16~21.92)	>100	>100
6	3.90 (3.84~3.97)	21.26 (21.13~21.39)	>100
7	55.60 (54.56~56.65)	>50	>50

注：EC_{50}表示半最大效应浓度，指能引起50%最大效应的浓度；LC_{50}表示在动物急性毒性实验中，使受试动物半数死亡的毒物浓度。

实验结果显示，在7种西松烷二萜中，只有化合物1、3、4和6抑制白脊藤壶沉降的

EC_{50} 低于 50 μg/mL；化合物 1 和 4 的 EC_{50} 接近白脊藤壶的 LC_{50}，这表明它们可能通过毒性机制来抑制白脊藤壶沉降。此外，化合物 5 对总合草苔虫的 EC_{50} 为 21.02 μg/ml，而对白脊藤壶的 EC_{50} 超过 100 μg/ml，这表明化合物受到海洋污损生物的物种特异性影响，这强调了在评估化合物的防污活性时，需要使用一种以上的防污剂作为目标。在这项研究中，化合物 6 特别重要，因为它对两种污损物种显示出显著的防污活性及低毒性。虽然化合物 6 的防污活性机理还需要进一步研究，但是目前的工作已经证实了它可作为环境友好型防污剂的潜力。

因此，从软珊瑚中分离出的 7 种西松烷二萜有 6 种具有防污活性，尤其是化合物 6 具有高防污活性和低毒性，可作为新型防污剂的候选物。

Viano 等[44]从地中海褐藻网地藻中提取出了 1 种新的杂环烷、3 种新的二萜类化合物和 6 个已知的二萜类化合物，其结构式如图 4-34 所示。网地藻是次生代谢产物，特别是二萜类化合物最重要的生产者。Viano 等通过红外光谱、核磁共振氢谱和核磁共振波谱等常见的光谱分析得到它们的分子结构和相对构型，还设计实验验证了其对海洋细菌生物膜的抗黏附活性，以此筛选新的潜在的天然防污剂。

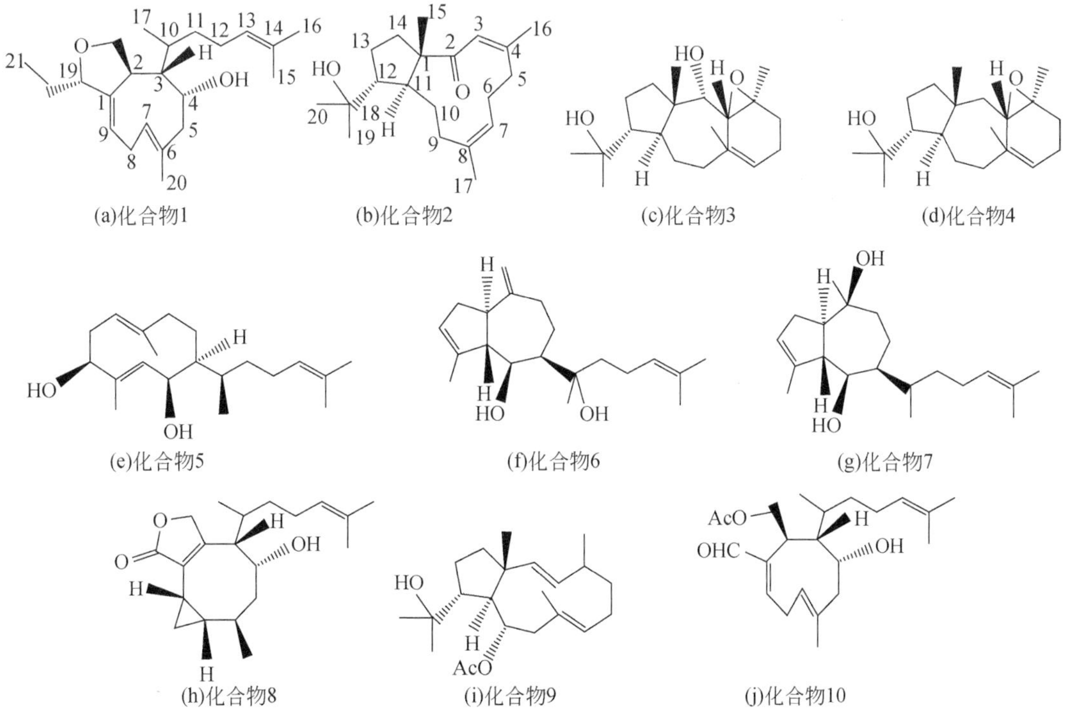

图 4-34 褐藻网地藻提取物的结构

在细菌黏附性实验中，Viano 等选择假交替单胞菌进行实验。离心后，将细胞悬浮在无菌人工海水（ASW）中，然后将 ASW 接种在无菌黑色聚苯乙烯微孔板的边界排孔上，并将 100 μl 细菌悬液接种在其他孔上。将稀释的标准杀生物剂（TBTO）和化合物 3、4、6~9 及岩藻黄素纯化分子的 100 μl 样品加入孔中。然后在 6 个孔中加入 100 μl ASW，以构成细菌黏附控制。15 h 后，通过 3 次连续洗涤除去未黏附的细菌。将附着的细菌用含 2% 甲醛的无菌氯化钠溶液，在 4℃固定 90 min；然后加入 200 ml 的 4 g/ml 的 DAPI（4′,6-二脒基-2-苯基吲哚）对细菌进行染色。通过 3 次进一步洗涤（36 g/L 氯化钠溶液）去除多余的污渍。然后将 DAPI 溶解在 95% 的乙醇溶液中进行荧光测试。EC_{50} 为对应于 ASW 的 6 个微孔板孔中的细菌黏附控制在 50% 时的浓度。

实验结果见表4-9。在分离的代谢物的生物测定中，化合物 8 和 9 的 $EC_{50} > 200$ μmol/L，显示出低活性；化合物 3、6 和岩藻黄素表现出类似的中等活性，而化合物 7 是最有效的成分，其 EC_{50} 为 30 μmol/L，显示出相对较高的活性。除此之外，Viano 等还研究了化合物 7 是否在目标生物方面存在特异性，如果化合物 7 的活性对一组污损生物是特异的，那么在该组污损生物群落不存在的地理区域，这种代谢产物可能会较少产生（或不产生），但是实验室中的结果和野外研究保持一致，并且与化合物 6 相比，化合物 7 具有更高的活性。所有这些化合物都提供了证据，证明环状二萜可能参与了防止网地藻被污染的过程，同时说明了地中海褐藻网地藻的提取物中含有能够成为新的潜在防污剂的化合物。

表 4-9　TBTO 和化合物 3、4、6 ~ 9 及岩藻黄素对生物膜的抑制作用

化合物	EC_{50} [a]/(μmol/L)	R^2 [b]
TBTO	10	0.92
3	110	0.78
4	250	0.99
6	100	0.99
7	30	0.96
8	230	0.92
9	330	0.84
岩藻黄素	70	0.92

注：a 表示 EC_{50} 表达的浓度相当于细菌黏附的 50%。b 表示 S 形剂量反应曲线的拟合优度。

4.5　蛋白多肽类防污剂

蛋白质是由 α-氨基酸按一定顺序结合形成一条多肽链，再由一条或一条以上的多肽链按照特定方式结合而成的大分子化合物，多肽则是由较少氨基酸脱水缩合产生的化合物，是蛋白质水解的中间产物。蛋白多肽类防污剂就是一些具有杀灭细菌或抑制生物附着功能的蛋白质或多肽，主要由生物界自然产生。根据蛋白多肽类防污剂的防污机制和分子结构特点，可将其分为溶菌酶、抗菌肽以及其他酶类等。由于来自自然界，该类防污剂一般具有较好的环境友好性。此外，由于蛋白质和肽链本身的结构特点，其往往需要在特定的温度、pH 等环境条件范围下才能发挥最佳作用。该类防污剂以溶菌酶为主。

4.5.1 溶菌酶

溶菌酶（编号 EC 3.2.1.17）是一类碱性水解酶，也是一种抑菌免疫蛋白，其特征在于能够作用于细菌细胞壁中的肽聚糖层，并裂解 N-乙酰胞壁酸（NAM）和 N-乙酰葡糖胺（NAG）之间的 β-(1,4)-糖苷键，因此又被称为胞壁质酶。自 1921 年 Fleming 从鼻黏液中首次发现溶菌酶以来，研究人员陆续从植物汁液，动物分泌液，人的泪液、唾液、乳汁，禽蛋及部分细菌和噬菌体中发现溶菌酶的存在。

一般而言，溶菌酶的催化机理是切割细菌肽聚糖的 N-乙酰胞壁酸和 N-乙酰葡糖胺之间的 β-(1,4)-糖苷键，如图 4-35 所示[45]。肽聚糖作为细菌独有的细胞壁聚合物，能够起到保持细胞形状、提供抵抗细胞膨胀压力的作用。因此，当肽聚糖完整性丧失时，细胞在低渗环境中将会快速裂解，从而起到杀灭细菌的作用。此外，近年来一些科学家还发现溶菌酶能通过一些非酶作用起到抗菌的效果。

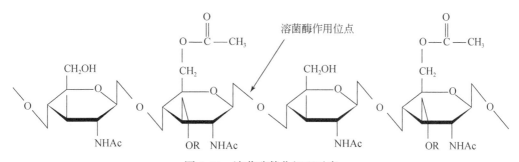

图 4-35 溶菌酶催化机理示意

根据溶菌酶的一级结构、分子量和生物来源，可以将溶菌酶分为 6 种类型，即 3 种动物型溶菌酶、微生物溶菌酶、噬菌体 T4 溶菌酶和植物溶菌酶。其中，3 种动物型溶菌酶是根据其来源生物不同进行划分的，分别为 C 型（鸡型溶菌酶）、G 型（鹅型溶菌酶）和 I 型（无脊椎动物溶菌酶）[46]。C 型溶菌酶以在鸡蛋清中含量最丰富的鸡蛋清溶菌酶为典型代表，此外还有人体产生的人溶菌酶等。微生物溶菌酶中，溶葡萄球菌酶（Lst）是应用广泛、抗菌性能较好的代表。接下来分别对这三种常用的溶菌酶进行介绍。

4.5.1.1 鸡蛋清溶菌酶

鸡蛋清溶菌酶占蛋清总蛋白的 3.4% ~3.5%，因其在鸡蛋清中含量最多而得名，已成为溶菌酶类的典型代表，是目前重点研究的对象之一，也是人们了解信息最多的溶菌酶之一。鸡蛋清溶菌酶由 129 个氨基酸组成，相对分子质量约为 14 kDa，三维结构近似椭圆球状，其三维分子结构如图 4-36 所示，具有 4 个二硫键，富含碱性氨基酸。其最适 pH 为 6~7，在 pH 4~7、100℃条件下处理 1 min 不失活，是一种稳定的碱性蛋白质。

如前所述，鸡蛋清溶菌酶的杀菌作用主要依靠于破坏肽聚糖的结构。革兰氏阳性菌（如金黄色葡萄球菌）的肽聚糖层位于细胞壁外层，因此鸡蛋清溶菌酶对大多数革兰氏阳

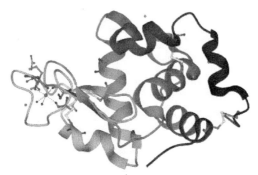

图 4-36 鸡蛋清溶菌酶在 pH=8.6 时的三维结构[47]

性菌都有较好的抑菌效果。而对于革兰氏阴性菌，其肽聚糖层位于细胞膜的中间层，其外部还有细胞外膜物质脂多糖的阻挡，使得溶菌酶难以作用于中间的肽聚糖层，因此溶菌酶对大多数革兰氏阴性菌的抑菌效果并不理想。为提高鸡蛋清溶菌酶对革兰氏阴性菌的杀菌效果，目前采用以下几种方法。

1）改变鸡蛋清溶菌酶的构象，使处理后的鸡蛋清溶菌酶易于穿透细胞壁进入细胞而发挥抑菌活性。例如，Ibrahim 等[48]发现将鸡蛋清溶菌酶在 80 ℃、pH=7.2 条件下处理不同时间，对其热变性之后，其对革兰氏阴性菌的抗菌活性发生了一些变化。其中，对溶菌酶加热 20 min 后，酶完全失去活性，但仍对大肠杆菌 K12 具有明显的抑制作用，而对金黄色葡萄球菌的杀菌活性几乎与天然溶菌酶相似，结果如图 4-37 所示。

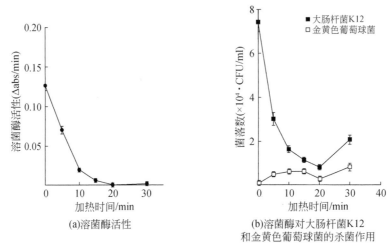

(a)溶菌酶活性　　(b)溶菌酶对大肠杆菌K12和金黄色葡萄球菌的杀菌作用

图 4-37 在 80 ℃下加热不同时长后溶菌酶的活性与抑菌性能变化

测试溶菌酶活性的方法是将溶菌酶加入到细胞悬浮液中，用分光光度计测量反应开始时悬浮液吸光度的下降速率（Δabs/min）

接下来研究人员对变性后溶菌酶的结构进行表征，并对处理后的溶菌酶的抗菌机制进行研究，发现其通过增强与细菌膜的相互作用和随后的通透作用发挥作用。

2）物理方法处理细胞，使细胞形态发生变化，减小外膜阻碍力，便于溶菌酶进入肽聚糖层。例如，Nakimbugwe 等[49]分别研究了 6 种溶菌酶［鸡蛋清溶菌酶（HEWL）、球形双链霉菌的变溶菌酶（M1L）、T4 噬菌体溶菌酶（T4L）、鹅蛋清溶菌酶（GEWL）、花椰菜溶菌酶（CFL）和噬菌体 λ 溶菌酶（LaL）］对 5 种革兰氏阳性菌（粪肠球菌、枯草芽孢杆菌、无害李斯特菌、金黄色葡萄球菌和溶菌微球菌）和 5 种革兰氏阴性菌（小肠结肠炎耶尔森菌、弗氏志贺菌、大肠杆菌 O157∶H7、铜绿假单胞菌和鼠伤寒沙门氏菌）在常压、高压处理后的抑菌效果。

研究人员将上述各种溶菌酶与各种细菌混合，分别测试了常压、高压处理后的抑菌情况。研究结果表明，高压处理后一些溶菌酶（如鸡蛋清溶菌酶）对多种细菌的抑菌性能得到了提高。对于原本难以杀灭的革兰氏阴性菌，溶菌酶在这种情况下能够对其起到杀灭作用的原因一般认为是溶菌酶易于进入细菌发挥作用。

3）添加其他化学物质与溶菌酶协同作用。例如，尹金凤等[50]通过使用鸡蛋清溶菌酶与渗透剂甘氨酸、EDTA-Na$_2$复配，研究了其对大肠杆菌 ATCC25922、DH5α 的协同抑菌效果。对分别加入溶菌酶、甘氨酸、EDTA-Na$_2$的实验组进行抑菌能力对照测试发现，当溶菌酶、甘氨酸、EDTA-Na$_2$三者共同作用时，其对两种大肠杆菌的抑菌效果大大提高，如表 4-10 所示，这说明溶菌酶、甘氨酸、EDTA-Na$_2$三者对大肠杆菌具有协同抑菌能力。

表 4-10　溶菌酶、甘氨酸和 EDTA-Na$_2$ 对大肠杆菌的协同抑菌能力

菌株编号	溶菌酶	甘氨酸	EDTA-Na$_2$	LY-G	LY-E	LY-G-E
ATCC25922	1.00±0.05	0.65±0.05	0.75±0.02	2.05±0.05	1.70±0.05	3.45±0.02
DH5α	0.35±0.05	0.60±0.04	0.90±0.05	1.60±0.03	3.00±0.05	3.15±0.05

注：抑菌能力以 lg (N_0/N) 计，式中，N_0 表示未加入抑菌剂的对照样品培养 2 h 的菌落数，N 表示加入抑菌剂的样品培养 2 h 的菌落数。蛋清溶菌酶的终质量浓度为 2.5 mg/ml，甘氨酸的终质量浓度为 5 mg/ml，EDTA-Na$_2$的终质量浓度为 1 mmol/L。LY-G 加入溶菌酶和甘氨酸；LY-E 加入溶菌酶和 EDTA-Na$_2$；LY-G-E 加入溶菌酶、甘氨酸和 EDTA-Na$_2$。

接下来研究人员通过荧光吸收测试表征了不同实验组细菌的外膜渗透性，结果如图 4-38 所示。结果表明，溶菌酶与甘氨酸、EDTA-Na$_2$复配后，两种大肠杆菌的外膜渗透性相应提

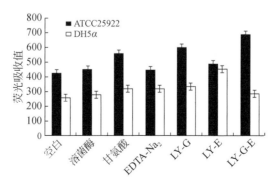

图 4-38　溶菌酶与渗透剂作用时大肠杆菌摄入 NPN 的荧光吸收值

NPN 代表 N-苯基-1-萘胺，一种荧光试剂，用作细菌细胞外膜通透性指示剂

高。通过电子显微镜观察发现，当溶菌酶、甘氨酸、EDTA-Na₂三者共同作用时，细胞彻底瓦解，细胞内容物几乎被完全释放出来，细胞呈现无定型的空壳形态，如图4-39所示。结果表明，渗透剂与溶菌酶协同作用是通过影响细菌细胞外膜的完整性来改变其通透性，从而达到抑菌作用的。

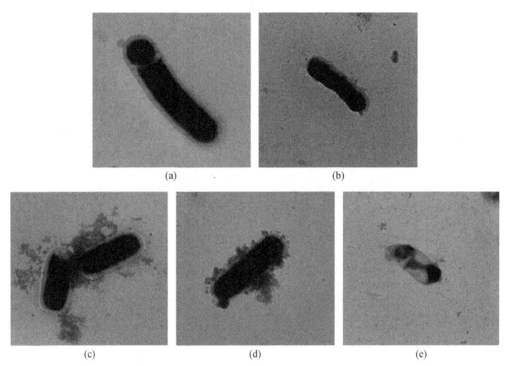

(a)　　　　　　　　　　　(b)

(c)　　　　　　(d)　　　　　　(e)

图4-39　溶菌酶与渗透剂处理后的大肠杆菌 ATCC25922 细胞透射电镜图像

（a）大肠杆菌 ATCC25922；（b）加入0.5 mg/ml 溶菌酶处理；（c）加入0.5 mg/ml 溶菌酶和1 mg/ml 甘氨酸处理；（d）加入0.5 mg/ml 溶菌酶和0.2 mmol/L EDTA-Na₂处理；（e）加入0.5 mg/ml 溶菌酶、1 mg/ml 甘氨酸和0.2 mmol/L EDTA-Na₂共同处理

4.5.1.2　人溶菌酶

天然人溶菌酶是一种人体内天然存在的具有抗菌、抗病毒、抗炎等特性的碱性蛋白质。其由130个氨基酸组成，分子量约为14.7 kDa，氨基酸序列中富含碱性氨基酸，带正电荷，其三维结构如图4-40所示[51]。其主要存在于母乳、人胎盘和唾液等中，不易提取，且无法稳定保存，因此价格昂贵。而通过人工合成基因，用微生物发酵法生产人溶菌酶，使其在食品、医药等方面的广泛应用成为可能。

叶军和钱世钧[52]通过合成出人溶菌酶基因并构建重组质粒，使其在大肠杆菌中高水平表达，进一步对该酶进行纯化，并对其性质进行了一些研究。结果表明，该酶最适 pH 为6.5（天然母乳溶菌酶的最适 pH 为6.35），最适温度为45 ℃。在45 ℃以前稳定性较好，而在60 ℃条件下加热30 min后，酶活性剩余48.3%，其热稳定性较鸡蛋清溶菌酶和

图 4-40　天然人溶菌酶三维结构

天然人溶菌酶差。结果还表明，多种金属离子对该酶的活性有影响，其中 Cu^{2+} 的影响最显著，会导致酶活性全部丧失，见表 4-11。

表 4-11　一些金属离子对人溶菌酶的影响

离子	无	Cu^{2+}	Fe^{3+}	Zn^{2+}	Cd^{2+}	Co^+	Hg^{2+}	Ni^+	Mn^{2+}
相对活性	100	0	35.7	42.5	47.5	71.4	75.0	78.6	78.6

4.5.1.3　溶葡萄球菌酶

微生物溶菌酶是由各种微生物分泌的具有杀菌效果的生物酶，具有提取率较高、溶菌谱广泛和抑菌性好等特点。微生物溶菌酶主要有 N-乙酰己糖胺酶、酰胺酶、内肽酶 3 种[53]。微生物溶菌酶纯品为白色、微黄或黄色晶体或不定型粉末，无臭，味甜，易溶于水，不溶于丙酮、乙醚等有机溶剂。其中，以溶葡萄球菌酶为代表。

溶葡萄球菌酶由金黄色葡萄球菌产生，对金黄色葡萄球菌具有抗菌活性，由 246 个氨基酸组成，是一种含锌的内肽酶，分子量约为 27 kDa，其三维结构如图 4-41（a）所示[54]。这种溶菌酶最早由 Schindler 和 Schuhardt 于 1964 年从金黄色葡萄球菌的培养物中分离出来。溶葡萄球菌酶的杀菌作用主要是通过破坏细菌膜的完整性、诱导膜裂解而实现的，其抑菌机理如图 4-41（b）所示[55]。与常用的抗生素相比，溶葡萄球菌酶显示出更高的体外抗菌活性，且在细胞膜外具有杀菌活性，从而避免耐药性的产生。此外，溶葡萄球菌酶还具有强大的抗生物膜性能。

许多细菌能够在各种表面形成细菌细胞的多层群落，即形成一层生物膜。这种生物膜能对细菌起到保护作用，使得防污工作变得十分棘手。溶葡萄球菌酶具有优异的抗生物膜能力，可利用其制备出抗菌和抗生物膜的表面，在医药、防污等领域将有应用前景。

Yeroslavsky 等[56]利用 PDA 的黏合特性将溶葡萄球菌酶通过共价连接的方式固定在玻璃、聚苯乙烯等聚合物表面，制备出一种抗菌、抗生物膜表面。共价连接的溶葡萄球菌酶不会从表面浸出，且固定后能保持其酶活性，并避免了大多数细菌细胞内的耐药性。

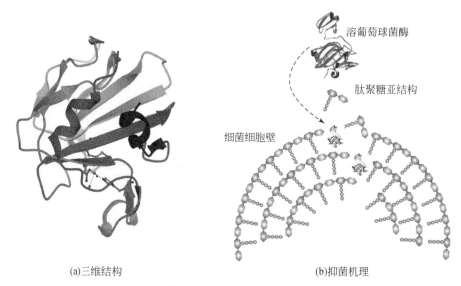

溶葡萄球菌酶

肽聚糖亚结构

细菌细胞壁

(a)三维结构 　　　　　　　　　(b)抑菌机理

图 4-41　溶葡萄球菌酶三维结构与抑菌机理

　　为验证表面固定的 Lst 对金黄色葡萄球菌的抑菌活性，研究人员对不同对照组通过菌落计数来监测细菌的生长。结果表明，与未处理的 PDA 涂层载玻片相比，用 Lst 处理的 PDA 涂层载玻片在 20 h 后也能明显地抑制细菌的生长，如图 4-42（a）所示。通过观测 7 h 内培养在不同表面上的金黄色葡萄球菌的菌落数量，发现培养 7 h 后，经 Lst 处理的载玻片上的菌落比未处理载玻片少 90％，且 Lst 浓度越高，抑菌效果越明显，如图 4-42（b）所示。

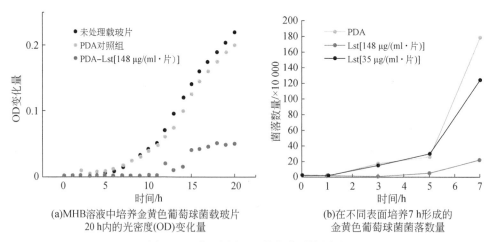

(a)MHB溶液中培养金黄色葡萄球菌载玻片
20 h内的光密度(OD)变化量

(b)在不同表面培养7 h形成的
金黄色葡萄球菌菌落数量

图 4-42　表面固定 Lst 的抗菌活性测试

　　溶菌酶除了起到抵抗细菌入侵的作用外，在一些生物体中（主要是动物界）还会作为消化酶、异肽酶、几丁质酶等起到相应的生物学作用。由于酶本身的性质，其活性条件相对较为苛刻，难以长期储存，且催化反应结束后，游离酶难以回收重复利用。为解决以上不足，通常会对酶进行固定化处理，通过物理法或化学法将其固定在特定载体上，使其在一定的空间内仍能保持催化性能，并可以高效回收和重复利用。例如，朱军勇等[57]利用氧化石墨烯作为固定材料，将溶菌酶固定化形成 GO-Ly，之后与聚醚砜共混对其改性，制备出了抗菌超滤膜，可用于水处理等领域。其制备过程如图 4-43 所示。为了考察杂化超滤膜的抗菌性能，研究人员选择大肠杆菌对制备的滤膜进行抗菌实验，如图 4-44 所示。与空白膜培养皿中大肠杆菌的数量相比，杂化膜培养皿中大肠杆菌的数量明显减少，说明 GO-Ly 对大肠杆菌起到了抑制作用，证明了 GO-Ly 被引入到膜材料中。

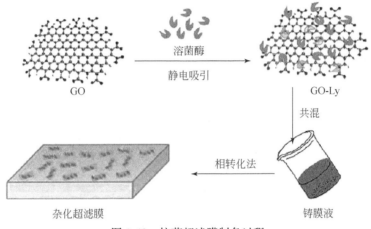

图 4-43　抗菌超滤膜制备过程

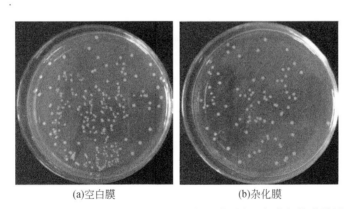

(a)空白膜　　　　　　　　　　(b)杂化膜

图 4-44　空白膜及含 1.5 % GO-Ly 杂化膜对大肠杆菌的抗菌效果

与其他防污剂相比，溶菌酶应用在防污剂领域，其优点与弊端都很明显。作为一种由自然产生的天然防污剂，溶菌酶类防污剂基本不会对生态环境造成影响，并且由于其特异性地作用于细菌细胞壁发挥作用，且对多种细菌都有抑制作用，防污性能也比较好。但由于酶促反应进行的特点，溶菌酶只有在特定的 pH、温度环境中才能保持抑菌活性，从而决定了该类防污剂适用范围较窄，或通常需要对其进行固定化操作。但总体来讲，酶基防污技术作为一种可行性较高的新型环保防污技术，目前已取得了显著的研究进展，并成为环境友好型防污材料重要发展方向之一,具有广阔的应用前景,部分国际大型涂料公司均有相关研究开发计划。

4.5.2 抗菌肽

抗菌肽是生物体内产生的一种带正电荷、参与生物体免疫反应的小分子多肽,广泛分布于微生物、植物、动物体中,具有广谱的抑菌活性且不易产生耐药性的特点。根据来源不同,可将其划分为以下几类:昆虫抗菌肽(天蚕素、防御素等)、鱼类抗菌肽、两栖类抗菌肽、哺乳类抗菌肽(包括防御素和组织蛋白酶抑制素等)和植物抗菌肽(硫素、类肝素蛋白、植物类防御素、脂转移蛋白等)[58]。

根据目前抑菌机制的研究情况,抗菌肽抑菌机制主要分为两种:膜损伤机制和胞内物质损伤机制。抗菌肽中大部分为阳离子抗菌肽,杀菌机制通常认为是抗菌肽与微生物细胞膜静电作用结合后,在微生物表面形成跨膜孔道,改变细胞膜的通透性,最终导致细胞膜裂解,菌体内容物泄露,细胞死亡。这就是膜损伤机制。而某些抗菌肽不会造成细胞膜损伤,其能够跨膜转运并在细胞内积累,干扰多种必需的细胞过程,如抑制核酸合成、蛋白质合成、影响酶活性和细胞壁合成,从而导致细菌死亡。

目前抗菌肽的制备方法主要有3种:从生物体内直接提取、化学合成法和基因工程法。抗菌肽在生物体内的含量极微,但随着分子生物学和DNA重组技术的发展,利用基因工程表达抗菌肽成为有效生产方法,与传统方法相比,基因工程具有可以大规模生产、生产周期短、成本相对较低等优势。接下来主要对抗菌肽的一个典型代表——乳铁蛋白进行介绍。

乳铁蛋白是一种铁结合糖蛋白,分子量约为80 kDa,具有703个氨基酸残基,属于转铁蛋白家族,其三维结构如图4-45所示[59]。乳铁蛋白与铁离子的亲和力很高,除此之外还能与Cu^{2+}、Mn^{2+}、Zn^{2+}结合。乳铁蛋白在初乳和牛奶中含量最高。在生物体中,乳铁蛋白的生物功能主要有参与铁的转运、抑菌、抗氧化、抗癌、调节免疫系统等。

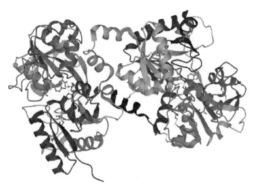

图4-45 乳铁蛋白三维结构

在抑菌方面，乳铁蛋白可以有效抑制大肠杆菌、链球菌、金黄色葡萄球菌的生长，对革兰氏阳性菌和革兰氏阴性菌都有抑菌效果，对革兰氏阴性菌的作用尤为明显。通常认为，乳铁蛋白是通过螯合铁离子，竞争性地剥夺细菌生长所需要的铁元素，干扰细菌正常铁代谢，从而抑制细菌的生长。也有研究表明，乳铁蛋白能与脂质 A 结合，促使脂质 A 从革兰氏阴性菌的细菌壁上剥离出来，从而导致细菌死亡[60]。

乳铁蛋白的铁饱和度与抑菌性呈负相关。此外，环境因素（如 pH 和温度）的变化也会影响乳铁蛋白对革兰氏阳性菌的抑制作用，但对革兰氏阴性菌影响不大。当 pH 为7.5 ~ 8.0 时，抑菌效果最佳。

在已发表的一项研究中，张旭冉[58]通过构建重组质粒在酿酒酵母菌中表达了牛乳铁蛋白肽 Lfcin B，并将其与大分子荧光蛋白进行融合表达，通过增加蛋白的分子量来提高抗菌肽的稳定性，解决抗菌肽本身易被降解的问题。对发酵液上清进行抑菌活性测试后发现，实验组上清液具有明显的抑菌效果，如图 4-46（a）所示，证明牛乳铁蛋白肽 Lfcin B 成功表达。随后进行了表达产物的热敏感性与碱敏感性测试，热敏感性测试是将表达产物进行沸水浴处理，再分别进行抑菌圈测试。结果显示，诱导组发酵液上清与未进行沸水浴的诱导组发酵液上清相比，其抑菌效果差别不大，如图 4-46（b）所示，说明牛乳铁蛋白肽 Lfcin B 具有较好的热稳定性。碱敏感性测试是在不同 pH 下测定表达产物抑菌圈直径大小，结果表明，牛乳铁蛋白肽 Lfcin B 的抑菌活性随着 pH 的升高而降低，且对 pH 变化较为敏感。

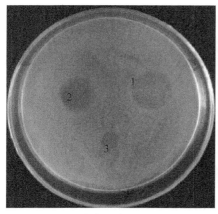

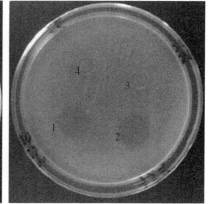

(a)抑菌活性测试　　　　　　　　　　(b)沸水浴后发酵液上清抑菌活性

图 4-46　发酵液上清的抑菌活性测试（抑菌圈法）

（a）中 1. Amp（氨苄青霉素钠，阳性对照组）；2. 诱导组上清；3. 未诱导组上清（阴性对照组）。

（b）中 1. 诱导组上清；2. 沸水浴 10 min 后诱导组上清；3. 未诱导组上清；4. 沸水浴 10 min 后未诱导组上清

4.5.3　其他酶类

微生物附着在海洋材料表面后，其分泌的黏液可黏附物质颗粒及微生物，最终形成一层具有一定厚度的微生物膜。这种微生物膜由多聚糖、蛋白质、核酸、糖蛋白、磷脂等成分构成，可为大型污损生物提供丰富的营养物质和良好的生长环境，其幼虫或孢子黏附在生物膜上，并不断地发育生长，分泌各种高强度黏附胶附着在物体表面，最终发展形成大型生物污损层[61]。因此，可以从破坏微生物膜入手，抑制海洋生物对材料的污损。

直接分解污损生物黏附物质，如蛋白酶分解蛋白类黏附物质、淀粉酶分解多糖类黏附物质、脂肪酶分解脂质类黏附物质等，可归为酶的直接防污；酶通过作用于环境中的其他底物产生具有生物灭杀作用的活性剂，从而起到防污作用，可归为酶的间接防污。

（1）直接防污

研究表明，蛋白酶（如枯草芽孢杆菌蛋白酶、木瓜蛋白酶、丝氨酸蛋白酶）是预防细菌附着和清除已附着细菌效果最好的水解酶。但有些酶催化具有针对性，多种酶联合作用才能起到广泛的防污效果。例如，Zanaroli 等[62]研究了多种可商购的水解酶对细菌生物膜形成的细胞外聚合物的联合水解作用，以期将其应用于海洋防污，选定的酶包括牛胰腺 α-胰凝乳蛋白酶、猪胰腺 α-淀粉酶和猪胰腺脂肪酶。

研究发现，在一定温度和 pH 范围内，这些酶类在人造海水中均对相应形成细胞外聚合物的大分子具有显著的水解活性，活性半衰期在两周到两个月。但是将这些酶类单独使用时，没有一种酶能够抑制实际海洋环境中微生物群落的生物膜的形成，如图 4-47（a）所示。进一步研究发现，当多种酶组合使用时，每种酶的活性几乎不受其他酶的共存影响。因此，将三种酶类混合使用，在相同条件下进行测试，发现酶的混合物可将生物膜形成减少约 90%，且不会影响相同微生物群落的浮游生物生长，如图 4-47（b）所示。

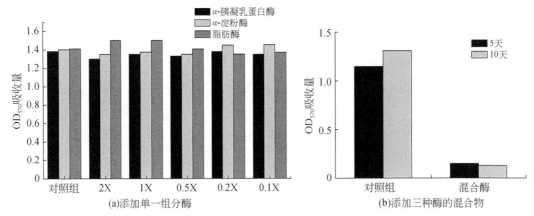

图 4-47　添加不同种类酶对微生物群落生物膜形成的影响（以 OD_{570} 衡量）

1X 组中，α-胰凝乳蛋白酶、α-淀粉酶、脂肪酶的添加浓度分别为 150 U/ml、83 U/ml 和 500 U/ml，不同组 X 前系数表示该组对应酶组分浓度分别在以上数值基础上乘以相应系数，以此类推

（2）间接防污

一些酶可以作用于环境中其他底物，从而产生具有生物杀灭作用的活性物质（如过氧化氢、水卤酸等），进而起到防污的作用。有关研究表明，氧化酶可与从涂层中或海水中

获得的底物反应生成过氧化氢，从而起到一定的防污效果。这些底物主要包括蛋白质或多糖，酶与其反应最终生成过氧化氢的过程包含一系列酶促反应，首先是前驱酶（蛋白酶或者糖酶）将蛋白质或多糖转化为氧化酶催化反应所需的底物，继而转化为过氧化氢。例如，把淀粉酶和葡萄糖氧化酶封装在防污涂料中，涂层可以以较高的速率稳定释放过氧化氢，从而起到防污作用。

Wang 等[63]开发了产生 H_2O_2 的双酶系统。其中，H_2O_2 由淀粉通过 α-淀粉酶和葡萄糖氧化酶的作用产生，两种酶分别起到促进聚合物链的水解和氧化葡萄糖产生 H_2O_2 的作用。这两种酶被包封在仿生二氧化硅中（命名为 A-G@BS），然后将这种复合材料作为涂层用于海洋防污。经测试，与未固定化酶相比，包覆在二氧化硅中的 A-G@BS 表现出更高的热稳定性和 pH 敏感性，如图 4-48 所示。

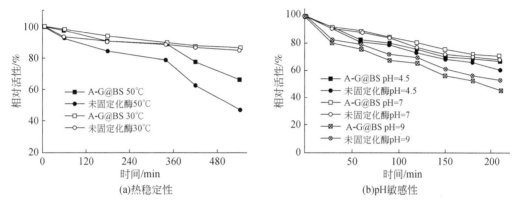

图 4-48　固定化酶与未固定化酶热稳定性和 pH 敏感性测试比较

为了评估涂层的防污潜力，研究人员随后进行了 H_2O_2 释放速率测试。结果显示，在大约 90 天内，涂层的 H_2O_2 释放速率超过 36 $nmol/(cm^2 \cdot d)$，其中涂层厚度为 300 μm。在没有明显自抛光的情况下，涂层中的活性酶寿命预计为 90 天，如图 4-49 所示。最后研

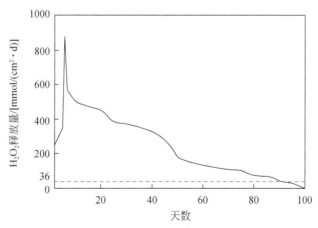

图 4-49　H_2O_2 从含有 A-G@BS 和淀粉的涂层中释放的速率

加入淀粉是为了模拟海洋生物附着后所带来的淀粉成分，淀粉不是该防污涂层必要成分

究人员给出了 A-G@BS 防污涂层，其中包覆有 α-淀粉酶和葡萄糖氧化酶的实际测试结果，如图 4-50 所示，与无酶涂层相比，添加了两种酶的涂层表观防污性能非常明显。

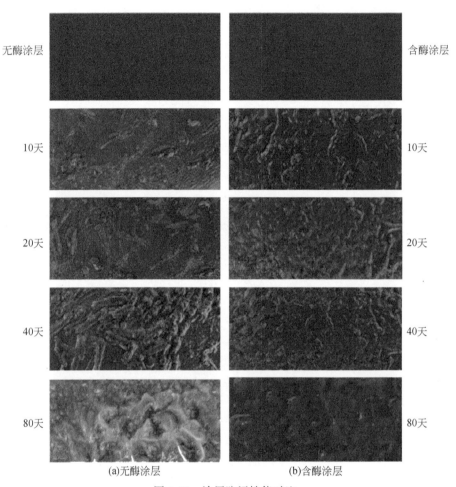

(a)无酶涂层　　　　　　　　　(b)含酶涂层

图 4-50　涂层防污性能对比

参 考 文 献

［1］佚名. 关于涂料行业环境保护综合名录（2017 年版）（征求意见稿）及相关政策. 中国涂料，2017，32（11）：1-4.

［2］马春风，刘光明，张广照. 环境友好海洋防污体系的研究进展. 大学化学，2016，31（2）：1-5.

［3］Yang L H，Lee O O，Jin T，et al. Antifouling properties of 10β- formamidokalihinol- A and kalihinol A isolated from the marine sponge Acanthella cavernosa. Biofouling，2006，22（1）：23-32.

［4］郑绍军，王瑜，朱瑞，等. 人工合成类天然产物防污剂的研究进展. 中国腐蚀与防护学报，2016，36（5）：389-397.

［5］Rabea E I，Badawy M E-T，Stevens C V，et al. Chitosan as antimicrobial agent：applications and mode of action. Biomacromolecules，2003，4（6）：1457.

［6］ 秦朋. 基于壳聚糖新型海洋防污涂膜制备及其性能与应用研究. 上海：上海海洋大学硕士学位论文，2015.

［7］ 杨川峰. 新型壳聚糖–硝酸银凝胶材料的杀菌效果及创面应用. 上海：上海交通大学硕士学位论文，2017.

［8］ 苏云，孙艳辉，刘克忠，等. 羧甲基壳聚糖的制备及抑菌性能的研究. 滁州学院学报，2009，11（6）：116-117，127.

［9］ 刘鹏涛，马滢，司传领，等. 壳聚糖季铵盐的合成及其体外抗菌活性研究. 功能材料，2009，680-682.

［10］ 赵希荣，夏文水. 二元取代壳聚糖季铵盐的抗菌活性. 食品与生物技术学报，2006，25（5）：55-60，5.

［11］ Sajomsang W, Gonil P, Tantayanon S. Antibacterial activity of quaternary ammonium chitosan containing mono or disaccharide moieties：Preparation and characterization. International Journal of Biological Macromolecules，2009，44（5）：419-427.

［12］ 王华甫. 季铵盐壳聚糖双杀菌体系的性能研究及应用. 南京：东南大学硕士学位论文，2017.

［13］ 李恩宇. 天然壳聚糖的改性制备及其在防污涂层中的应用研究. 哈尔滨：哈尔滨工程大学硕士学位论文，2018.

［14］ 陈雪刚，王丽丹，吕双双，等. 2010. 季铵盐改性蒙脱石的超结构及其抗菌性能. 浙江大学学报（工学版），44（9）：1831-1837.

［15］ 张明. 两亲性高分子季铵盐防污涂料制备及性能研究. 大连：大连海事大学硕士学位论文，2016.

［16］ Dizman B, Elasri M O, Mathias L J. Synthesis and antimicrobial activities of new water-soluble bis-quaternary ammonium methacrylate polymers. Journal of Applied Polymer Science，2004，94（2）：635-642.

［17］ 仇春红. 季铵盐海洋防污涂层研究. 大连：大连海事大学硕士学位论文，2012.

［18］ 汪金波，姬振蒙，姬志勤，等. 辣椒碱类似物的合成及杀虫活性. 农药学学报，2020，22（5）：892-896.

［19］ Angarano M B, McMahon R F, Hawkins D L, et al. Exploration of structure-antifouling relationships of capsaicin-like compounds that inhibit zebra mussel（Dreissena polymorpha）macrofouling. Biofouling，2007，23（5-6）：295-305.

［20］ 史航，王鲁民. 辣素防污涂料在海洋网箱网衣材料中的应用. 大连水产学院学报，2005，20（4）：322-325.

［21］ Zhai X, Ju P, Guan F, et al. Electrodeposition of capsaicin-induced ZnO/Zn nanopillar films for marine antifouling and antimicrobial corrosion. Surface and Coatings Technology，2020，397：125959.

［22］ Wang X, Yu L, Liu Y, et al. Synthesis and fouling resistance of capsaicin derivatives containing amide groups. The Science of the Total Environment，2020，710（25）：136361.

［23］ 徐焕志，于良民，李昌诚，等. 辣素衍生物的合成及其对新月菱形藻生长的抑制活性. 应用化学，2007，24（8）：911-916.

［24］ 于良民，安正国，董磊. N-（4-羟基-3-甲氧基–苯甲基）丙烯酰胺的合成及其防污性能研究. 涂料工业，2007，37（7）：70-71.

［25］ 徐焕志. 含辣素衍生结构的丙烯酰胺单体与聚合物的合成及其海洋防污应用性能研究. 青岛：中国海洋大学博士学位论文，2006.

［26］ Xu J, Feng X, Hou J, et al. Preparation and characterization of a novel polysulfone UF membrane using a copolymer with capsaicin-mimic moieties for improved anti-fouling properties. Journal of Membrane Science, 2013, 446: 171-180.

[27] Wang J, Gao X, Wang Q, et al. Enhanced biofouling resistance of polyethersulfone membrane surface modified with capsaicin derivative and itaconic acid. Applied Surface Science, 2015, 356: 467-474.

[28] Zhan X, Zhang G, Chen X, et al. Improvement of Antifouling and Antibacterial Properties of Poly (ether sulfone) UF Membrane by Blending with a Multifunctional Comb Copolymer. Industrial & Engineering Chemistry Research, 2015, 54 (45): 11312-11318.

[29] 张智嘉, 于良民, 姜晓辉. 2-叔丁基对甲基酚酰胺衍生物的合成及其抑菌和防污性能的研究. 涂料工业, 2012, 42 (12): 20-23.

[30] 蒋钰烨, 徐佳, 张丽丽, 等. 2014. 基于辣素衍生物结构阳离子聚电解质的新型抑菌超滤膜的制备及性能表征. 高校化学工程学报, 28 (2): 317-324.

[31] Gao X L, Haizeng W, Jian W, et al. Surface-modified PSf UF membrane by UV-assisted graft polymerization of capsaicin derivative moiety for fouling and bacterial resistance. Journal of Membrane Science, 2013, 445: 146-155.

[32] Wang J, Sun H, Gao X, et al. Enhancing antibiofouling performance of Polysulfone (PSf) membrane by photo-grafting of capsaicin derivative and acrylic acid. Applied Surface Science, 2014, 317 (30): 210-219.

[33] Zhang L, Xu J, Tang Y, et al. A novel long-lasting antifouling membrane modified with bifunctional capsaicin-mimic moieties via in situ polymerization for efficient water purification. Journal of Materials Chemistry A, 2016, 4 (26): 10352-10362.

[34] Tang Y, Zhang L, Shan C, et al. Enhancing the permeance and antifouling properties of thin-film composite nanofiltration membranes modified with hydrophilic capsaicin-mimic moieties. Journal of Membrane Science, 2020, 610: 118233.

[35] 王丽萍, 李哲, 张兰, 等. 喜树碱氨基酸类衍生物的合成和杀虫活性的测定及其对 DNA 拓扑异构酶 I 的抑制作用//中国植物保护学会. 植保科技创新与农业精准扶贫——中国植物保护学会 2016 年学术年会论文集. 北京: 中国农业科学技术出版社, 2016: 552.

[36] 方倩云, 齐宇轩, 戴齐, 等. 几种天然产物在海洋防污涂料中的应用研究. 涂料工业, 2018, 48 (11): 48-53, 62.

[37] Feng D Q, He J, Chen S Y, et al. The Plant Alkaloid Camptothecin as a Novel Antifouling Compound for Marine Paints: Laboratory Bioassays and Field Trials. Marine biotechnology, 2018, 20 (5): 623-638.

[38] Price R R, Patchan M, Clare A, et al. Performance enhancement of natural antifouling compounds and their analogs through microencapsulation and controlled release. Biofouling, 1992, 6 (2): 207-216.

[39] 刘晓漫. 紫茎泽兰中倍半萜化合物的抗菌活性、作用机理及水解规律研究. 北京: 中国农业科学院博士学位论文, 2016.

[40] Yoshiharu M, Shin-ichi T, Katsumi Y, et al. Autoxidation of Guaiazulene and 4, 6, 8-Trimethylazulene in Polar Aprotic Solvent: Structural Proof for Products. Bulletin of the Chemical Society of Japan, 1987, 60 (4): 1415-1428.

[41] Chen D, Yu S, van Ofwegen L, et al. Anthogorgienes A-O, new guaiazulene-derived terpenoids from a Chinese gorgonian Anthogorgia species, and their antifouling and antibiotic activities. Journal of agricultural and food chemistry, 2012, 60 (1): 112-123.

[42] 陈俊德. 红树植物角果木的化学成分及其防污活性研究. 厦门: 厦门大学博士学位论文, 2008.

[43] Wang J, Su P, Gu Q, et al. Antifouling activity against bryozoan and barnacle by cembrane diterpenes from the soft coral Sinularia flexibilis. International Biodeterioration & Biodegradation, 2017, 120: 97-103.

[44] Viano Y, Bonhomme D, Camps M, et al. Diterpenoids from the Mediterranean brown alga Dictyota sp. evaluated as antifouling substances against a marine bacterial biofilm. Journal of Natural Products, 2009, 72 (7): 1299-1304.

[45] 温赛, 刘怀然, 续丹丹. 溶菌酶及其分子改造研究进展. 中国生物工程杂志, 2015, 35 (8): 116-125.

[46] Callewaert L, Michiels C W. Lysozymes in the animal kingdom. Journal of Biosciences, 2010, 35 (1): 127-160.

[47] Seraj Z, Ahmadian S, Groves M R, et al. The aroma of TEMED as an activation and stabilizing signal for the antibacterial enzyme HEWL. PloS One, 2020, 15 (5): e0232953.

[48] Ibrahim H R, S Higashiguchi, L R Juneja et al. A Structural Phase of Heat-Denatured Lysozyme with Novel Antimicrobial Action. Journal of Agricultural & Food Chemistry, 1996, 44 (6): 1416-1423.

[49] Nakimbugwe D, Masschalck B, Atanassova M, et al. Comparison of bactericidal activity of six lysozymes at atmospheric pressure and under high hydrostatic pressure. International Journal of Food Microbiology, 2006, 108 (3): 355-363.

[50] 尹金凤, 史锋, 王小元. 蛋清溶菌酶与渗透剂对大肠杆菌的协同抑菌作用. 食品科学, 2011, 32 (11): 176-180.

[51] Muraki M, Harata K, Sugita N, et al. Origin of Carbohydrate Recognition Specificity of Human Lysozyme Revealed by Affinity Labeling. Biochemistry, 1996, 35 (42): 13562-13567.

[52] 叶军, 钱世钧. 工程菌人溶菌酶的纯化和性质. 微生物学报, 1999, 39 (1): 3-5.

[53] 费国琴, 李晓晖, 宁喜斌, 等. 微生物溶菌酶酶学性质及抑菌特性研究. 江苏农业科学, 2012, 40 (9): 286-287, 289.

[54] Sabala I, Jagielska E, Bardelang P T, et al. Crystal structure of the antimicrobial peptidase lysostaphin fromStaphylococcus simulans. FEBS Journal, 2014, 281 (18): 4112-4122.

[55] Thallinger B, Prasetyo E N, Nyanhongo G S, et al. Antimicrobial enzymes: An emerging strategy to fight microbes and microbial biofilms. Biotechnology Journal, 2013, 8 (1): 97-109.

[56] Yeroslavsky G, Girshevitz O, Foster-Frey J, et al. Antibacterial and antibiofilm surfaces through polydopamine-assisted immobilization of lysostaphin as an antibacterial enzyme. Langmuir: the ACS Journal of Surfaces and Colloids, 2015, 31 (3): 1064-1073.

[57] 朱军勇, 王琼柯, 许欣, 等. 固定化溶菌酶的氧化石墨烯/聚醚砜杂化超滤膜制备及抗菌性能研究. 中国工程科学, 2014, 16 (7): 23-29.

[58] 张旭冉. LfcinB 等抗菌肽原核和真核表达体系构建的初步研究. 合肥: 安徽大学硕士学位论文, 2020.

[59] Sharma A K, S Kumar, V Sharma, et al. Lactoferrin-melanin interaction and its possible implications in melanin polymerization: Crystal structure of the complex formed between mare lactoferrin and melanin monomers at 2.7-Å resolution. Proteins: Structure, Function, and Bioinformatics, 2001, 45 (3): 229-236.

[60] 庞晓楠, 弘笑, 魏璇, 等. 乳铁蛋白的理化性质及其重组表达系统的研究进展. 遗传, 2015, 37 (9): 873-884.

［61］李跃瑞，蔺存国，王利. 海洋污损生物黏附机制与酶防污技术研究进展. 舰船科学技术, 2017, 39（7）: 1-7.

［62］Zanaroli G, Negroni A, Calisti C, et al. Selection of commercial hydrolytic enzymes with potential antifouling activity in marine environments. Enzyme and Microbial Technology, 2011, 49（6-7）: 574-579.

［63］Wang H, Y Jiang, L Zhou, et al. Bienzyme system immobilized in biomimetic silica for application in antifouling coatings. Chinese Journal of Chemical Engineering, 2015, 23（8）: 1384-1388.

|第 5 章| 抑菌防污智能高分子材料

5.1 响应型高分子材料概述

随着人们对环保、安全、无毒材料的关注和开发，海洋防污涂层的安全性和可靠性得到越来越多的重视。随着科技的进步，开发环境友好的防污剂，如无毒环保的天然防污剂在近几年获得大量关注。但由于防污涂层中杀生物剂在前期释放速度较快，在一定程度上造成涂层使用寿命的降低和杀生物剂的浪费。此外，静止停泊有利于污损生物的附着，但防污成分的释放却较航行情况下更低。不仅如此，杀生物剂过量释放进入海洋环境，导致海洋环境污染严重。与此同时，防污剂释放速率的不可控，使其服役效率远低于其可能发挥的最高效率，这也是经济成本较高的重要因素之一。因此，开发环境友好、智能响应（如细菌）可触发的防污剂和杀菌材料具有十分深远的意义，并具有巨大的应用价值。

抑制基体周围细菌的生长繁殖作为抑制生物污损的第一道屏障，起着至关重要的作用。当前研究方向旨在寻找环保有效的方法延长防污材料的使用寿命，减少防污剂的使用量，开发微生物触发的防污材料，调控防污剂的释放，从而使防污剂达到可控释放的目的。利用细菌敏感性的材料作为开关，对防污剂释放进行可控调节。通过对可控添加剂制备工艺的优化，延缓防污剂的释放，最终达到防污材料可控调节的目的，并对其性能进行研究。利用杀菌机制的多样性，复合具有不同杀菌机制的材料，进而起到协同杀菌的作用。同时使防污剂的使用效率最大化，减小船舶涂料等在服役过程中不必要的浪费，并有效的控制海洋污染问题等。在微生物膜形成过程中，对微生物繁殖进行抑制，可以有效减缓大面积污损的产生，同时依靠微生物本身的刺激，调控防污剂的释放，为延长涂层的使用寿命提出新的思路。

对于传统海洋防污涂层而言，主要是通过在涂层中预掺杂防污剂来防止细菌生长，由于防污剂的释放控制不佳，涂层的防污功能过早丧失。根据目前的需求，其中一个较为理想的解决方案是通过微胶囊化来实现防污剂的控制释放。微胶囊化，即通过共价键或物理相互作用封装防污剂，可以减少防污剂从纳米胶囊快速释放到周围环境，从而达到保护封装杀生物剂的目的。此外，由于细菌代谢产生的分泌物造成环境的改变，如温度、酸碱度和酶活性，纳米胶囊周围的局部环境条件也会发生变化。为了进一步延长防污剂的使用时间，防污领域需要制备具有环境刺激响应的智能化纳米胶囊。

许多天然或合成聚合物、表面活性剂和脂质体被用作智能药物载体，以实现药物在体内或体外的控制释放。由于多糖具有显著的生物和物理特性，包括高生物相容性、优良的生物降解性、低毒性和丰富的利用率，其受到越来越多的关注。例如，壳聚糖、海藻酸盐和纤维素衍生物作为一种对酸碱环境有响应性能的材料被广泛应用。结冷胶和黄原胶对低温下有序螺旋结构与高温下无序螺旋状态之间的转变具有显著的温度敏感性；而具有二硫键的多糖，由于可以被细胞内的谷胱甘肽剪切成硫醇基，可实现药物的细胞内控制释放。

5.1.1　pH 响应型高分子材料

pH 响应型高分子是指其尺寸或形态随着环境 pH 的改变而改变（通常是非线性变化）的一类高分子，属于智能高分子。此类高分子的分子链上通常具有特定的官能团（如—COOH 或—NRR′），这些基团在特定的 pH 下会发生离子化、去离子化或质子化、去质子化，当其处于离子（或质子化）状态时会发生亲水、胀大，而在去离子化（或去质子化）状态时会发生疏水、紧缩，且两种状态之间的转变表现出高度的非线性，即高分子的性能在一个很窄的 pH 范围内发生突变[1]。通过 pH 响应型高分子可以制备多种具有特定微观尺寸和多种功能性的核壳结构纳米粒子、高分子凝胶、聚合物微胶囊、聚合物胶束等材料，使其在纳米反应器、表面活性剂、成像光子探针及靶向药物载体等领域具有极高的应用价值[2]。正因如此，pH 响应型高分子的合成、结构及性能方面研究持续受到国内外研究者的高度关注。

按 pH 响应型高分子的几何形状可分为以下三种类型：

1）线型，如甲基丙烯酸二乙氨基乙酯（DEA）和甲基丙烯酸-2-（N-吗啉基）乙酯（MEMA）的线型嵌段共聚物 PDEA-b-PMEMA［图 5-1（a）］。

2）支化型，如聚乙二醇单甲醚甲基丙烯酸酯（PEGMA）和甲基丙烯酸（MAA）的支化共聚物 PEGMA-PMAA-PEGDMA［图 5-1（b）］。

3）交联型，如聚氧乙烯（PEO）、甲基丙烯酸缩水甘油酯（GMA）和 DEA 的交联共聚物 PEO-PGMA-PDEA［图 5-1（c）］。

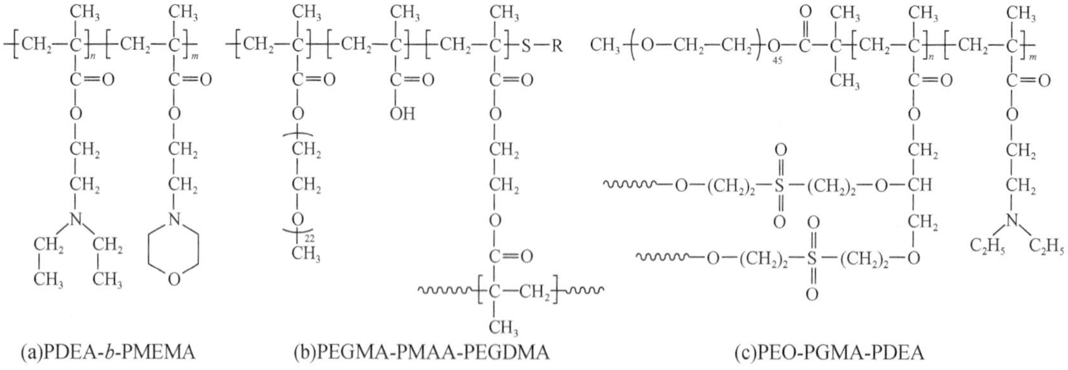

(a)PDEA-b-PMEMA　　(b)PEGMA-PMAA-PEGDMA　　(c)PEO-PGMA-PDEA

图 5-1　具有不同分子形状的 pH 响应性高分子

按 pH 响应型高分子的组装形态可分为以下几种类型[3]：

1）pH 响应型高分子胶束，如由聚乙烯醇（PEG）、3-肉桂酰甘油单甲基丙烯酸酯（CGMMA）与甘油单甲基丙烯酸酯（GMMA）的无规共聚物和 DEA 组成的三嵌段共聚物 PEG-B-(PCGMMA-co-PGMMA)-b-PDEA 所形成的胶束［图 5-2（a）］。

2）pH 响应型高分子囊泡，如由 N-异丙基丙烯酰胺（NIPAM）和 L-赖氨酸的嵌段共聚物 PNIPAM-b-PZLys 所形成的囊泡［图 5-2（b）］。

3）pH 响应型高分子胶囊，如由聚多巴胺（Pdop）与 2-(2-甲氧基乙氧基)甲基丙烯酸乙酯（MEO2MA）和甲基丙烯酸低聚乙二醇酯接枝共聚所合成的 Pdop-g-P（MEO2MA-co-OEGMA）微胶囊［图 5-2（c）］。

4）pH 响应型高分子膜，如由聚偏二氟乙烯（PVDF）接枝甲基丙烯酸二甲氨基乙酯（DMAEMA）所形成的接枝共聚物 PVDF-g-DMA 高分子膜［图 5-2（d）］。

5）pH 响应型高分子刷，如在石墨基材上通过界面引发 3-(2-甲基丙烯酰氧基)丙基磺酸钾（SPMA）的原子转移自由基聚合制得的 PSPMA 高分子刷［图 5-2（e）］。

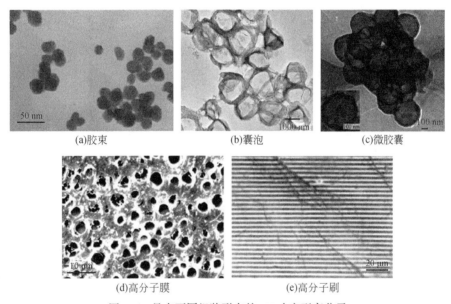

(a)胶束　　　　　　　　(b)囊泡　　　　　　　　(c)微胶囊

(d)高分子膜　　　　　　　　(e)高分子刷

图 5-2　具有不同组装形态的 pH 响应型高分子

pH 响应型高分子材料因具有独特的刺激响应性，在药物释放体系领域显示了良好的应用前景。智能高分子材料作为生物医用材料，具有可依据病灶所引起的化学物质或物理量（信号）的变化，自反馈控制药物释放的通/断特性。Siegel 和 Firestone[4] 已发现了一种适应于胃环境中保护酸敏感药物的简单凝胶基体系，当凝胶置于酸性环境时收缩，但在大肠的碱性环境中膨胀并具有渗透性，允许胶囊药物在适当条件下扩散。据报道，以醋酸洗必泰为模型药物，组成基材型药物释放体系，释放行为特征为药物在酸性条件下可达到稳态释放，而当 pH = 7.8 时，溶胀使药物几乎不释放。黄月文等[5] 直接将 N-异丙基丙烯酰胺（NIPAM）、丙烯酸和 N，N′-亚甲基双丙烯酰胺交联共聚合成了温度及 pH 响应型水凝胶，包埋在此水凝胶中的抗结肠癌药物阿司匹林的释放随温度、介质的 pH 和药物制剂方式的变化而显著不同。在 37 ℃、pH=7.4 的介质中，阿司匹林的释放比 pH=1.0 时快得多，后者在较长时间内仍释放一部分，因此可将阿司匹林大部分定向到大肠中释放。

5.1.2 温度响应型高分子材料

自 1967 年 Scarpa 等[6]发表有关聚 N-烷基丙烯酰胺（PNIPAM）热相变行为的报告以来，PNIPAM 已成为不断增长的基于热响应聚合物的智能材料家族的主要成员。1986 年，Pelton 和 Chibante[7]报道了基于 PNIPAM 的热敏性微凝胶的制备。随着生物医学的发展，PNIPAM 水凝胶随后被开发用于选择性控释和药物递送等，该材料可利用温度响应调控的尺寸来调节物质在介质中的运动。PNIPAM 通常以单体结构中的酰胺和异丙基部分为特征，在含水介质中具有最低临界共溶温度（LCST，约 32 ℃）[8]。通过交联 PNIPAM 或其衍生物合成基于 PNIPAM 的智能水凝胶，水凝胶在 LCST 附近溶胀/收缩，表现出剧烈的和可逆的体积相变。除了体积相变期间的尺寸变化外，该过程还伴随着许多其他特性的变化，如亲水性、透明性和表观静电电容。基于吉布斯自由能方程来看，在一定温度下，负 ΔG 表示聚合物溶解反应的发生。当温度低于 PNIPAM 的 LCST 时，亲水性酰胺基团和水分子之间的氢键会抵消异丙基之间的疏水相互作用，从而导致 PNIPAM 链塌陷以避免与水接触。从热力学角度考虑，氢键的形成会导致混合焓的负变化较大（$\Delta H_{mix}<0$），有利于溶解过程[9]。在酰胺基团周围形成的高度有序的水分子层会降低系统的熵（$\Delta S_{mix}<0$），在这种低温下，ΔG 混合是负的，且 PNIPAM 溶解在水溶液中，其中聚合物链显示出柔性的和扩展的无规螺旋构象。随着温度升高甚至高于 LCST，氢键被削弱，异丙基之间的疏水相互作用变强，导致对自由能的熵贡献更大。熵值主导着氢键的放热焓，一旦 ΔH_{mix}（$|\Delta H_{mix}|$）变得小于 $T\Delta S_{mix}$（$|T\Delta S_{mix}|$，T 为温度），则 ΔG_{mix} 为正，并且发生熵驱动的相分离，其中 PNIPAM 链脱水并聚集为紧密堆积的球状构象[10]。从热力学角度来看，PNIPAM 的 LCST 可以通过共聚反应引入亲水性更高的组分或疏水性单体，而在很宽的温度范围内进行操作，进而有效地改变焓对热响应的贡献。

由于 PNIPAM 具有令人着迷的特性和功能，人们对 PNIPAM 智能高分子材料产生了广泛的研究兴趣，它广泛应用于各个领域，如图 5-3 所示[11]。例如，PNIPAM 智能高分子材料的体积相变温度和溶胀/收缩过程的程度，可以通过与更亲水或更疏水的单体共聚来控制。值得一提的是，PNIPAM 智能高分子材料的特性变化可以通过多种方式触发，包括直接加热、间接加热（如基于光热效应、焦耳加热和滞后性效果）、光电离或光电异构化，因此其对温度、光、电场和磁场敏感。重要的是，PNIPAM 智能高分子材料具有前所未有的特性，可实现各种智能功能，如形状改变、自我调节和破裂，类似于细胞和某些智能生物系统。例如，体积的变化允许 PNIPAM 智能高分子材料通过控制材料的运输（即通过膨胀来阻塞通道或通过收缩来打开通道）来自我调节，这在智能阀门、水净化、药物输送等领域是至关重要的。在整合到内部各向异性水凝胶后，基于 PNIPAM 的智能水凝胶高分子材料的尺寸变化可以实现形状可逆的功能。当将 PNIPAM 智能高分子材料制成诸如胶体晶体之类的周期性结构时，尺寸变化可以展现出不同的鲜艳色彩，如再现自然中的彩虹色或结构色，这为智能光学传感器的开发拓展许多应用，如纺织品、隐身衣和伪装。加热和冷却时亲水状态与疏水状态之间的变化，对于借助 PNIPAM 膜调节表面润湿性的能力来说具有重要意义。例如，PNIPAM 智能高分子材料可以通过介导与靶标的相互作用而赋予系统受控的黏附和释放功能[12]。温度引起的透明度变化在智能窗户中显示了巨大的潜力，相应的产品具有在太阳能和传输中的自调节功能。

图 5-3　基于 PNIPAM 的热响应特性和智能水凝胶的应用

聚环氧乙烷（PEO）是一种亲水性聚合物，在环境压力下加热后仍能保持其在水中的溶解度。但是温度升高到 100 ℃ 以上会导致相分离，进一步加热会再次溶解 PEO[13]。因此，二元混合物 PEO/水的相图代表了一个"闭环"共存类型，既显示了 LCST 又显示了上临界共溶温度（UCST）。如图 5-4 所示，质量分数的增加会减少 PEO 在水中的溶解度，从而导致 LCST 降低，但 UCST 升高，这是 Flory-Huggins 类型的典型现象[14]。研究发现观察到的浊点温度与施加于系统的压力无关，这不能通过水与 PEO 之间简单的范德华力来解释。取而代之的是，PEO 链和水之间形成的氢键被认为可以增强聚合物线圈周围溶剂分子的结构，这种行为对熵不利，而对焓有利，但是在低温下，焓项占主导地位，因而产生混溶。相反，熵的贡献在较高的温度下成为主要因素，从而引起高温下 PEO 周围水结构的破坏，并因此引起相分离。PEO/水系统的独特性质吸引了许多理论科学家，他们试图通过修改 Flory-Huggins 理论来描述其相态[15]。早在 1959 年，Bailey 和 Callard[16] 就研究了作为添加剂的无机盐对 PEO 水溶液的相变温度（$c = 0.5\%$）的影响，并发现阴离子和阳离子的盐析作用都遵循了蛋白质的 Hofmeister（霍夫迈斯特）级数。此外，Saeki 等[17] 进一

步研究了氯化钠和丙酸钠的盐析作用，其结果可能与热力学方程有关。

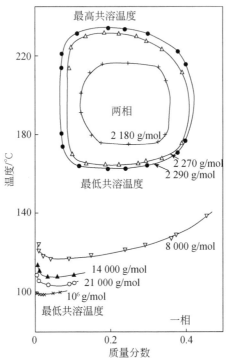

图 5-4　PEO/水系统的温度/重量分数相

　　壳聚糖是一种阳离子聚电解质，是甲壳素脱除部分乙酰基的产物。几丁质和壳聚糖上都存在氨基官能团，这使它们成为有趣的生物聚合物，可以轻松地改性以获得所需的性能。此外，几丁质和壳聚糖衍生物具有出色的生物相容性、生物降解性、低免疫原性和抗菌活性，这引起了生物医学和生物制药研究领域的极大兴趣。值得注意的是，通过修饰壳聚糖能够合成智能响应材料，从而响应环境 pH 的变化。尽管壳聚糖的性质很吸引人，并广泛用于药物输送、伤口愈合、抗微生物活性、抗肿瘤活性和组织工程等各种应用，但其坚硬的晶体结构和不良的溶解性阻碍了其在生物医学领域的使用。壳聚糖是一种 pH 依赖性的阳离子生物聚合物，不溶于中性或碱性水中，但可通过其氨基的质子化作用而溶于酸性水溶液中。为了增加壳聚糖的溶解度拓展其在生物医学中的应用，已经致力于研究并探索了对其进行修饰的方法，如烷基化、酰化和羧基烷基化。几丁质或壳聚糖的溶解度在很大程度上取决于脱乙酰化程度（DDA）。当壳聚糖的 DDA≤40% 时，其可溶 pH 为 9；当壳聚糖的 DDA≥80% 时，其可溶 pH 为 6.5。壳聚糖的溶解度也可以通过结合小的化学基团（如烷基和羧甲基）来改变，这些化学基团增加了壳聚糖在中性和碱性 pH 下的溶解度。用强碱（pH 6.2）中和壳聚糖氨基的正电荷，会导致壳聚糖的羟基、氨基、酰胺和羧基之间分子内和分子间的氢键，进而形成了水合的凝胶状沉淀。例如，β-甘油磷酸酯（β-GP）可以将酸性壳聚糖溶液中和至生理 pH，并在体温（37 ℃）下发生溶胶–凝胶转变。β-GP 盐带负电荷的磷酸部分与壳聚糖的铵基团之间的静电吸引允许疏水相互作用，壳聚糖链之间的氢键导致壳聚糖/β-GP 溶液中的溶胶–凝胶转变。壳聚糖/β-GP 的胶凝时间取决于 β-GP 的浓度。随着 β-GP 浓度的增加，胶凝时间减少。因为当 β-GP 的浓度增加时，更多的氨基被中和，并且壳聚糖链之间的链间氢键相互作用增加，同时在 37 ℃凝胶化所需的时间减少。同样地，在一些其他磷酸盐（如磷酸氢铵和正磷酸氢二钾）的参与下，由高度脱乙酰化的壳聚糖制成了基于壳聚糖的热敏响应材料。通过将羟基丁基（HB）与壳聚糖的羟基和氨基缀合来修饰壳聚糖，还可以提供具有温度响应特性的水溶性壳聚糖。当将 HB 基团添加到壳聚糖中时，HB 基团与水及壳聚糖之间存在分子内和分子间氢键。但随着温度升高，分子间氢键减少，羟丁基壳聚糖（HBC）周围的水分子将被去除，并导致溶胶相到凝胶相的构象变化。凝胶化温度和时间由取代的浓度与取代度决定（例如，在 1.23 取代度下将 5% HBC 与壳聚糖结合时，LCST 为 39 ℃，凝胶化时间为 30 s）。此外，可以将适量的 PEG 接枝到壳聚糖骨架上获得基于壳聚糖的热敏响应材料，然后将壳聚糖和明胶与少量的 $NaHCO_3$ 进行简单混合。通常，将各种共聚物与壳聚糖的羟基、胺、酰胺或羧基官能团缀合，可以容易地设计基于壳聚糖的热敏响应材料。结果表明，我们可以在室温下获得可注射的流体响应材料，并通过各种修改在人体温度下原位形成凝胶。这些使基于壳聚糖的响应材料具有固有的性能，成为用于以最小的侵入性方法将治疗剂递送至靶组织和其他生物医学应用的优选生物材料之一。

纤维素是由 β-(1→4) 连接的单氢吡喃糖单元组成的最丰富的天然线性同多糖，存在于植物、天然纤维（如棉和亚麻布）、一些细菌、真菌和动物中。由于纤维素良好的特性，如无毒、可生物降解、生物相容性、化学稳定性、低成本和高亲水性，它已被认为有吸引力的替代生物材料，这使其成为合成生物相容性水凝胶的极佳原料[18]。纤维素主链中大量亲水性官能团（如羟基、羧基和醛基）的存在有利于水凝胶的制备，并具有令人着迷的结构和性能。此外，通过不同方法（如物理或化学交联策略，通过共混制备和聚电解质复合物形成）制备纤维素基水凝胶的能力扩大了其在生物医学领域的应用。然而，纤维素链的羟基之间存在多个分子内和分子间氢键，因此它不溶于水和最常见的有机溶剂[18,19]。纤维素的化学改性（羟基的酯化或醚化）产生纤维素衍生物，它们更易于加工，水溶性和生物相容性更好[20]。在最广泛使用的纤维素衍生物中，甲基纤维素（MC）、乙基纤维素、羟乙基纤维素、羟丙基纤维素（HPC）、羟乙基甲基纤维素、羟丙基甲基纤维素（HPMC）和羧甲基纤维素是水溶性的，它们可以通过使这些纤维素醚的水溶液交联或通过用更多疏水性单元取代纤维素的羟基而制得。它们已用于通过物理或化学交联制备纤维素基智能水凝胶。例如，羧甲基纤维素（CMC）是具有 pH 响应的水凝胶，而 MC 和 HPMC 则是用于制造温度响应的水凝胶。这些热响应型纤维素衍生物聚合物响应于环境温度的变化会出现溶解度的突然变化。当 HPMC 的临界温度在 75～90 ℃，MC 的临界温度在 40～50 ℃时，会发生凝胶化[21]。溶胶–凝胶转变温度取决于聚合物链上疏水部分的取代度、加热速率和盐的添加[22]。更疏水基团的取代，降低了纤维素衍生物的转变温度。同样地，添加盐还可以通过召回周围的水分子来降低相变温度，从而降低大分子的水合水平[23]。这些纤维素衍生物水凝胶的胶凝温度也通过与其他热响应性聚合物（如 NIPAM）结合而在生理温度附近进行调节[24]。N-异丙基丙烯酰胺（NIPAM）–甲基纤维素（MC）互穿的聚合物网络形成快速可逆的热胶凝水凝胶。与 PNIPAM 相比，低比率的 MC 会降低 LCST，但 MC 比率高时，LCST 会增加[25]。同样，NIPAM 接枝的 HPC 在生理温度附近显示出相变。它的热响应特性取决于接枝链的长度。较短的 PNIPAM 侧链（重复单元）显示出共聚物的 LCST，这是由于 PNIPAM 短链具有亲水性[26]。羟丙基纤维素也可以通过接枝低 LCST 聚合物来优化其 LCST，使其接近生理温度，从而应用于生物医学领域，其中可接枝的低 LCST 聚合物主要有聚（N，N-二乙基丙烯酰胺）、聚（N-乙烯基己内酰胺）、聚（N，N-二甲基氨基乙基甲基丙烯酸酯）、聚（2-(2-甲氧基乙氧基）甲基丙烯酸乙酯）、聚（甲基丙烯酸低聚乙二醇酯）、聚环氧乙烷和聚环氧丙烷。

5.1.3　光响应型高分子材料

光是一种清洁且可被精确掌控的刺激源，光响应型水凝胶药物控释体系通过光来控制药物释放。这类智能响应型水凝胶药物控释体系的聚合物主链或侧链含有光敏基团，研究较多的有重氮或叠氮光敏基团（如邻偶氮磺酰基、偶氮苯）、光二聚型光敏基团（如香豆素、肉桂酸酯基）、丙烯酸酯基团以及特种功能的光敏基团（如光催化性、光导电性、光热性等）等。光响应型水凝胶药物控释体系的作用机理有两种，第一种为光化学机理，即通过光作用使体系的光敏基团发生化学反应（聚合、异构化、光解等），引起大分子链构型、偶极矩、溶解度、导电性或水凝胶内离子浓度的变化，进而导致水凝胶的溶胀体积变化，最终达到药物控释的目的。第二种为光热机理，即当存在光照射时，特殊的光敏基团感应光能并将其转化成热能，使水凝胶药物控释基材局部温度升高，与上述温度响应型水凝胶药物控释体系作用机理一致，当水凝胶药物控释体系内部温度达到温度响应型基材的相转变温度时，发生体积相转变现象，进而控释药物。根据光波长的不同，光响应型水凝胶药物控释体系可分为可见光响应型、紫外光响应型和红外光响应型三种类型。

可见光响应型水凝胶药物控释体系常见的可见光响应基团有螺吡喃、二芳基乙烯、俘精酸酐等，其大多响应形式是开闭环转换，将这些可见光响应基团引入智能响应型水凝胶药物控释体系中，可以得到可见光响应型水凝胶药物控释体系。Hardy 等[27]利用甲基丙烯酸羟乙酯（HEMA）和乙二醇二甲基丙烯酸酯（EGDMA）制备了机械性能良好的可见光响应型水凝胶药物控释体系。如图 5-5 所示，可见光触发后，结合药物布洛芬和 3,5-二甲氧基安息香的共价酯基被破坏，药物游离释放。实验结果表明，该可见光响应型水凝胶药物控释体系在长达 160 h 内递送多达 50 mg 的布洛芬。

紫外光响应型水凝胶药物控释体系常见的紫外光响应基团有偶氮苯、螺吡喃、二苯代乙烯及其衍生物、二芳基乙烯及其衍生物（开闭环转换）等，其相应形式有顺反异构（偶氮苯、二苯代乙烯及其衍生物）、开闭环转换（二芳基乙烯及其衍生物）等，将这些紫外光响应基团引入智能响应型水凝胶药物控释体系中，可以得到紫外光响应型水凝胶药物控释体系。Nehls 等[28]基于聚乙二醇制备了存在主客体复合物（β-环糊精–偶氮苯）修饰的紫外光响应型水凝胶药物控释体系。将末端含有荧光基团和偶氮苯官能团的短肽辐射

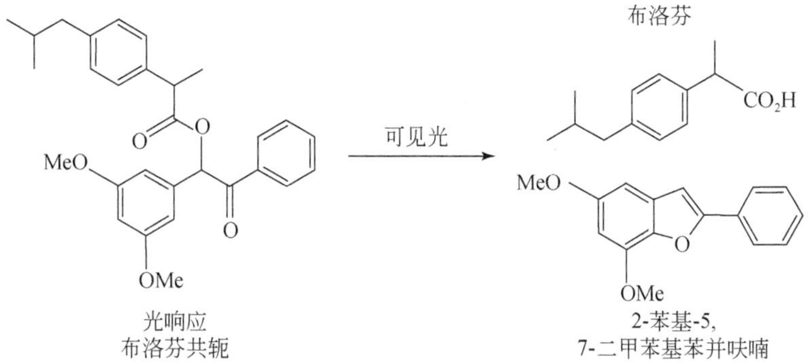

布洛芬

可见光

光响应
布洛芬共轭

MeO
OMe

2-苯基-5,
7-二甲苯基苯并呋喃

图 5-5　可见光触发释放布洛芬

形成的药物负载到该水凝胶药物控释体系中，在紫外光照射条件下，偶氮苯发生异构化，由反式构型变为顺式构型，β-环糊精从偶氮苯分子中脱落，导致主客体复合物减少，负载的药物释放速率增加，如图 5-6 所示。

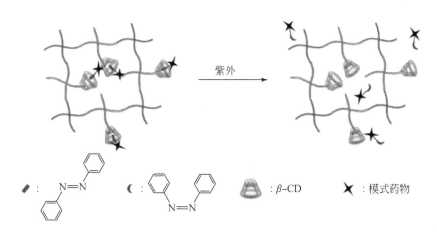

紫外

: 偶氮苯的反式构型

: 偶氮苯的顺式构型

: β-CD

: 模式药物

图 5-6　基于 β-环糊精–偶氮苯的紫外光响应型水凝胶药物控释体系

红外光响应型水凝胶药物控释体系常见的红外光响应基团有香豆素衍生物、聚多巴胺、硝基苯基团等，其大多响应形式是分子内重排，将这些红外光响应基团引入智能响应型水凝胶药物控释体系中，可以得到红外光响应型水凝胶药物控释体系。有研究基于具有光热转换性能的聚多巴胺纳米颗粒（PDANPs）与巯基封端的四臂聚乙二醇（4-arm-PEG-SH）反应制备了近红外光（NIR）响应型水凝胶药物控释体系。将抗癌药物（SN38）通过 π-π 堆积（或氢键）负载到 PDANPs 上，当 NIR 照射时，PDANPs 将 NIR 转化为热，温度升高导致 SN38 与 PDANPs 间的作用力削弱消失，进而释放 SN38。同时实验发现，当撤去近红外光时，可快速关闭药物释放通道，从而实现按需释药，有效地抑制肿瘤的生长。

5.1.4　酶响应型高分子材料

刺激响应型聚合物系统中一个相对较新的研究领域是材料的设计，这些材料在受到酶的选择性催化作用触发时会发生宏观性质的变化。这种类型的敏感性是独特的，因为酶的反应活性具有很高的选择性，可以在体内温和的条件下进行，并且是许多生物学途径中的重要组成部分。酶反应材料通常由酶敏感底物和另一种成分组成，该成分指导或控制导致宏观转变的相互作用。酶对底物的催化作用可导致超分子结构的改变，凝胶的溶胀/塌陷或表面性质的转变。

与细胞外基质的性质相似使水凝胶成为组织工程中特别有前景的材料，水凝胶的体内的适用性结合酶响应使其特别有研究价值。酶反应性水凝胶可用于非侵入性原位形成水凝胶。Yang 等[29]报告了使用酶促去磷酸化诱导溶胶–凝胶转变。小分子芴甲氧基羰基（FMOC）–酸磷酪氨酸暴露于磷酸酶，磷酸基团的去除导致静电斥力降低，芴基基团的堆积导致超分子组装及最终的凝胶化。在一个类似的例子中，Winkler 等[30]报道了通过酶促磷酸化和去磷酸化对蜘蛛牵引丝的基因工程变异的修饰。

向材料传达酶敏感性的另一种方法是并入在酶促条件下反应的官能团。这些基团暴露于特定的酶，会导致产生新的共价键，从而引起宏观性质的改变。例如，Toledano 等[31]使用蛋白酶通过肽的反向水解（连接）连接自组装水凝胶。转谷氨酰胺酶是一种血液凝固酶，具有使赖氨酸（Lys）残基的侧链与肽链内或跨肽链的谷氨酰胺（Gln）残基交联的能力。格里菲思（Griffith）和斯佩林德（Sperinde）将这一过程用于交联的功能化 PEG 和含赖氨酸多肽的水凝胶的合成。在相当温和的条件下观察到凝胶动力学可控，表明该途径可能允许在活细胞存在下形成水凝胶。转谷氨酰胺酶可类似地用于细胞中存在的天然聚合物。包裹在蛋白质明胶混合物中的大肠杆菌细胞能在水凝胶中继续生长，甚至能在蛋白酶水解后的水凝胶中存活。由于某些反式谷氨酰胺酶仅在钙离子存在下才具有活性，暴露 Ca^{2+} 也会触发酶促交联。Sanborn 等[32]将这种现象与四臂星形 PEG 结合使用，该四臂星形 PEG 在每个臂的末端均包含 20 个残基的纤维蛋白肽序列。当将共聚物与负载有 Ca^{2+} 的脂质体混合后，这些脂质体在体温下释放时，肽-PEG 偶联物的交联导致凝胶具有作为药物/基因传递剂和组织黏合剂的潜在应用前景（图 5-7）。

已有研究报道了采用各种方法来制备响应蛋白酶的水凝胶。通常，将预先形成的网络暴露于蛋白酶中，并且网络中基于蛋白质或肽的交联剂的水解导致凝胶降解和释放胶囊化内容物。Lutolf 等[33]在细胞存在的情况下，利用乙烯基砜官能化的多臂遥爪聚合物 PEG 大分子单体与半胱氨酸黏附肽或双半胱氨酸基质金属蛋白酶之间的迈克尔加成反应，形成了水凝胶。所产生的水凝胶响应细胞表面蛋白酶而局部降解，从而改变了通过凝胶模板化路径迁移细胞的途径。Plunkett 等[34]通过在聚丙烯酰胺水凝胶中掺入可降解的 CYKC 四肽序列作为交联剂来制备胰凝乳蛋白酶反应材料。CYKC 四肽序列包含末端半胱氨酸缀合位点，可被胰凝乳蛋白酶分解为酪氨酸残基和赖氨酸残基。当受到胰凝乳蛋白酶的流动或固定溶液作用时，胰凝乳蛋白酶降解 CYKC，微米级凝胶在几分钟内溶解，而具有不可切割

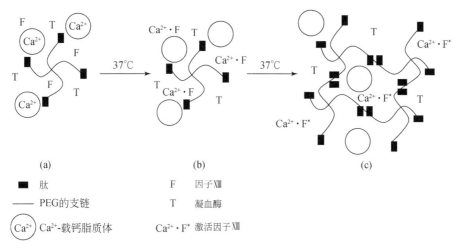

■ 肽   F 因子XIII

—— PEG的支链   T 凝血酶

Ca²⁺ Ca²⁺-载钙脂质体   Ca²⁺·F⁎ 激活因子XIII

图 5-7 （a）肽-PEG 生物偶联物、载钙脂质体、因子XIII 和凝血酶的溶液混合物；
（b）37 ℃时脂质体释放 Ca²⁺，凝血酶被激活和凝血酶激活因子XIII；（c）激活因子XIII使肽-PEG 交联，
导致水凝胶形成

四肽序列的对照水凝胶在类似条件下没有明显的降解。Thornton 等[35] 报道了蛋白酶反应性水凝胶，它们可能在去除毒素或截留药物分子方面有应用。在这种情况下，响应是由渗透压的变化而不是交联降解引起的。由丙烯酰胺和 PEG-大分子单体组成的共聚物珠通过可水解为三肽的酶进行修饰，该肽包含甘氨酸、苯丙氨酸和带正电荷的精氨酸残基，这些残基由于静电排斥而产生溶胀。加入蛋白酶后，三肽被切割，造成精氨酸残基损失，进而导致静电排斥的减少和水凝胶的坍塌。水凝胶也可以被两性离子多肽功能化，该两性离子多肽由于电荷中和而使水凝胶在其初始状态不带电荷。悬垂肽的酶催化水解造成水凝胶的坍塌。

也已有研究报道了对多种其他蛋白质有反应的聚合物。例如，Savariar 等[36] 证明，超分子聚合物表面活性剂复合物可以自组装成胶束结构，加入牛血清白蛋白、溶菌酶、抗生物素蛋白、亲和素、胰凝乳蛋白酶、葡萄糖苷酶和其他蛋白质可以诱导这些胶束结构解离。然而，需要注意的是，在这种情况下，蛋白质敏感性不是由酶促活性引起的，而是由聚电解质有效结合球状蛋白质的能力引起的竞争性络合的结果。

5.1.5 其他响应型高分子材料

（1）氧化还原/硫醇响应型聚合物

氧化还原/硫醇敏感的聚合物是另一类响应聚合物，且受到越来越多的关注，尤其是在药物控释的各个领域。硫醇和二硫化物的相互转化是许多生物学过程中的关键步骤，在活细胞中，天然蛋白的稳定性和刚性起着重要作用，并且已被综合用于各种生物络合方案。二硫键可在还原剂中可逆地转化为硫醇或在其他硫醇的情况下进行二硫键交换，因此含有二硫键的聚合物可以认为是氧化还原和硫醇响应的。

GSH 是大多数细胞中最丰富的还原剂，典型的细胞内浓度约为 10 mmol/L，而其浓度在细胞外部仅约为 0.002 mmol/L。这种浓度上的显著变化已被用于设计氧化还原/硫醇反应性药物递送系统，该系统在进入细胞后会特异性释放治疗剂。例如，Koo 等[37]合成了聚合物胶束作为生物相容性纳米载体，其壳层通过硫醇还原型二硫键交联，在癌症组织特性降低的条件下优先释放抗癌药物。氧化还原敏感的二硫键也可通过使用适当的单体，引发剂或链转移剂直接引入侧链或主链中。例如，El-Sayed 等[38]通过含吡啶基二硫键的丙烯酰基单体与甲基丙烯酸和丙烯酸丁酯的共聚反应合成了药物载体。所得的三元共聚物对硫醇和 pH 敏感，并证明了三元共聚物具有膜破坏特征，这是基因传递中有效的内胞脱离作用所必需的。Tsarevsky 和 Matyjaszewski[39]利用含二硫的双官能 ATRP 引发剂合成了氧化还原/硫醇响应型聚合物，随后利用二硫官能二甲基丙烯酸酯单体通过反相微乳液 ATRP 合成了氧化还原响应型纳米凝胶。与通过逆向细乳液的常规自由基聚合制备的类似物相比，通过 ATRP 合成纳米凝胶可提高胶体稳定性以及溶胀率并增强对三丁基膦或 GSH 处理的降解性的控制。Li 和 Armes[40]在通过 ATRP 聚合 N-(2-羟丙基) 甲基丙烯酰胺 (HPMA) 的过程中，将二硫官能的二甲基丙烯酸酯用作支化剂，用二硫醇或过氧化苯甲酰处理后，可有效地裂解支化共聚物中的二硫键。

研究已证明在胶束核和壳内都掺入可裂解的二硫化物是稳定多分子聚集体的可行机制。例如，Zhang 等[41]使用可逆加成-断裂链转移聚合 (RAFT) 合成了对硫醇敏感的核心交联胶束，该胶束由聚 (聚乙二醇甲基醚甲基丙烯酸酯) -嵌段-聚 (5-O-甲基丙烯酸氯尿苷) 和二甲基丙烯酸酯交联剂组成。在二硫苏糖醇 (DTT) 存在下，所得的纳米颗粒在 7 h 内的药物释放效率高达 70%。Zhang 等[42]通过 RAFT 合成了聚氧化乙烯 (PEO) -b-聚 (NIPAM-co-N 丙烯酰氧基琥珀酰亚胺) 的氧化还原反应性核心交联胶束。胶束与胱胺反应后，疏水核心内的二硫键通过 DTT 处理裂解，并在添加巯基胺作为硫醇/二硫键交换促进剂后再次重整。Li 等[43]合成了壳交联的二硫基含胱胺的三嵌段共聚物胶束。用 DTT 或三 (2-羧乙基) 膦 (TCEP) 完成胶束的可逆裂解，降解的胶束可以使用胱胺作为硫醇交换剂进行重新交联。聚 (1半胱氨酸) -b-聚 (1-丙交酯) 的壳交联胶束也通过开环聚合反应合成。当用 DTT 处理时，胶束壳内的交联丢失，但是当通过透析除去 DTT 时，壳交联的胶束被重新形成。也有研究报道了基于聚 (N-乙烯基吡咯烷酮) (PNVP) 和聚甲基丙烯酸甲酯 (PMAA) 的二硫键交联的聚合物胶囊。所得的氢键和多层膜在生理 pH 下稳定，但是当用 DTT 处理时可以诱导分解。

(2) 电响应型聚合物

电响应型聚合物可用于制备响应电场而膨胀、收缩或弯曲的材料。电响应型聚合物可以将电能转化为机械能，并且在生物力学、人工肌肉致动、传感、能量传导、消音、化学分离和受控药物输送方面具有广阔的应用前景，因此该聚合物是一类日益重要的智能材料。电场中凝胶的变形 (通常是弯曲) 受许多因素的影响，包括基于溶液中离子电压诱导运动的可变渗透压，周围介质的 pH 或盐浓度，凝胶相对于电极的位置、凝胶的厚度或形状以及施加的电压。聚合物将电场的施加转化为物理响应，通常取决于凝胶在电场中的塌陷、电化学反应、电活化的配合物形成、离子聚合物与金属的相互作用、电流变效应或电泳迁移率的变化。

目前，已有研究报道了以聚电解质水凝胶形式的电响应聚合物。聚电解质凝胶在电场作用下会因各向异性溶胀或溶胀而变形，因为带电离子被导向凝胶的阳极或阴极侧。例如，在电场作用下，以及在水解聚丙烯酰胺凝胶的情况下，可移动的氢离子向阴极迁移，而聚合物网络中带负电荷的固定丙烯酸酯基团被吸引向阳极，从而在凝胶内产生单轴应力。阳极周围的区域承受最大应力，而阴极附近的区域承受最小应力，该应力梯度有助于电场下的各向异性凝胶变形。

5.2 智能响应纳米微胶囊及抑菌性能

微胶囊技术是指液体、固体甚至气体的微小颗粒被一层连续的聚合物材料包裹的过程。通过该过程形成的微小粒子称为微胶囊，微胶囊包裹物质可免受外界不利环境影响，微胶囊技术可实现药物控释。微胶囊的粒径一般在 $1 \sim 1000$ μm，由芯材和壁材组成，其中，被包裹的物质称为芯材，外层的包裹材料称为壁材。壁材在芯材与外界环境之间形成物理屏障，防止芯体直接接触水汽、氧气、热、光、酸或碱。芯材的种类极多，如香料、药物、颜料、交联剂、催化剂等，而壁材主要为高分子聚合物。近年来，由于芯材和壁材的可控性，微胶囊技术通过稳定输送各种不稳物质在医药、生物技术、食品加工等领域应用得到广泛关注。

由于芯材和壁材的不同，微胶囊有很多外形和结构，微胶囊的特征参数包括粒径及分布、表观结构、内部结构，微胶囊的结构对微胶囊化的效果有很重要的作用。根据微胶囊的形状和芯材分布状态的不同，微胶囊可以分为单核微胶囊、多核微胶囊和微胶囊簇三类。

制备微胶囊的工艺过程、芯壁材料等条件的差异会影响微胶囊的内部结构，微胶囊的内部结构主要有芯材在微胶囊内部的分布、壁厚、孔隙等，根据芯材在内部分散方式的不同，可以分为单腔室结构、多层次嵌套、微孔结构。选用壳聚糖和麦芽糊精两种物质为壁材，采用喷雾干燥方法包埋维生素 E。共聚焦激光扫描显微镜研究发现，微胶囊的囊壁为环形结构，囊壁的厚度均匀、组织致密，并且有一些孔隙存在，芯材较为均匀地分布在内部。

微胶囊发展至今，制备方法已经有很多种，据统计，目前已有 200 多种制备微胶囊的方法。根据制备微胶囊的原理和条件，微胶囊的制备方法可以初步分为物理法、化学法和物理化学法 3 种。物理法是利用物理和机械原理制备微胶囊的方法，将芯材和壁材机械搅拌混合均匀、细化、造粒，最后通过壁材凝聚固化在芯材的表面从而制备微胶囊。这种制备方法具有设备简单、成本低、易于推广、有利于大规模连续生产等特点，主要包括溶剂蒸发法、喷雾干燥法、熔化分散冷凝法、包结络合法等。化学法是壁材通过聚合反应或缩合反应等制备微胶囊的一种常用方法，化学法一般分为界面聚合法、原位聚合法和悬浮聚合法三种。物理化学法是通过改变温度、pH、加入电解质等方式，使溶解状态的成膜材料从溶液中聚沉出来，并将芯材包裹形成微胶囊的过程，包括相分离法、层层自组装法、冷凝法等。近年来，为了制备某些具备特殊性能的微胶囊，研究者们根据不同需求在原有理论基础和方法上对新的工艺进行了大量研究，并取得了很多成果。例如，气体饱和溶液法、超临界流体快速膨胀法（RESS法）、超临界流体抗溶剂结晶法和利用微孔分散原理的多孔玻璃（SPG）膜乳化法等，值得注意的是，目前出现的硅板材料表面微通道乳化法同样拥有着巨大的优势。其中，喷雾干燥法和层层自组装法是目前微胶囊制备应用最为广泛的方法。

（1）喷雾干燥法

通常微胶囊以粉末状形式出现，其通过喷雾干燥多组分悬浮液及其他方法（如挤出、冷冻干燥、共结晶等）来获得。由于芯材在操作过程中温度低，喷雾干燥法在医药以及食品工业中被广泛用于制备微胶囊。用于制备微胶囊的喷雾干燥过程主要包括四个步骤：①为给定芯材选择最佳壁材；②制备包含芯材和壁材的乳液；③通过喷嘴将乳液送入干燥室；④收集压缩空气所产生的粉末。喷雾干燥法的优点是操作方便、成本低廉、灵活性好、易于大规模工业化生产。被喷雾干燥的样品可以是乳浊液、溶液，也可以是滤饼一类的原料。由于壁材的快速干燥失水形成了一层保护膜，芯材免受外界不良的环境影响，并且可以达到控制精油的释放速度，更好地利用芯材的特性。

（2）层层自组装法

层层自组装法是一种制备多层薄膜微胶囊的常见制备技术，可将其结构和组成控制在纳米级别。层层自组装微胶囊是通过静电相互作用、氢键或共价键的连接，将聚合物按照顺序层层组装到模板上的过程。层层自组装微胶囊相比其他微胶囊化技术有几个独特的优势，如装配过程简单，可以很容易地控制胶囊的大小和形状，微胶囊壁壳的渗透性、稳定性及表面的功能化可用来构建多功能装载系统。因此，它被广泛应用于各种聚合物微胶囊，如纳米材料的合成，物材料工程和药物输送等。尽管层层自组装法制备微胶囊有诸多优点，但用此方法包埋疏水性药物仍然具有挑战性，这是由于利用层层自组装法制备微胶囊时涉及的电荷负载通常是在水溶液中进行的。但是很多药物的水溶性较差，不能在水溶液中被包覆。据报道，通过筛选组合库发现超过40%的新的药理活性化合物水溶性较差。因此，疏水性药物的包埋仍然是科学家和制药公司的一个重要课题。到目前为止，采用四种层层自组装法制备疏水性药物微胶囊。第一种方法是将多层电解质分散在有疏水药物的水包油体系中。第二种方法是将疏水性药物负载胶束或脂质体亚基嵌入层层自组装聚电解质微胶囊内部。第三种方法是将疏水性药物溶解在挥发性有机溶剂中并渗入介孔二氧化硅微粒，然后蒸发有机溶剂，最后将载有药物的介孔二氧化硅微粒用聚电解质涂覆并分解以形成疏水性药物负载的微胶囊。第四种方法是寻找可与疏水性化合物形成稳定络合物的改性聚电解质，如季铵化壳聚糖衍生物和癸氨基酰肼修饰透明质酸，并用作层层自组装聚电解质微胶囊层。

5.2.1 pH响应纳米微胶囊及抑菌性能

（1）辣椒素@壳聚糖（CAP@CS）pH响应纳米微胶囊的制备及防污特性的研究

阳离子天然多糖CS，由于其带正电荷的氨基与细菌细胞膜上的负电荷之间可以产生相互作用，因而具有抑菌性能。此外，由于侧链中含有大量氨基，由CS制成的纳米胶囊具有典型的pH响应特性。具体来说，CS的解离常数（pK_a）约为6.5，当溶液环境pH<

6.5 时，氨基发生质子化，由于静电排斥作用，纳米胶囊膨胀。氨基的去质子化发生在碱性环境中，导致纳米胶囊收缩，孔道变小或封闭，从而达到延缓药物释放、延长使用寿命的目的。因此，CS 纳米胶囊作为在体内或体外使用的智能药物传递系统受到高度关注。然而，在海洋应用中，防污剂的智能控释还没有相应的研究报道。在海洋环境中，细菌代谢产生的分泌物会导致局部 pH 降低，而 CS 纳米胶囊会根据外界环境的刺激程度不同，膨胀释放防污剂，从而防止生物污染，以应对 pH 不断降低的情况。相反，在细菌较少或没有细菌的情况下，海洋环境整体呈现碱性状态，胶囊保持收缩状态控释防污剂。因此，智能纳米胶囊可以延长防污剂的使用寿命。由此可见，CS 在海洋防污剂的控释方面具有巨大潜力，在环境变化刺激下，以可控的方式存储和释放防污剂。此外，通过杀死微生物（如细菌、硅藻和藻类孢子）来防止污损生物的沉降是一种较为有效的途径。杀菌过程作为预防生物污损的初始步骤，可以有效防止细菌黏附，避免后续藻类和贻贝等海洋生物进一步生长附着。因此，将抑菌材料与 pH 响应 CS 结合，能够用于防污领域。由于有机锡化合物等有毒杀菌材料的限制越来越大，来自动植物的天然化合物等环保型防污剂受到越来越多的关注。在这些天然化合物中，CAP 具有卓越的杀菌性能、环保性能和良好的生物降解性能。CAP 作为典型的负电荷防污剂，可以通过静电作用在 CS 和 CAP 之间形成稳定的配合物，从而延长释放时间。

有团队通过微乳液聚合成功制备了具有高循环稳定性和抑菌性能的 pH 响应型 CAP@CS 纳米胶囊，并将其作为新型防污剂[44,45]。根据周围环境 pH 变化，纳米胶囊可以由 CS 引发的质子化或去质子化导致胶囊膨胀或收缩，从而影响 CAP 释放。海洋环境中细菌繁殖引起的环境酸化是胶囊触发释放 CAP 的主要机制。同时，随着溶液环境 pH 的不断降低，胶囊不断胀大，CAP 释放变快，抑菌能力增强。在酸性环境中，CAP@CS 纳米胶囊中的 CS 被触发发生质子化，胶囊溶胀后 CAP 的释放会导致周围细菌被迅速杀死，使周围环境在短时间内恢复呈碱性，进而导致胶囊包材发生去质子化，孔道收缩，CAP 释放得到控制。CAP@CS 纳米胶囊具有优良的 pH 响应特性，并且在酸性和碱性条件下具有显著的循环稳定性。同时，在循环后仍表现出出色的抑菌性能。因此作为新型海洋防污剂应用到海洋防污涂层中具有十分广阔的应用前景。

CAP@CS 制备示意如图 5-8 所示。其中，图 5-8（a）和（b）分别为 CS、CAP 的分子结构式，两者溶液通过液液成核过程［图 5-9（c）］形成微胶束，进而根据水包油的机制，自组装形成 CAP@CS 纳米微胶囊。微胶囊在制备过程中，卵磷脂作为乳化剂，参与成核液滴形成微胶束的过程，而 CAP 和 CS 则分别作为油相和水相参与合成胶囊的过程。根据参与油相、水相的物质的量不同，可以制备出不同粒径大小的纳米微胶囊。

图 5-9 展示了 CS、CAP 和 CAP@CS 纳米微胶囊对大肠杆菌、金黄色葡萄球菌和铜绿假单胞菌的抑菌情况。从图 5-9 中可以看出，辣椒素具有优良的杀菌性能。从图 5-9（a）可以看出，空白组的大肠杆菌、金黄色葡萄球菌和铜绿假单胞菌的菌落数大约为 189 CFU、178 CFU 和 216 CFU。加入 CS、CAP 和 CAP@CS 纳米微胶囊后，菌落数均有不同程度的下降，证明这三种材料都在不同程度上表现出较为明显的杀菌性能。其中，值得注意的是，CAP 的杀菌效果尤为明显。根据图 5-9（b），CAP 对大肠杆菌、金黄色葡萄球菌和铜

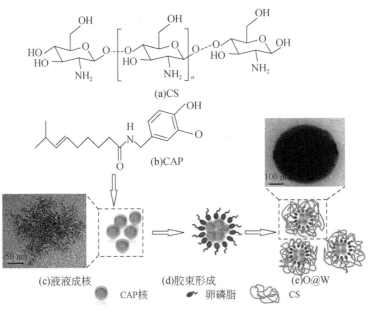

图 5-8 CAP@CS 微胶囊制备示意

O@W 表示水包油型乳状液

绿假单胞菌的杀菌率分别为 98.21%、98.79% 和 98.91%，其主要原因是辣椒素对细菌具有强烈的刺激性。而 CS 对大肠杆菌、金黄色葡萄球菌和铜绿假单胞菌的抑菌率分别为82.88%、76.47% 和 84.71%。CS 的杀菌性能主要归功于带正电的氨基，通过这些氨基，带正电的 CS 可以与带负电的细菌相互作用而杀死细菌。CAP@CS 纳米微胶囊的结构是 CS将 CAP 包覆在了内部，因此胶囊的杀菌率较 CAP 而言有略微程度的下降。实验结果表明，CAP@CS 对大肠杆菌、金黄色葡萄球菌和铜绿假单胞菌的杀菌率分别为 95.91%、95.37% 和 95.73%。总体来讲，CAP@CS 纳米胶囊对革兰氏阴性菌、革兰氏阳性菌和海洋菌可以表现出显著的广谱杀菌性能。

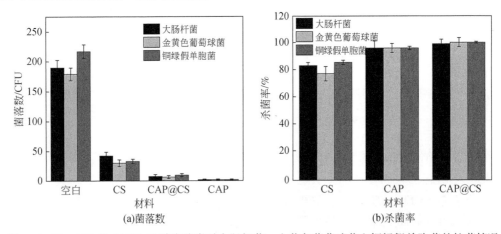

图 5-9 CS、CAP 和 CAP@CS 纳米胶囊对大肠杆菌、金黄色葡萄球菌和铜绿假单胞菌的抑菌情况

通过测量纳米胶囊的流体动力学直径和透析液中 CAP 的释放浓度来确定 CAP@ CS 纳米胶囊的 pH 响应机制。将等体积等浓度的 CAP@ CS 纳米胶囊放置在不同 pH (4、4.5、5、5.5、6、6.5、7、7.5、8、8.5) 的 PBS 中，通过紫外分光光度计分析不同时间段内各透析液中含有的释放的 CAP 含量，结果如图 5-10 所示。随着 pH 逐渐升高，CAP 的释放量呈现逐渐下降的趋势，且随着时间的延长，释放量趋于稳定。CAP@ CS 在不同 pH 溶液下浸泡初期已经呈现出不同的特点。当环境 pH<7 时，CAP 的释放浓度随着 pH 的降低而线性增加，但当外界溶液环境上升至 pH 7.5~8.5 时，CAP 的释放量保持在较低水平。在 pH 4~6 条件下，CAP 的释放量在初期迅速增加。对于 pH 6.5 和 7 两组数据而言，初期 CAP 的释放量有一定程度的降低，但相比于 pH≥7.5 的三组数据而言，仍呈现出较大、较快的释放趋势。相比于酸性和中性条件的透析液，CAP 在碱性 (pH 7.5~8.5) 溶液内释放速度明显变慢，释放量明显降低。4 h 后，pH 4 曲线中 CAP 浓度在约 41 ppb[①] 处达到最大值，而 pH 4.5 和 6 曲线中 CAP 浓度分别保持在 37 ppb 和 35 ppb。对于 pH 6.5 和 7 两组数据而言，6 h 后的最大值分别为 32 ppb 和 25 ppb。随着 pH 的降低，CAP 的浓度增加，表明纳米胶囊具有 pH 响应性能，能够由细菌浓度引发调控 CAP 的释放。需要特别指出的是，pH 7 是释放速率增加的边界值。这种现象是由 CAP@ CS 纳米胶囊的结构变化决定的。

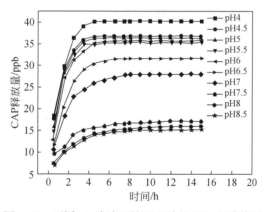

图 5-10　不同 pH 溶液环境下释放的 CAP 量曲线图

CAP@ CS 纳米胶囊的 pH 触发机理如图 5-11 所示，同时选择 pH 4、5.5、7 和 8.5 PBS 对不同释放情况下的杀菌效果加以评估。在酸性条件下，CS 的氨基质子化从—NH$_2$ 变为—NH$_3^+$，导致系统带正电，内部静电排斥增加，从而使胶囊膨胀，胶囊包材孔道增大，CAP 容易释放。当外界环境条件变为碱性时，发生去质子化，使聚合物网络收缩，CAP 难以释放。

以铜绿假单胞菌作代表，研究不同 pH 条件下 CAP@ CS 的杀菌性能。分别选取四个有代表性的溶液环境，将铜绿假单胞菌液添加到含有 CAP@ CS 纳米胶囊的不同 pH (4、5.5、7、8.5) PBS 中，在 37 ℃下培养后，用无菌生理盐水稀释，最后移取 20 μl 细菌混合液涂布在固体培养基上。在恒温恒湿箱内培养 18 h 后，观察菌落生长情况，结果显示，

———————

① 1 ppb = 1×10^{-9}。

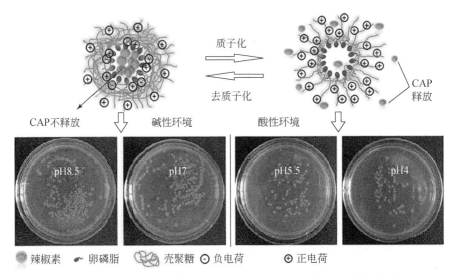

图 5-11　CAP@CS 纳米微胶囊的 pH 响应机理及不同 pH 下平板菌落

在酸性环境下细菌菌落数明显小于碱性环境下细菌菌落数。其中，pH 4 环境下生长出的菌落数量最少，随着环境 pH 的升高，可以明显看出菌落数增加，pH 8.5 环境下生长出的菌落数量最多。从菌落平板结果来看，碱性条件下活细菌数量多于酸性条件下活细菌数量，证明在酸性环境中杀死的细菌数量多于在碱性环境中杀死的细菌数量。而在实际海洋环境中，由细菌贡献的酸性环境有助于防污剂 CAP 释放，因此该 pH 控制的 CAP@CS 纳米微胶囊控制释放机制满足智能抑菌应用的要求。

（2）非释放型细菌触发 CS-b-PEG 纳米胶束的制备及防污特性的研究

CS 作为一种环境友好的智能响应胶束在海洋防污剂的控释方面具有巨大应用价值。CS 纳米胶束会根据外界微环境 pH 的刺激程度不同，膨胀释放防污剂，实现精准杀菌。相反，纳米胶束在正常海洋环境碱性条件下保持收缩状态，控制防污剂释放实现智能响应防污。对于含有杀菌剂的防污剂，当有效成分释放到环境中时，无论采用何种方法控制或触发其释放行为，其抗菌性能都会丧失。

有团队成功制备了细菌触发的 pH 响应结构可逆的 CS-b-PEG 纳米胶束，进行海洋抑菌防污[46]。首先合成了 CS-b-PEG 的两亲性嵌段共聚物，并在去离子水中自组装成纳米胶束。与纯 CS 相比，CS-b-PEG 纳米胶束具备出色的抗菌性能，因为引入 PEG 后分散性增加。同时，PEG 可以在碱性环境中包覆 CS 核，可是在溶液由于细菌繁殖而变成酸性后，CS 将暴露于环境中。在此过程中，纳米胶束的尺寸急剧增加，这是由 CS 上氨基的质子化引起的。循环稳定性结果表明，由于纳米胶束网络的连续质子化和去质子化，在两个循环的交替 pH（pH 8.5 和 pH 5）过程中实现了纳米胶束的膨胀和收缩的可逆变化。可逆结构纳米胶束不仅保护有效部分，而且延长了 CS-b-PEG 纳米胶束的抗菌性能。CS 与 PEG 之间的协同抗菌作用，极大地提升了 CS-b-PEG 纳米胶束的抗菌性能。设计诸如 CS-b-PEG 之类的结构变化材料，为在海洋抗菌和防污应用中开发非释放型防污剂提供了新的方向。

图 5-12 为 CS-b-PEG 自组装纳米胶束的典型透射电子显微镜（TEM）和动态光散射

（DLS）图像。图 5-12（a）中，自组装纳米颗粒的形状大致呈球形，分散性很好。另外，纳米胶束的平均尺寸约为 29 nm。同时，通过 DLS 测定的纳米颗粒的流体动力学直径尺寸为 30 nm。在 DLS 测试条件下，溶剂效应导致纳米胶束呈现水合状态，因此检测到纳米胶束具有相对较大的尺寸。

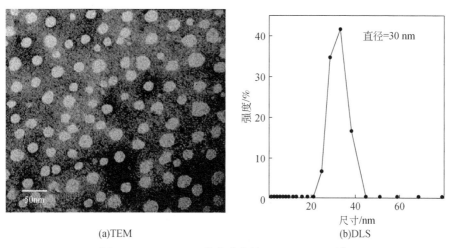

(a)TEM   (b)DLS

图 5-12   CS-b-PEG 纳米胶束的 TEM 和 DLS 图像

　　细菌黏附作为细菌繁殖过程的第一步，在帮助生物体累积和为其提供补充方面起着至关重要的作用。平板菌落法用于测定 CS-b-PEG 纳米胶束对金黄色葡萄球菌和铜绿假单胞菌细菌的抗菌特性。如图 5-13 所示，与其他菌落相比，CS-b-PEG 纳米胶束处理过的菌落

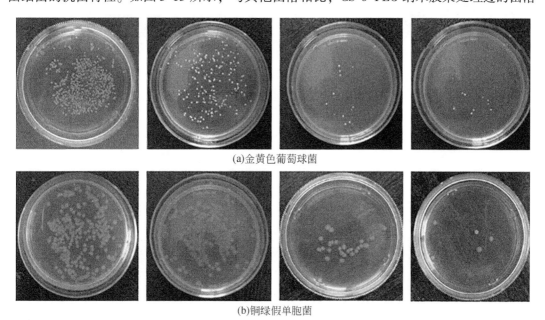

(a)金黄色葡萄球菌

(b)铜绿假单胞菌

图 5-13   胶束对金黄色葡萄球菌和铜绿假单胞菌的平板菌落

（a）（b）从左自右依次为空白、PEG、CS、CS-b-PEG

照片具有最小的菌落数量。这意味着 CS-*b*-PEG 纳米胶束的抗菌能力与其他材料的抗菌特性相比更加有效。

CS-*b*-PEG 纳米胶束针对金黄色葡萄球菌和铜绿假单胞菌的抑菌结果如图 5-14 所示。与空白组相比，CS-*b*-PEG 纳米胶束具有出色的抗菌性能。PEG 对金黄色葡萄球菌和铜绿假单胞菌的抑菌效率分别为 19.91% 和 24.01%。PEG 分子中的每个重复单元可以通过氢键和三个水分子形成水合层，并且可以抑制蛋白质和细菌的黏附。但是，PEG 的抗菌性能较差。CS 对金黄色葡萄球菌和铜绿假单胞菌的抑菌效率分别为 93.53% 和 95.76%。CS 的抗菌行为归因于 CS 中氨基的质子化会干扰细菌的生命活动，从而抑制细菌的生长。结果还表明，CS-*b*-PEG 纳米胶束比 CS 和 PEG 样品更有效，分别对金黄色葡萄球菌和铜绿假单胞菌具有 97.51% 和 97.74% 的抑菌能力。其优异的抗菌性能归因于 CS 与 PEG 之间的协同作用。CS 应该堆积在细菌的细胞表面，穿透细胞膜扰乱细菌新陈代谢，然后被吸附到 DNA 分子上，从而阻止 RNA 从 DNA 转录。CS 接枝 PEG 后，其水溶性明显改善。

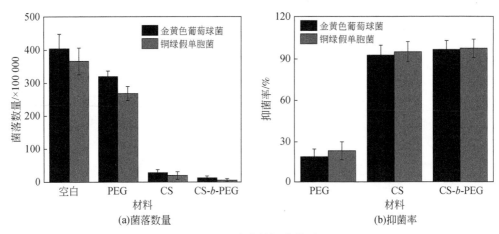

(a) 菌落数量   (b) 抑菌率

图 5-14　胶束的抑菌情况

为检测 CS 和 PEG 在纳米胶束中的分布，首先评估 CS 和 PEG 的溶解度，如图 5-15（a）和（b）所示。图 5-15（a）和（b）分别显示出 CS 和 PEG 在碱性、酸性溶液中的溶解度，选择 pH 8.5 溶液作为海洋环境 pH。当细菌繁殖时，环境 pH 降低至酸性，这就是可以选择 pH 5.0 的原因。从图 5-15（a）中可以看出，左瓶有一些白色沉淀，而右瓶是透明的。这表明 CS 在 pH 8.5 时微溶，而 PEG 可溶。在图 5-15（b）中，两个瓶子都是透明的，没有沉淀。这表明 CS 和 PEG 完全溶解在酸性溶液中，也就是说 CS 可以转变为可溶于酸性溶液。这意味着对于 CS-*b*-PEG 纳米胶束，CS 应该位于胶束体系内部。在海洋环境中，PEG 可以通过纳米胶束结构保护 CS，并减少 CS 的水解以延长使用寿命。

Zeta 电位分布图也有助于评价有关纳米胶束的更多细节，如图 5-15（c）所示。在 pH 5.0 和 pH 8.5 下，CS、PEG 和 CS-*b*-PEG 纳米胶束的表面 Zeta 电位分别为（19.7±1.56）mV、（-4.68±0.90）mV、（15.87±0.64）mV 和（3.49±0.89）mV、（-7.71±0.48）mV、

(a)   (b)

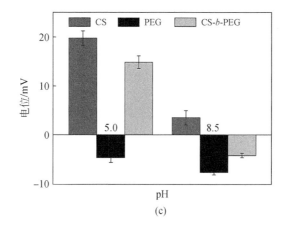

(c)

图 5-15　胶束的溶解度

（a）CS 和 PEG 在 pH 8.5 下的溶解度图像；（b）CS 和 PEG 在 pH 5.0 下的溶解度图像；
（c）CS、PEG 和 CS-*b*-PEG 纳米胶束分别在 pH 5.0 和 pH 8.5 下的 Zeta 电位

（−3.99±0.96）mV。总体而言，CS 在酸性和碱性溶液中均具有正电荷，而 PEG 则具有负电荷。CS-*b*-PEG 纳米胶束在碱性环境中呈现负电荷，而在酸性环境中呈现正电荷。这意味着当环境 pH 改变时，胶束构造发生改变。

在海洋环境中，随着细菌的繁殖，微环境的 pH 从碱性降低到酸性。因此，选择一系列的 pH（5.0、5.5、6.0、6.5、7.0、7.5、8.0、8.5）以评价胶束 Zeta 电位的变化，结果如图 5-16（a）所示。图中显示，随着 pH 从 8.5 降低到 5.0，表面 Zeta 电位值增加。CS-*b*-PEG 纳米胶束的表面 Zeta 电位从大约−1.96 mV 逐渐增加到 15.87 mV。实际上，正电荷和负电荷之间的变化暗示纳米胶束的结构已经改变，图 5-16（b）和（c）可以证实该观点。TEM 图像表明，随着 pH 的降低，纳米胶束的 Zeta 电位增加且尺寸增大。选择 pH 8.5 到 pH 5.0 条件，进一步评估一段时间内纳米胶束的大小变化，结果如图 5-16（d）所示。当溶液的 pH 从碱性变为酸性时，可以清楚地看到，随着时间的推移，纳米胶束的尺寸在最初的 90 min 内从近 30 nm 稳定增加到约 51 nm，并且直径在 90 min 后趋于稳定，这意味着溶胀过程几乎在 90 min 后完成。

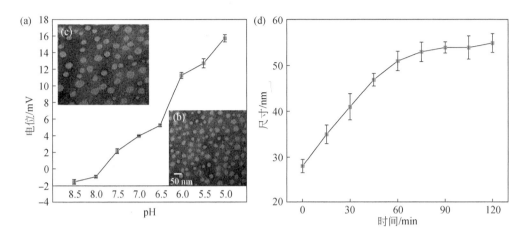

图 5-16　CS-*b*-PEG 纳米胶束的 Zeta 电位和大小变化

（a）CS-*b*-PEG 纳米胶束在不同 pH 条件下的 Zeta 电位变化；（b）CS-*b*-PEG 纳米胶束在 pH 8.5 下的 TEM 图像；
（c）CS-*b*-PEG 纳米胶束在 pH 5.0 下的 TEM 图像；（d）CS-*b*-PEG 纳米胶束第 0 min 改变 pH，
从 pH 8.5 调到 pH 5.0 之后的尺寸随时间变化

　　纳米胶束在不同 pH 环境下结构变化的机理，结构变化现象可能与氨基的质子化和去质子化作用有关（图 5-17）。在海洋环境中，pH 为 8.0 ~ 8.5，这是碱性环境。此时，CS-*b*-PEG 纳米胶束的结构是 CS 核和其上面的 PEG 表面。同时，由于 CS 上的氨基几乎以—NH_2 形式存在，这意味着纳米胶束网络上的静电相互作用较弱，因此其直径尺寸较小。随着细菌的繁殖，微环境的 pH 急剧下降。当环境 pH 降低到 5.0 时，发生质子化过程，这意味着 CS 中的残留氨基从中性—NH_2 变为 NH_3^+。在酸性环境中氨基与 H^+ 的结合会导致正电荷的增加，引起系统内部静电排斥作用，这会导致 CS-*b*-PEG 纳米胶束膨胀，如插入的 TEM 图所示 [图 5-16（b）和（c）]。表面 Zeta 电位的测量结果可以与 TEM 的测量结果相结合，以验证是否存在导致其 pH 响应行为的结构变化。如上所述，由于纳米粒子的质子化，纳米胶束聚合物的聚集网络已经膨胀。CS 上的氨基，导致尺寸变大和 Zeta 电位增加，并使 CS 暴露于环境中。CS 作为一种传统的抗菌材料，可以提供杀菌性能，并使细菌失去完整的细胞结构。在海洋环境中，细菌死亡后，微环境的 pH 可以立即恢复为碱性。根据质子化和去质子化的机理，CS-*b*-PEG 纳米胶束的结构改变行为应是可循环的，此后我们验证了纳米胶束的循环稳定性。这意味着，当 pH 更改为 8.5 时，NH_3^+ 返回中性—NH_2。随着静电相互作用的降低，纳米胶束可能会收缩，并使 CS 受 PEG 保护。因而，具有显著 pH 响应抗菌特性的 CS-*b*-PEG 纳米胶束在防污应用中具有广阔的前景。

　　为了进一步评估胶束的 pH 响应及 CS 是否像假定的那样暴露出来，pH 5.0 和 8.5 环境下利用细菌 SEM 图像来验证纳米胶束的抗菌性能，如图 5-18 所示。在图 5-18 的 SEM 中显示出细菌的形态，以确定 CS-*b*-PEG 纳米胶束的抗菌机制。经 pH 8.5 纳米胶束处理后，金黄色葡萄球菌和铜绿假单胞菌均显示出光滑且健康的外观，如图 5-18（a_1）和

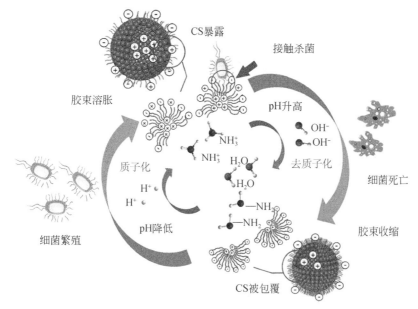

图 5-17　CS-*b*-PEG 纳米胶束的 pH 响应机理示意

（b₁）所示。这表明 pH 8.5 的纳米胶束具有非常弱或没有杀菌性能。换句话说，纳米胶束的抗菌性能与 PEG 相似。当在 pH 5.0 下用 CS-*b*-PEG 纳米胶束处理金黄色葡萄球菌和铜绿假单胞菌时，细菌膜变粗糙、起皱和穿孔，表明它们完全不可逆地被破坏。这表明 CS-*b*-PEG 纳米胶束在 pH 5.0 时具有很高的抑菌率，这与图 5-14 的结果相对应。纳米胶束的抗菌性能与 CS 相似，这意味着在碱性溶液中，PEG 位于纳米胶束的外部，而 CS 在纳米胶束内部受到保护。由于 CS 无法与细菌接触，纳米胶束在碱性溶液中处理后，细胞膜仍保持正常。当环境的 pH 降低时，纳米胶束的尺寸不断增加，CS 暴露于溶液中（图 5-17），从而导致 CS-*b*-PEG 纳米胶束的抗菌性能显示出来。根据这些结果，结合图 5-14 和图 5-16 的结果，图 5-17 中细菌触发抗菌性能的结构变化机理是成立的。

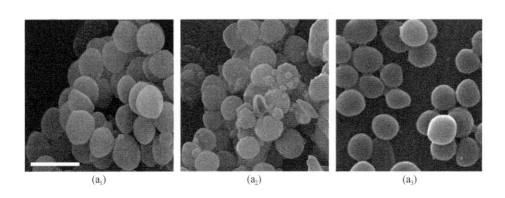

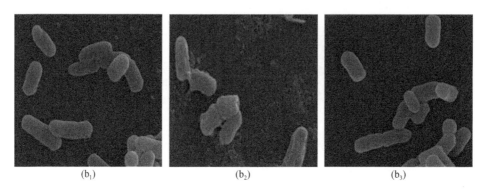

(b₁)   (b₂)   (b₃)

图 5-18　CS-*b*-PEG 纳米胶束在 pH 5.0（a₂）和 pH 8.5（a₃）下处理的金黄色葡萄球菌［对照组（a₁）］的 SEM 图像；CS-*b*-PEG 纳米胶束在 pH 5.0（b₂）和 pH 8.5（b₃）下处理的铜绿假单胞菌［对照组（b₁）］的 SEM 图像

依据上述结果，由于 PEG 的保护作用，纳米胶束可以在细菌触发时保持抗菌效果。在海洋环境中，细菌繁殖时微环境的 pH 降低，由此引发 CS-*b*-PEG 纳米胶束网络膨胀。结构改变的过程有助于在细菌环境中接触 CS，并杀死细菌以达到防污效果。

5.2.2　光热响应纳米微胶囊及抑菌性能

Hu 等[47]制造了高负载比的热–氧化还原双响应芳樟醇（linalool）胶囊，芳樟醇的释放是可控的，且其具有很高的抗菌作用。GSH 是大肠杆菌细胞内最丰富的硫醇，它的存在加速了芳樟醇的释放，因此大肠杆菌的生长受到很大抑制。芳樟醇胶囊的触发释放可以激发精油、香料或生物活性物质的更多封装开发。

图 5-19 简要描述了芳樟醇-杂化二氧化硅（HS）–聚乙烯基己内酰胺（PVCL）胶囊的制备。首先通过 SDS 乳化法制得芳樟醇–二甲基二乙氧基硅烷（DMDES）乳液，然后通过 DMDES 的水解和缩合来稳定低聚物。DMDES 的水解和缩合形成硅油与低聚物，被广泛用作合成空心球的软模板。乳液的稳定性是实现一锅法用 PVCL 高包封率包覆芳樟醇的前提。为了确保引入 C=C 活性键，三甲氧基硅烷（MPS）被用于修饰芳樟醇乳液液滴的表面。随后，温度敏感型乙烯基己内酰胺（VCL）单体在 75 ℃下由过硫酸钾（KPS）引发并聚合以直接封装乳液液滴。VCL 作为一种热敏单体被用作密封剂，其 LCST 类似于 N-异丙基丙烯酰胺，并且已被证明是生物相容的。为了获得芳樟醇-HS-PVCL 胶囊在氧化还原条件下的降解性，BAC 作为交联剂与二硫键在 VCL 单体的沉淀聚合过程中形成网络。

基于热响应型 PVCL 和氧化还原响应型二硫键形成的胶囊呈现热和氧化还原双响应性。PVCL 在水溶液和乙醇溶液中的热响应通过 DLS 来确定，通常温度敏感性与 PVCL 和水之间的相互作用密切相关。PVCL 胶囊的平均直径在 32 ℃发生变化（LCST=32 ℃）。当温度低于 32 ℃时，PVCL 链的丙烯酰胺基团和水分子之间形成强氢键，导致胶囊膨胀，平均直径增加到 302 nm。随着温度升高，氢键断裂，胶囊的平均尺寸减小到 232 nm。相比之

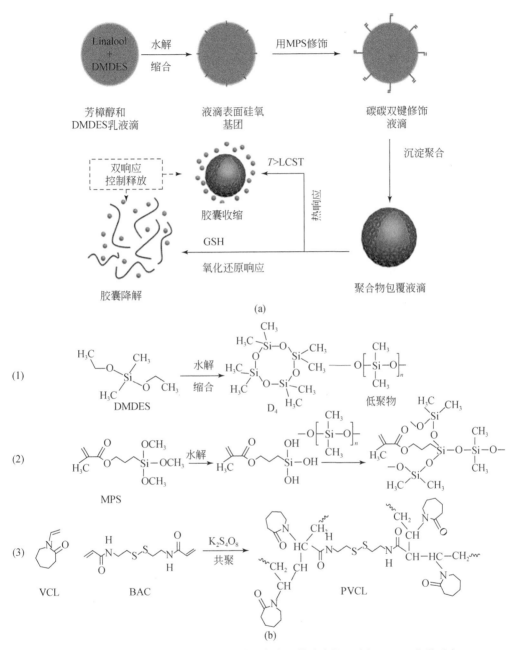

图 5-19　(a) 二硫键结合的芳樟醇-HS-PVCL 胶囊的制备、热响应性和降解；(b) 化学反应 (1) DMDES 的水解和缩合，(2) 液滴表面的碳–碳双键改性，(3) 二硫键结合的 BAC 交联的 VCL 沉淀聚合

下，乙醇溶液中胶囊的平均尺寸随着温度的升高而急剧减小，这是由于当乙醇浓度大于 25 mol% 时，疏水基团溶剂分子的存在导致聚合物链脱水和转变温度消失，称为疏水水合作用。胶囊冷却到 20 ℃后，胶囊的平均尺寸恢复到原来的尺寸。这表明胶囊呈现可逆的膨胀和收缩过程，芳樟醇-HS-PVCL 胶囊也是如此。假设这种特性随着尺寸的增加而更加

突出，为 PVCL 层留有松弛和收缩的空间。

通过跟踪以 GSH 为还原剂的浊度变化，用 DLS 法测定了芳樟醇-HS-PVCL 胶囊的氧化还原响应特性。图 5-20（c）显示了胶囊在不同浓度的 GSH 存在下的氧化还原响应行为。芳樟醇-HS-PVCL 胶囊在无 GSH 存在下孵育 24 h 后，其相对浊度保持在 100% 左右，这表明芳樟醇- HS- PVCL 胶囊在不添加 GSH 的情况下是稳定的。然而，在 10 mmol/L、20 mmol/L GSH 存在下孵育 4 h 后，相对浊度迅速下降至 47% 和 14%，表明还原剂浓度越高，侵蚀速率越快。二硫键的断裂使胶囊外层 PVCL 交联，相对浊度随着 PVCL 分解而降低。因此，在较高浓度的 GSH 中，随着更多的二硫键断裂，相对浊度降低得更多。孵育 24 h 后，相对浊度分别降至 40% 和 8%。有趣的是，相对浊度在 24 h 后没有达到 0，可能的原因是作为中间层的混合二氧化硅层保留了胶囊的其余框架。值得一提的是，芳樟醇- HS-PVCL 胶囊的氧化还原响应特性不仅有利于胶囊的降解和芳樟醇的释放，而且有利于其在抗氧化和抗菌领域中的应用。大肠杆菌中 GSH 可以作为芳樟醇释放的最佳刺激，这进一步增强了抗菌行为。因此，双响应型芳樟醇-HS-PVCL 胶囊可用作抗菌剂。

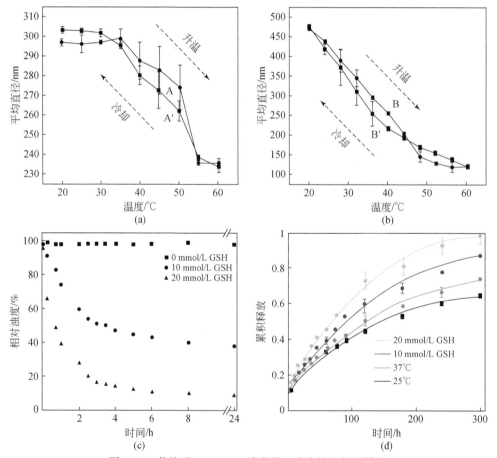

图 5-20　芳樟醇-HS-PVCL 胶囊的双响应性和控释特性

（a）在水中的热响应；（b）在酒精中的热响应（A、B 是预热过程，而 A′、B′ 是冷却过程）；（c）在 0 mmol/L、10 mmol/L 和 20 mmol/L GSH 的相对浊度；（d）在 0 mmol/L、10 mmol/L 和 20 mmol/L GSH 的双响应性控释

芳樟醇-HS-PVCL 胶囊作为一种智能载体，可以实现芳樟醇的热响应和氧化还原响应。图 5-20（d）显示了不同条件下芳樟醇累积释放的时间依赖性。300 min 后，在 25 ℃无环境刺激的情况下，芳樟醇-HS-PVCL 胶囊的释放水平相对较低，为 64.4%。而当温度升高到 37 ℃时，73.4% 的芳樟醇被释放，这有助于在高于 32 ℃的 LCST 温度下胶囊的收缩，加速芳樟醇的释放。图 5-20（d）结果显示了芳樟醇-HS-PVCL 胶囊的热响应性控释。此外，在 37 ℃的 GSH 存在下，释放速率增加得更快。当添加 10 mmol/L、20 mmol/L GSH 时，芳樟醇释放量分别达到 87.43%、98.91%，表明添加 GSH 导致交联点断裂，进而使芳樟醇释放加快。与装载药物并在水介质中释放的响应型胶囊相比，芳樟醇-HS-PVCL 胶囊在乙醇溶液显示出明显更快的释放速率，这是因为芳樟醇倾向于溶解在乙醇中。综上所述，胶囊实现了芳樟醇的响应可控释放。

通过平板计数测量评估芳樟醇-HS-PVCL 胶囊对大肠杆菌（10^5 CFU/ml）的抗菌特性，培养板的照片如图 5-21 所示，其中小圆点代表存活的细菌菌落。由于细菌培养条件，热刺激抗菌性能仅在 37 ℃下测试。用浓度为 0.3 mg/ml、0.7 mg/ml、1.1 mg/ml 的芳樟醇-HS-PVCL 处理 6 h 后的对照平板出现密集菌落，表明单独使用芳樟醇-PVCL 的抗菌效果有限。值得注意的是，只有用含有 10 mmol/L、20 mmol/L GSH 的芳樟醇-HS-PVCL 处理后，大肠杆菌的菌落急剧减少。GSH 的存在导致芳樟醇额外释放，并抑制细菌的生长。值得一

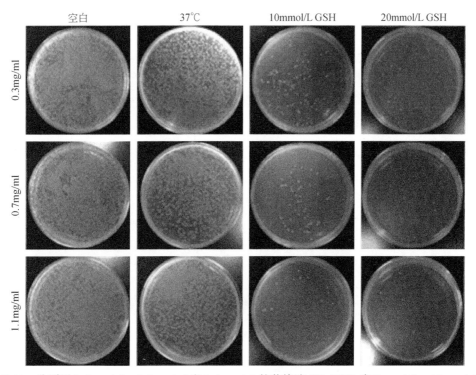

图 5-21　分别用 0.3 mg/ml、0.7 mg/ml 和 1.1 mg/ml 的芳樟醇-HS-PVCL 在 0 mmol/L、10 mmol/L、20 mmol/L GSH 下处理大肠杆菌的菌落平板图

提的是，只有浓度为0.3 mg/ml 的芳樟醇-HS-PVCL 达到显著的抗菌效果，这与其高负载能力密切相关。总体而言，芳樟醇-HS-PVCL 胶囊的高负载率和敏感的响应性控释特性对抗菌应用具有重要意义。

用扫描电镜观察大肠杆菌的形态变化，进一步研究胶囊的抗菌性能。大肠杆菌的形态学显示，在未进行抗菌处理的对照组中，典型的杆状结构具有规则、光滑和完整的膜表面[图5-22（a）]。与图5-22（a）相比，经处理的大肠杆菌的表面[图5-22（b）和（c）]经历了明显的变化。用1.1 μg/ml 的芳樟醇-HS-PVCL 胶囊处理后，大肠杆菌显示出细胞膜形状异常并相互粘连。当胶囊受到GSH 刺激时[图5-22（c）]，大肠杆菌的形状变化为不规则、破裂和皱缩的结构，显示出对大肠杆菌强烈有害。尺寸为1.4 μm 的胶囊剂量极低，在菌落中难以找到，图5-22（b）中用圆圈标记的部分为胶囊图像。该胶囊具有较强的抗菌作用，这是由于其中芳樟醇的可控释放。GSH 是许多生物体内最丰富的胞内硫醇，广泛存在于革兰氏阴性菌中，包括大肠杆菌。大肠杆菌中GSH 的含量从指数期到稳定期显著增加，为6.6 mmol/L，在氨基酸诱导下可达36 mmol/L。GSH 是所有细胞系统的主要成分，参与保护细胞免受氧化剂和自由基介导的细胞损伤。值得注意的是，我们的实验设计是以GSH 作为刺激响应的智能抗菌释放模式。芳樟醇抑制多种微生物，且在功能上破坏细菌膜，破坏或杀死细菌。此外，芳樟醇增加了细菌菌株对传统抗菌剂或其他天然抗菌剂的敏感性，从而显著降低了抗生素的最小抑制浓度，具有极强的杀菌效果。更有趣的是，GSH 作为一种由细菌积累以保护自己的还原化合物，被用来触发胶囊中芳樟醇的释放，进而使大肠杆菌被芳樟醇杀死。据推测，更多的GSH 来自细菌的生长，可以诱导更多的胶囊降解和芳樟醇释放，因此，更多的细菌被杀死。相反，由于细菌生长受限，产生的GSH 越少，胶囊降解和芳醇释放就越少。芳樟醇的释放是巧妙地适应细菌环境的需要。合成胶囊在释放方面能够智能调控，这种胶囊设计与智能响应释放芳樟醇的方法为抗菌领域提供了一个新的有前途的选择。

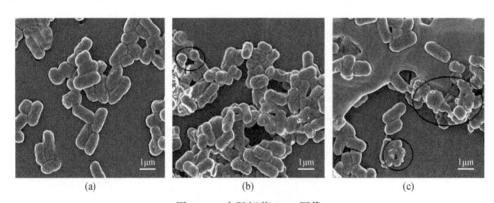

图 5-22　大肠杆菌 SEM 图像

（a）大肠杆菌对照的 SEM 图像；（b）用 1.1 μg/ml 芳樟醇-HS-PVCL 胶囊培养的大肠杆菌的 SEM 图像；
（c）在芳樟醇-HS-PVCL 胶囊和 20 mmol/L GSH 处理下的大肠杆菌的 SEM 图像

5.2.3 酶响应纳米微胶囊及抑菌性能

如果可通过细菌本身触发抗菌剂的释放，那么智能响应抗菌纳米材料的发展将迈进一大步。Baier 等[48]通过在反（油包水）微乳液系统中进行的界面加聚反应合成了生物相容的新型透明质酸（HA）纳米胶囊。胶囊含有抗菌剂聚己缩胍（PH），可利用细菌分泌的透明质酸酶，导致 HA 纳米胶囊裂解，然后释放 PH，有效杀灭了金黄色葡萄球菌和大肠杆菌等细菌。

聚合物胶囊的形成是通过亲水性透明质酸的—OH 基团与 2，4-甲苯二异氰酸酯（TDI）的—NCO 基团之间的交联反应实现的，该交联反应是在细乳液液滴的界面进行的。获得了高度交联的、以磺基罗丹明 SR101 为染料的水不溶性透明质酸基胶囊（HA-NCs）。使用 Lutensol AT50 作为稳定剂，将获得的纳米胶囊转移到水中，PH 用作抗菌剂，封装到 HA 纳米胶囊中。然而，PH 会生成氨基，因此与—OH 的反应相比，PH 与 TDI 的反应更容易得到具有混合聚合物壳的胶囊（HES-PH-NC）。将 PH 用作壳形成 PH 纳米胶囊（PH-NC），并作为对照样品，预计 PH-NC 不会被透明质酸酶分解。进一步合成对照样品，合成了 HES-NC 和 HES-PH-NC，预计它们不会被透明质酸酶分解。为了监测 PH 从胶囊中释放，荧光染料 SR101 被封装在每一个纳米胶囊中。配制过程如图 5-23 所示。在所有情况下，整个纳米胶囊的制备过程中均未观察到胶囊的沉淀、凝结或絮凝。

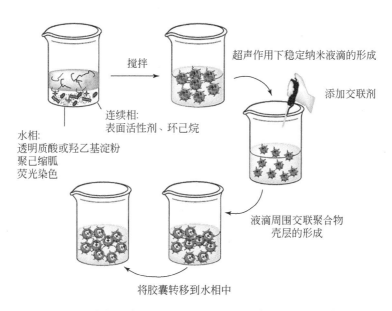

图 5-23　在逆向细乳液系统中通过界面加成反应形成纳米胶囊的示意

采用 1.9～1000 μg/ml 不同浓度的纳米胶囊对金黄色葡萄球菌 ATCC 29213、金黄色葡萄球菌 ATCC 43300 和大肠杆菌 ATCC 25922 进行抑菌实验。MIC 研究表明，PH-NCs 与 HA-PH-NCs 对两株金黄色葡萄球菌具有相同的抑菌活性，MIC 为 62.5 μg/ml。HA-PH-

NCs 和 PH-NCs 对大肠杆菌 ATCC 25922 的 MIC 分别为 250 μg/ml 和 125 μg/ml 的纳米胶囊表现出更高的抵抗力。结果表明，PH-NCs 抑制细菌生长，HA 和 PH 的组合显示出相同的抗金黄色葡萄球菌活性。这可以归因于在金黄色葡萄球菌存在的情况下，HA 被分解，PH 可以从胶囊中释放出来。HA-PH-NCs 和 PH-NCs 对大肠杆菌的抗菌活性不同可归因于胶囊内 PH 的分布与数量差异。同样含有 PH 的 HES-PH-NCs 没有抗菌活性，这可以归因于细菌不能裂解 HES。

HA-PH-NCs 和 PH-NCs 杀死细菌的能力是根据 MBC 定义的，MBC 揭示了完全杀死孔内细菌所需的浓度。正如预计那样，MBC 高于 MIC，对于金黄色葡萄球菌和大肠杆菌的MBC 分别为 125 μg/ml 和 500 μg/ml。这些结果表明纳米胶囊对革兰氏阳性和革兰氏阴性细菌均具有杀菌作用。但是，由于 HA 的分解和随后 PH 的释放，分泌透明质酸酶的细菌将更容易受到 HA-PH-NCs 的影响。

每当纳米胶囊与生物介质或伤口处接触时，它们就会立即与蛋白质相互作用。因此，了解覆盖在纳米胶囊上的蛋白质层是非常必要的。等温滴定量热法（ITC）是最近建立的表征分子间相互作用的热力学方法之一。在本研究中，利用 ITC 分析了蛋白质和纳米胶囊的相互作用，以得到人血清对 HA-NCs、HA-PH-NCs、PH-NCs、HES-PH 和 HES-PH-NCs 的吸附焓。与其他胶囊相比，人血清对 HES-NCs 的吸附焓更低。这可能是 PEG 效应，因为多糖已被证明是 PEG 的一个很好的替代品，可以减少或防止蛋白质吸附。与单独的 HA 或 PH 纳米胶囊相比，HA-PH 纳米胶囊对人血清的吸附曲线显示出最高的焓值。一种解释可能是游离的 PH 进入到连续相中。从正电位（+ 20 mV）中也能解释这一点。由于 PH 链的阳离子性质，抗菌剂与人血清蛋白羧基之间的离子相互作用高于单独的 HA 或 PH 纳米胶囊。此外，HA 的羧基在多加成反应中比 HA 的羟基反应慢。反应结束后，羧基仍然存在于纳米胶囊表面，并能与 PH 产生的阳离子基团相互作用。

5.2.4 其他响应纳米微胶囊

Liang 等[49]合成了具有离子响应性交联的聚离子液体（CPILs）壳的 Ca（OH）$_2$ 微胶囊。通过用侵蚀性阴离子（如 Cl$^-$ 或 SO$_4^{2-}$）交换 PILs 的阴离子，壳上的疏水性 PILs 转变为亲水性。Ca（OH）$_2$ 具有相对较低的水溶性，并且可以通过外壳逐渐渗透到微胶囊外部。在渗透过程中，Ca（OH）$_2$ 穿过亲水通道，PILs 的阴离子 PF$_6^-$ 被 Cl$^-$ 交换（图 5-24）。

Ca（OH）$_2$ 颗粒粗糙，轮廓不规则。尺寸分布范围很广，范围从纳米到微米 [图 5-25（a）和（b）]。通过 MA（马来酸酐，又称顺丁烯二酸酐）与 Ca（OH）$_2$ 的羟基之间的氢键，MA 优先被吸收到 Ca（OH）$_2$ 颗粒表面。由于 MA 不能自聚合，并且 MA 可以与 DVB 共聚，通过自由基聚合在 Ca（OH）$_2$ 颗粒表面生成由交联的 PILs 和 MA 组成的壳。用聚合物壳包封后，微胶囊的表面变得光滑 [图 5-25（c）]。核壳结构可以通过 TEM 图像与原始 Ca（OH）$_2$ 颗粒区分开 [图 5-25（b）和（d）]。

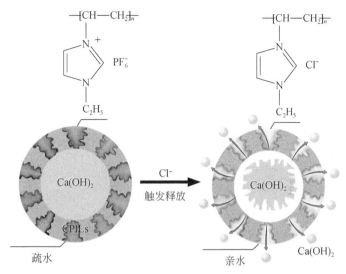

图 5-24　Cl⁻触发的 Ca（OH）₂从微胶囊中释放的过程示意

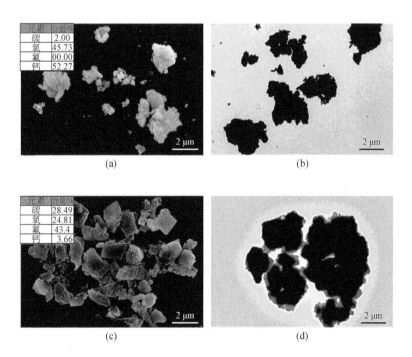

图 5-25　SEM 和 TEM 图像
（a）Ca（OH）₂的 SEM 图像；（b）Ca（OH）₂的 TEM 图像；（c）微胶囊的 SEM 图像；（d）微胶囊的 TEM 图像；
（a）和（c）的插图显示了从 EDX（能量色散 X 射线分析）获得的元素组成

　　Cl⁻在海洋环境中非常丰富。通过将 PF₆⁻与 Cl⁻交换，PILs 对氯化物敏感，并且可以从疏水变为亲水，从而在壳上形成亲水通道。Ca（OH）₂可以通过亲水通道从微胶囊中渗透出来。在水中浸泡 12 h 后，微胶囊的形态保持完整。微胶囊的表面是光滑的，其组成与原始微胶囊相同 [图 5-26（a）]。通过 TEM 图像观察了核–壳结构，如图 5-26（b）所示。另外，将其浸入 NaCl 溶液中 10 min 后，在微胶囊的壳上观察到大量的纳米级孔 [图 5-26（c）的插图]。部分 Ca（OH）$_2$ 在此阶段从微胶囊中渗透出来 [图 5-26（c）]。4 h 后，仅留下了多孔聚合物壳残留物 [图 5-26（d）]。残留物的组成通过 EDX 评估 [图 5-26（d）的插图]，与微胶囊相比，其显示出氟含量的急剧下降但氯含量的显著增加。这表明 PILs 的 PF$_6^-$ 已被 Cl$^-$ 交换。检测到少量钙，这表明 Ca（OH）$_2$ 已完全释放。

图 5-26　微胶囊浸入溶液中的 SEM 和 TEM 图像

（a）浸入水中的微胶囊的 SEM 图像；（b）浸入水中的微胶囊的 TEM 图像；（c）将微胶囊在 NaCl 溶液中浸泡 10 min 后的 TEM 和 SEM（插图）图像；（d）将微胶囊在 NaCl 溶液中浸泡 4 h 的 SEM 图像；（a）和（d）的插图显示了从 EDX 获得的元素组成

5.3　智能响应水凝胶及抑菌性能

水凝胶是一种含有大量水的三维结构的聚合物。在生理条件下，它们能够保留大量的水或溶剂水，并且具有与活组织类似的柔软性，使其成为各种应用的理想物质。具有诸如功能性、可逆性、可消毒性和生物相容性等特征性质的水凝胶符合治疗或替代组织和器官，或活组织的功能以及与生物系统相互作用的材料和生物学要求。自从地球上存在生命以来，水凝胶就已经被发现。生物机体的许多部分都是由水凝胶构成的，自然界中植物结构普遍存在水凝胶。明胶和琼脂也是人类早期历史上众多应用中已知的材料。水凝胶作为一类为生物医学应用而设计的材料已经被广泛研究报道。1936 年，杜邦发表了关于合成甲基丙烯酸聚合物的论文。聚甲基丙烯酸 2-羟乙酯（pHEMA）被首次提及，它被简单描述为硬、脆和玻璃状聚合物，但这时还未发现其利用价值。直到 1960 年，Wichterle 和 Lim 描述了 HEMA 与交联剂在水及其他溶剂存在下的聚合。其产物不是脆性聚合物，而是柔软、水合、弹性和透明的凝胶。正如我们今天所了解的，水凝胶的研究促进了它在生物医学领域的应用。在那之后，水凝胶制剂的数量稳步增长。

根据水凝胶物理性质，水凝胶可以分为智能水凝胶和传统水凝胶两大类。智能水凝胶对所处环境的微小变化做出反应，导致其聚合物链网络结构、机械强度和渗透性发生变化，因此称为环境敏感型智能水凝胶。物理刺激包括温度、光、压力、磁场、电场、机械应力等各种强度的能源，这些刺激因素在临界起始点改变分子间的相互作用。化学刺激物包括离子强度、化学试剂和 pH，它们在分子水平上改变聚合物链和溶剂之间以及聚合物链之间的相互作用。生化刺激涉及对配体、酶、抗原和其他生化药物的反应。

基于上述优点，有研究报道了具有化学、热、光学、电学或磁学应力的刺激响应型水凝胶。由于它们具有环境刺激的敏感性，在靶向给药系统中可能有很大的应用前景。研究人员通常在水凝胶的聚合物链中掺入特定的组分或接枝手段来实现水凝胶的刺激响应特性，接收并完成刺激响应条件。这些组分可以是聚合物链或具有特定化学结构的添加剂，在聚合期间或之后插入聚合物的网络中。然后通过组件的直接改变或包括与相邻环境或化学品的相互作用在内的几个伴随步骤来实现刺激响应动作。水凝胶结构的内部变化主要来自水凝胶和吸收水之间的相互作用。本节着重介绍 pH 响应型、光热响应型、酶响应型及其他响应型水凝胶。

5.3.1 pH 响应型水凝胶及抑菌性能

pH 响应型水凝胶是指水凝胶因环境 pH 的变化而触发自身溶胀体积不连续变化的一类水凝胶。pH 响应型水凝胶的合成主要通过两种方式：①带相反电荷的小分子作为交联剂与聚合物相互作用；②两种电荷相反的聚合物之间相互作用。根据聚合物单体侧链所带基团性质不同，pH 响应型水凝胶可分为三类，即阴离子响应型水凝胶、阳离子响应型水凝胶和两性离子响应型水凝胶。溶胀平衡度的突变发生在水凝胶的 pK_a 附近。pH 转变（ΔpH）的范围取决于聚合物形态以及聚合物–溶剂相互作用。阴离子响应型水凝胶侧链上通常含有酸性基团，如羧基或磺酸基。当环境 pH 高于 pK_a 时，羧基或磺酸基开始发生去质子化，电离成羧酸根或磺酸根，水凝胶体系中负电荷之间的静电排斥力逐渐增大，进而增加了水凝胶的渗透溶胀力，水凝胶体积变大。阳离子响应型水凝胶侧链上通常含有碱性基团氨基，当环境 pH 在 pK_b 以下时，氨基开始发生质子化，随着环境 pH 的逐渐降低，氨基质子化程度越高，由于增加正电静电排斥而增加水凝胶的溶胀度。两性离子响应型水凝胶侧链上同时含有酸性和碱性基团。当环境 pH 较低时，水凝胶碱性侧基质子化占主导作用，凝胶体系带正电；当环境 pH 较高时，水凝胶酸性侧基去质子化占主导作用，凝胶体系带负电。由于同种电荷静电排斥力，水凝胶在较高和较低 pH 环境中均具有较大的溶胀度。pH 响应型水凝胶溶胀曲线在可离子化基团的 pK_a/pK_b 附近具有一个或多个拐点，取决于用于制造凝胶的离子单体。由于离子水凝胶的溶胀/去溶胀行为与离子迁移密切相关，溶胀动力学不仅取决于 pH，还取决于外界溶液的组成。许多建模工作致力于模拟水凝胶动态平衡溶胀行为。

Risbud 等[50]以壳聚糖（CS）/聚乙烯吡咯烷酮（PVP）为单体制备了阳离子响应型水凝胶，测试结果表明，在低 pH 的胃环境中，阿莫西林载药 CS/PVP 水凝胶溶胀并释放药物。在 pH 1.0 下 3 h 内释放约 73% 的阿莫西林，因此 CS/PVP 水凝胶具有较好的药物释放特性。PAA 或 PMA（聚甲基丙烯酸）水凝胶可用于开发在中性 pH 环境中释放药物的制剂。用偶氮芳香交联剂交联的阴离子响应型水凝胶（如 PAA）被开发用于结肠专一性药物的传递。这种水凝胶在胃中的溶胀度最小，因此药物释放也很小。当水凝胶通过肠道时，pH 增加导致羧基电离，水凝胶体系由于静电斥力溶胀增加达到释药的目的。

Ag^{2+} 能与生物体电子传递链中的代谢酶的微生物 DNA 和巯基结合形成稳定的配位复合物，有效杀灭病原体微生物的同时可以有效避免耐药性产生。Xu 等[51]采用原位沉淀法制备了 Ag/AgO/羧甲基壳聚糖（CMCS）水凝胶，研究了水凝胶的孔隙结构、溶胀行为和对阿司匹林药物释放等物理性能。此外，他们还对水凝胶对革兰氏阴性大肠杆菌的抗菌性能进行了定性和定量测试。Ag/AgO/羧甲基壳聚糖水凝胶结合了羧甲基壳聚糖水凝胶和 Ag/AgO 两者的优势，有望成为一种新型的抗菌水凝胶。水凝胶表面形貌 SEM 图像如图 5-27 所示，水凝胶中形成具有光滑表面的连续多孔三维网状结构，平均孔径分布在 5 ~ 10 μm。这种多孔结构使水分子能够进入水凝胶网络，是生物介质或缓冲液的渗水和相互作用位点的区域。所制备的银及氧化银颗粒因为尺寸相当小，在 SEM 图像中不可见。

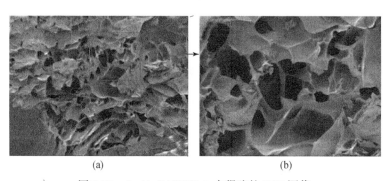

(a)   (b)

图 5-27　Ag/AgO/CMCS-3 水凝胶的 SEM 图像

如图 5-28（a）所示，Ag/AgO/CMCS-1 和 Ag/AgO/CMCS-5 水凝胶的抑菌圈直径分别为 11.8 cm 和 13.6 cm。作为对照，在 Ag/AgO/CMCS-0 水凝胶中未发现明显的抑菌圈。因此，抗菌活性主要归因于水凝胶中 Ag/AgO 颗粒的存在，抗菌活性随着 Ag/AgO 颗粒浓度的增加而增强。Ag/AgO/CMCS 水凝胶的抑菌能力用抑菌率表示，如图 5-28（b）所示，发现孵育 6 h 内，Ag/AgO/CMCS-5 对大肠杆菌的抑菌率呈倍数上升，抑菌率最大值为 92%。孵育 12 h 内，抑菌率持续保持在 90% 以上。随后，抑菌率逐渐减小为 0。Ag/AgO/

CMCS-1 水凝胶对大肠杆菌的最大抑菌率为 37%。这是由于当水凝胶浸入悬浮液中时，大量的 Ag/AgO 颗粒被释放并抑制细菌的生长。同时，这些颗粒与被破坏的细胞内物质相互作用并形成凝结物，导致 Ag/AgO 浓度降低。随着 Ag/AgO 释放量的逐渐降低，Ag/AgO 的消耗占主导地位。因此，当 Ag/AgO 浓度降至 MIC 以下时，细菌就会恢复生长。但是，观察到 Ag/AgO/CMCS-0 仍存在微弱的抑菌力，这是由于羧化壳聚糖本身具有一定程度的抑菌能力。

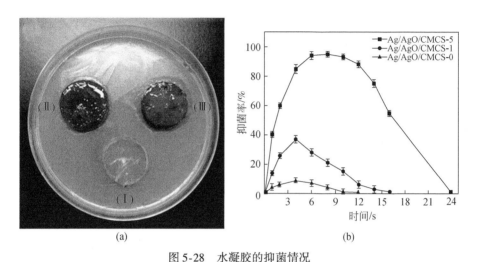

图 5-28　水凝胶的抑菌情况

（a）抑菌圈图片［（ⅰ）Ag/AgO/CMCS-0，（ⅱ）Ag/AgO/CMCS-1，（ⅲ）Ag/AgO/CMCS-5］；（b）抑菌率曲线

5.3.2　光热响应型水凝胶及抑菌性能

Zheng 等[52]报道了一种超分子水凝胶，可以同时对紫外和近红外光两种光源响应。通过将由偶氮苯丙烯酰胺（azobenzene-acrylamide，Azo-AAm）、丙烯酰胺（aciylamide，AAm）、N-异丙基丙烯酰胺（NIPAM）和 PEG-二丙烯酸酯组成的共聚物与用铂纳米颗粒包封的 α-环糊精官能化树枝状聚合物混合来制备出力学性质可调节的水凝胶（α-CD-DEPNs）。该水凝胶拥有紫外光、近红外光响应性，以及温度响应性能。当水凝胶暴露在紫外光下时，导致偶氮苯从反式转变成顺式，其与 α-环糊精的结合性能显著降低，导致凝胶结构松散，从而使凝胶变软。而在近红外光照下，铂纳米颗粒吸收近红外光，从而将近红外光转化为热量，进一步触发热响应型聚合物（pNIPAM）从亲水状态到疏水状态的转变，从而使水凝胶变得更硬。

刺激响应型水凝胶是通过侧链上带偶氮苯基团的 NIPAM 部分共聚物与 α-CD-DEPNs 之间的主客体相互作用形成的。该聚合物由 AAm、NIPAM、Azo-AAm、PEG-di-acrylate 的混合物在 DMSO 中自由基共聚而成［图 5-29（b）］。合成的共聚物链与 PEG-二丙烯酸酯交联。共聚物中 AAm、NIPAM、Azo-AAm 和 PEG-二丙烯酸酯的摩尔百分含量分别为 5%、

89.5%、3%、2.5%。通过在聚合物链中引入亲水性单体，如 AAm 和 PEG-二丙烯酸酯，我们获得了具有 LCST 约 45 ℃ 的共聚物 [图 5-29（c）]。对于 α-CD-DEPNs 的合成，将胺封端的聚酰胺–胺型（PAMAM）树枝状聚合物在其表面上接枝高密度的 α-环糊精，并进一步用作模板合成铂纳米颗粒，并用高分辨率透射电子显微镜（HRTEM）图像显示合成的铂纳米颗粒具有约 2 nm 的超小尺寸 [图 5-29（e）]。合成的 α-CD-DEPNs 显示出优异的光热转化能力。在 808 nm NIR 激光照射 2 min [0.49 W/cm²，图 5-29（f）] 之后，α-CD-DEPNs 溶液的温度增加 30 ℃。在混合共聚物和 α-CD-DEPNs 之后，获得黑色凝胶，黑色是由于铂纳米颗粒在凝胶基质中均匀分散 [图 5-29（g）]。在这种水凝胶内，共聚物上的偶氮链段和树枝状聚合物上的 α-CD 链段的主客体相互作用，促进了水凝胶的形成和紫外响应性。另外，铂纳米粒子可能将近红外光传递给热能，当共聚物的 LCST 升高到局部温度（45 ℃）时，pNIPAM 链段的相变可能导致水凝胶的近红外响应性。

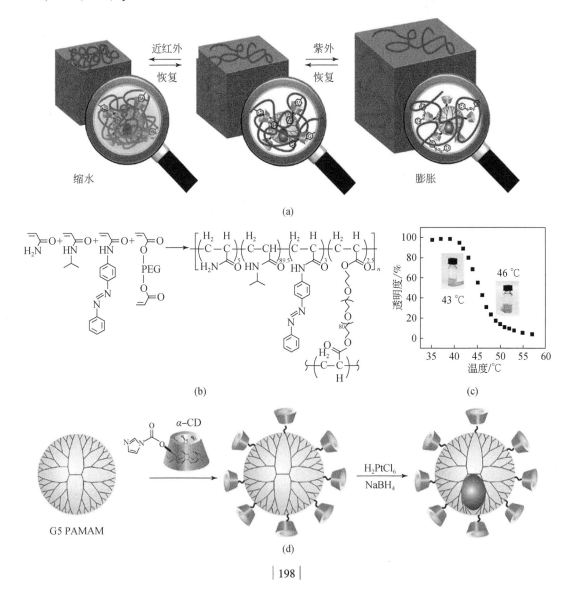

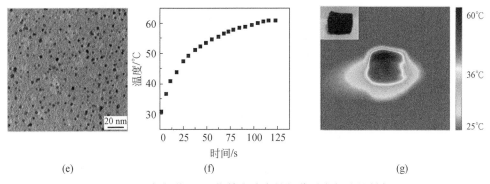

(e)   (f)   (g)

图 5-29　偶氮苯/α-环糊精光响应性超分子水凝胶的制备

（a）智能水凝胶的概念即分别能够在紫外线和近红外光线下软化和硬化；（b）由 AAm、NIPAM、Azo-AAm 和 PEG-二丙烯酸酯组成的共聚物；（c）共聚物的 LCST 相转变测试；（d）α-CD-DEPN；（e）α-CD-DEPN 的 TEM 图像；（f）由 808 nm NIR 激光器以 0.49 W/cm² 的功率密度照射 2 min 的 α-CD-DEPN 溶液的升温曲线；（g）超分子凝胶的红外照片

　　将制备的水凝胶进一步用 NIR 激光器照射，并且在照射 10 min 后记录水凝胶温度变化。可以看到，水凝胶温度显著升高［图 5-29（g）］。当水凝胶温度升高到共聚物的 LCST 以上时，热敏性聚合物经历伸展–卷曲状态转变（亲水性至疏水性）。图 5-30（a）显示，NIR 照射（0.49 W/cm²，2 min）诱导水凝胶体积收缩 68.3%。一旦除去 NIR 激光，水凝胶温度迅速下降到热敏聚合物的 LCST 以下，并且水凝胶体积几乎完全恢复。当近红外光激光器周期性地打开和关闭时，观察到水凝胶中存在可逆的收缩–膨胀行为［图 5-30（b）］。我们还使用温度依赖性流变仪来检测水凝胶机械性能的变化。如图 5-30（c）所示，

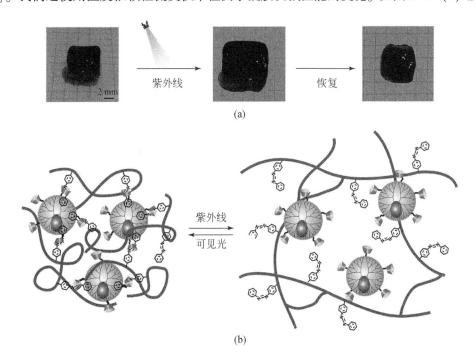

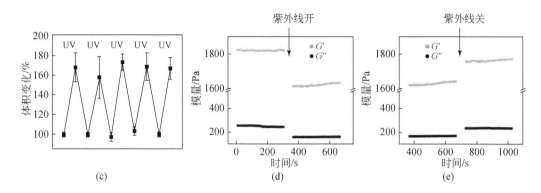

图 5-30　超分子水凝胶的近红外响应行为
（a）近红外激光辐射超分子水凝胶的照片；（b）水凝胶的光响应机理；
（c）近红外激光周期性打开和关闭时凝胶体积的变化；（d）和（e）水凝胶在不同温度下的刚度

当水凝胶温度升至高于 45 ℃（等于热敏聚合物的 LCST）时，水凝胶硬度（储存模量 G'）显著增加，当温度低于 45 ℃时，水凝胶的储存模量恢复到初始值（G''）［图 5-30（d）］。体积和硬度变化与水凝胶中热响应型聚合物的相变相关［图 5-30（e）］。这些结果表明，超分子水凝胶能够通过 NIR 光照使水凝胶动态硬化。

5.3.3　酶响应型水凝胶及抑菌性能

赖氨酸氧化酶（lysine oxidase，LO）是形成和修复细胞外基质的重要物质之一，该酶存在于哺乳动物血液中，可以氧化赖氨酸残基侧链上的伯胺形成醛。氧化形成的活性醛进一步发生共价交联，可以稳定胶原蛋白和弹性纤维蛋白，从而促进形成和修复呼吸道、心血管组织等某些结缔组织。但是赖氨酸氧化酶没有商业化，所以实验使用血浆胺氧化酶（plasma amine oxidase，PAO）代替赖氨酸氧化酶，PAO 可以商业购买到，并且有着与赖氨酸氧化酶同样的氧化作用，可以用作基质的交联剂，不仅可以促进基质的形成，还可以随着时间的变化改变组织或者生物材料的强度。

Bai 等[53]拟使用 PAO，设计合成含赖氨酸的肽分子 Ac-A_9K_2-NH_2，通过酶促反应，考察其在酶响应下自组装形貌的改变，自组装水凝胶的形成及性能，并且获得可有效控制细菌污染的酶响应型水凝胶。实验中 Ac-A_9K_2-NH_2、Ac-I_4K_2-NH_2、Ac-I_3SLGK-NH_2 等短肽有一定的自组装结构，或形成短棒或形成纤维等，并且含有赖氨酸残基，可以作为赖氨酸氧化酶作用的底物肽。Ac-I_4K_2-NH_2、Ac-I_3SLGK-NH_2 等短肽在加酶前后，自组装形貌无明显改变。实验选用短肽 Ac-A_9K_2-NH_2 为目标分子，作为 PAO 作用的底物肽，进行 PAO 酶催化肽自组装形成水凝胶的研究。Ac-A_9K_2-NH_2 的分子结构如图 5-31 所示。

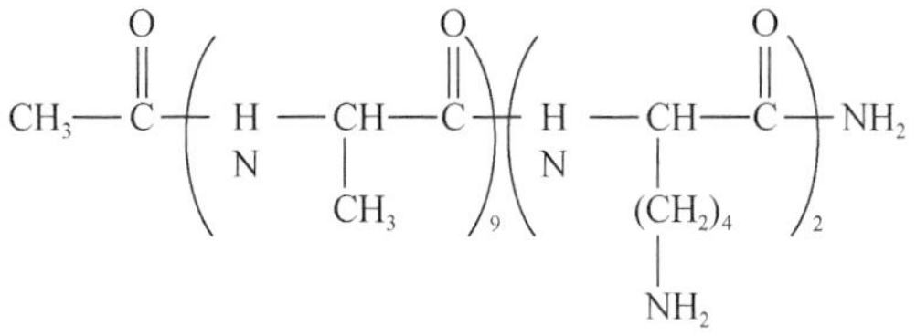

图 5-31　Ac-A_9K_2-NH_2 的分子结构

PAO 可以氧化赖氨酸侧链上的伯胺基团生成醛，并和伯胺进一步发生席夫碱反应，故实验设计合成含有赖氨酸残基的肽序列，如 Ac-A_9K_2-NH_2、Ac-I_3SLGK-NH_2、Ac-I_4K_2-NH_2 等作为 PAO 作用底物来进行研究。实验表明，在 PAO 的催化作用下，Ac-A_9K_2-NH_2 成胶效果好，细胞毒性低，并且有良好的抗菌性能，所以实验重点研究 PAO 催化下肽 Ac-A_9K_2-NH_2 的酶响应自组装水凝胶。PAO 的催化作用需要在生理条件下完成，而缓冲溶液更接近人体内的生理环境，实验对照多种缓冲溶液，发现 Hepes（4-羟乙基哌嗪乙磺酸）缓冲溶液对 Ac-A_9K_2-NH_2 等有很好的溶解性，故使用浓度为 25 mmol/L、pH 7.4 的 Hepes 缓冲溶液进行实验。首先，实验考察两亲肽在加入动物血清后可否成胶。使用 Hepes 缓冲溶液配制 450 μl 的 Ac-A_9K_2-NH_2 溶液，室温放置 24 h 后，分别加入 0 μl、5 μl、10 μl、20 μl 的胎牛血清，然后用 Hepes 缓冲溶液将肽溶液的体积定量至 500 μl，Ac-A_9K_2-NH_2 的最终浓度为 8 mmol/L，37 ℃ 作用 12 天后肽溶液逐渐形成水凝胶，15 天后形成水凝胶。结果如图 5-32 所示，当胎牛血清的加入体积分数≥2% 时，8 mmol/L 的 Ac-A_9K_2-NH_2 可以自组装形成水凝胶。

图 5-32　500 μl 8 mmol/L Ac-A_9K_2-NH_2 在不同浓度胎牛血清
（a）0%、（b）1%、（c）2%、（d）4% 存在下 37 ℃ 配制 15 天后的照片

Ac-A_9K_2-NH_2 低至 0.1 mg/ml 的浓度可以有效抑制细菌生长，同时对哺乳动物细胞显示出低毒性。在本研究中，酶促 Ac-A_9K_2-NH_2 水凝胶还显示出对两种革兰氏阴性菌（大肠杆菌和铜绿假单胞菌）和革兰氏阳性菌（金黄色葡萄球菌和枯草芽孢杆菌）的有效抗菌活性。孵育 24 h 后，我们追踪了细菌在水凝胶表面上方溶液中以及水凝胶/液体界面处

的生存能力。细菌实验浓度为 1×10^6 CFU/ml，远远超过了感染生物医学设备的细菌接种浓度阈值（<100 CFU）。如图 5-33 所示，在水凝胶上方的溶液中，与对照溶液中细菌生长量很大形成了鲜明对比。结果表明，尽管接种量很高，但在 Ac-A_9K_2-NH_2 水凝胶上方的溶液中细菌生长受到强烈抑制，表明其具有很高的抗菌活性。目前已经证明 Ac-A_9K_2-NH_2 通过膜透化机制杀死细菌。在与细菌孵育 24 h 的过程中，HPLC（高效液相色谱法）分析表明，0.276 mg/ml 的 Ac-A_9K_2-NH_2 扩散到了水凝胶上方的溶液中。因此，可溶性 Ac-A_9K_2-NH_2 分子扩散到溶液中有助于观察到它的抗菌活性。

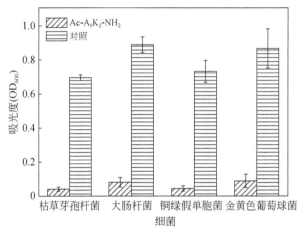

图 5-33　24 h 后 Ac-A_9K_2-NH_2 水凝胶表面上方的细菌情况

5.3.4　其他响应型水凝胶

Zhang 等[54]设计并合成了一种混合盐响应型抗菌水凝胶 pPolyDVBAPS-g-polyHEAA@AgNPs，水凝胶结合了盐响应型 polyDVBAPS［聚（3-(二甲基（4-乙烯基苄基）铵）丙基磺酸盐)］聚合物刷、防污的 polyHEAA（聚 N-羟乙基丙烯酰胺）水凝胶基体和抗菌银纳米颗粒（AgNPs）。聚合物刷-水凝胶的复合体系可实现"抗细菌黏附–杀菌–脱附再生"三重功能。在这个设计中，polyHEAA 具备低污染能力，可以有效地抵抗来自未稀释的人血清和血浆的蛋白质吸附以及铜绿假单胞菌和金黄色葡萄球菌的黏附，而内部的 AgNPs 将被释放以主动杀死水凝胶表面上的细菌。当然，在接触杀死细菌后，具有强盐响应性抗聚电解质性质的 polyDVBAPS 将通过改变其链构型使凝胶表面释放死细菌，进而使抗菌表面得到再生。可见，这种混合盐敏感水凝胶可以在同时杀死和抵抗活细菌的细胞抗菌/防污表面和释放死细菌的防污释放表面之间切换。这项工作有望为设计理想内置功能的抗菌表面/材料提供新策略。

图 5-34 显示了将 polyDVBAPS 和 polyHEAA 两种聚合物整合到单一 polyDVBAPS-g-polyHEAA 水凝胶中的一般合成方法。首先使用光引发的自由基聚合反应形成 polyHEAA 水

凝胶，然后将 ATRP 引发剂接枝到 polyHEAA 的羟基上，最后使用 ATRP 将 polyDVBAPS 链接枝到 polyHEAA 水凝胶上。逐步合成过程的目视检查表明，polyHEAA 水凝胶是透明的，但是在接枝 polyDVBAPS 时，polyDVBAPS-*g*-polyHEAA 水凝胶变得不透明。有趣的是，将 polyDVBAPS-*g*- polyHEAA 水凝胶进一步浸入 NaCl 溶液会使凝胶再次变得透明。polyDVBAPS 链构象和溶解度的变化导致水的不透明性与盐溶液的透明性之间可逆的颜色变化。最终在水凝胶中原位还原 AgNPs 来制备复合水凝胶。

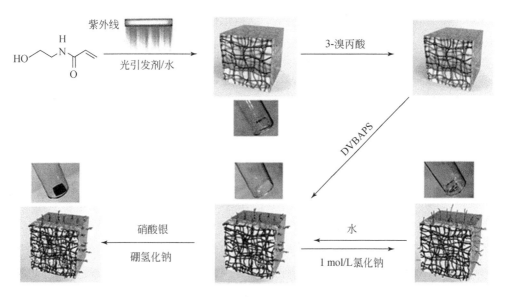

图 5-34　水凝胶的制备示意

polyHEAA 刷子和水凝胶通过抗细菌黏附长达 7 天以及未稀释的血浆和血清中有害的蛋白质吸附来证明其低结垢特性，而 polyDVBAPS 刷子则显示出一种独特的盐响应性抗聚电解质特性，是通过改变它们在水中的塌缩态到盐溶液中的扩展态的链构象来实现的。因此，可以预期的是，盐溶液中的 polyDVBAPS 的盐响应构象变化能够使附着的死细菌从表面释放，从而再次再生低污染的表面。

图 5-35 显示了四种水凝胶上的大肠杆菌和金黄色葡萄球菌的表面细菌密度的相应统计情况。从图 5-35（a）和（b）中可以看出，尽管四种水凝胶（无论其成分如何）都随着培养时间的延长表面附着细菌密度增加，但所有水凝胶上大肠杆菌和金黄色葡萄球菌的绝对吸附量均极低。具体而言，将水凝胶与细菌孵育 48 h 后，所有水凝胶的细菌表面密度相似，其中大肠杆菌是 1×10^5 CFU/cm^2，金黄色葡萄球菌是 2×10^5 CFU/cm^2。孵育时间进一步延长至 96 h，导致所有水凝胶上附着的细菌增加 $1.3 \sim 3$ 倍。对于没有装载 AgNPs 的 polyDVBAPS-*g*-polyHEAA 水凝胶，这种现象甚至更加明显，导致表面上的大肠杆菌和金黄色葡萄球菌分别增加 4.2 倍与 2.5 倍。表面附着细菌密度在 $48 \sim 96$ h 迅速增加，可能是由于细菌和碎屑的积累，进一步促进了细菌的持续生长和附着。

　　为了定量确定水凝胶的杀细菌活性，图5-35（c）和（d）区分了在不同孵育时间黏附在四个水凝胶表面上的活细菌和死细菌的数量。显然，在没有AgNPs的情况下，几乎所有黏附在polyHEAA和polyDVBAPS-g-polyHEAA水凝胶上的细菌都可以存活至96h/48h，并且随着时间的推移，活细菌显著增加，大肠杆菌从24 h的10^4 CFU/cm^{2}增加到96 h的8×10^5 CFU/cm^2，金黄色葡萄球菌从12 h的10^4 CFU/cm^{2}增加到48 h的5×10^5 CFU/cm^2。应当指出，尽管polyHEAA和polyDVBAPS-g-polyHEAA水凝胶均不具有细菌杀灭能力，但由于polyHEAA组分具有出色的防污性能，它们仍显示出非常低的细菌细胞表面积聚。当将AgNPs掺入polyHEAA和polyDVBAPS-g-polyHEAA水凝胶时，polyHEAA@AgNPs和polyDVBAPS-g-polyHEAA@AgNPs水凝胶立即具有高杀力。结果显示，材料对大肠杆菌和金黄色葡萄球菌的杀菌率达99%。细菌附着和杀灭测试表明，所有水凝胶均表现出对大肠杆菌和金黄色葡萄球菌附着的高表面抵抗力。然而，细菌在水凝胶表面上的积聚（无论其生存能力如何）仍然是影响整个抗菌活性的严重问题。为了解决这个问题，利用polyDVBAPS的盐响应性防污特性，研究了四种水凝胶盐诱导的表面再生效果，即细菌与水凝胶共孵育96 h后，使用1.0 mol/L NaCl溶液轻轻清洗细菌附着的水凝胶，以查看其是否可以从水凝胶表面去除附着的细菌，从而再生无细菌的表面。图5-35（e）和（f）比较了NaCl溶液处理前后四种水凝胶的附着细菌表面密度。

　　显然，负载或不负载AgNPs的polyHEAA水凝胶均未显示任何表面再生特性，因为在盐溶液处理前后，两种水凝胶上黏附的活细菌或死细菌密度几乎保持不变。这是因为两种水凝胶均缺乏盐响应性的polyDVBAPS，使其无法通过从表面释放附着的细菌来使表面再生。与之形成鲜明对比的是，有或者没有负载AgNPs的polyDVBAPS-g-polyHEAA水凝胶均显示出明显的盐响应性表面再生行为。经过NaCl处理后，polyDVBAPS-g-polyHEAA水凝胶可释放99.3%的大肠杆菌和97.2%的金黄色葡萄球菌，而polyDVBAPS-g-polyHEAA@AgNPs水凝胶可释放98.8%的大肠杆菌和96.8%金黄色葡萄球菌。该结果还证实AgNPs的掺入不损害polyDVBAPS-g-polyHEAA水凝胶的细菌释放和表面再生性质。同时，与polyHEAA水凝胶的无表面再生能力相比，细菌释放数据进一步证实了polyDVBAPS在表面再生中的唯一作用，即polyDVBAPS链的构象从水中的塌陷状态变为伸展状态。盐溶液可提供足够的排斥力，以从表面释放附着的细菌。两性离子polyDVBAPS的链构象变化通常是由水-聚合物相互作用与聚合物的链间/链内缔合之间的竞争引起的。在水中，链间/链内缔合在诱导塌陷的链构象中占主导地位，而在盐溶液中，由静电相互作用控制的链间/内链缔合被抗衡离子筛选出来，因此水-聚合物之间的相互作用变得更强，从而导致更高的水合程度和延伸链构象。材料的防污特性不仅防止表面的初始附着并延缓微生物在表面上的定殖，而且应在接触杀伤后从表面释放出死细菌，从而实现"杀伤并释放"的功能。

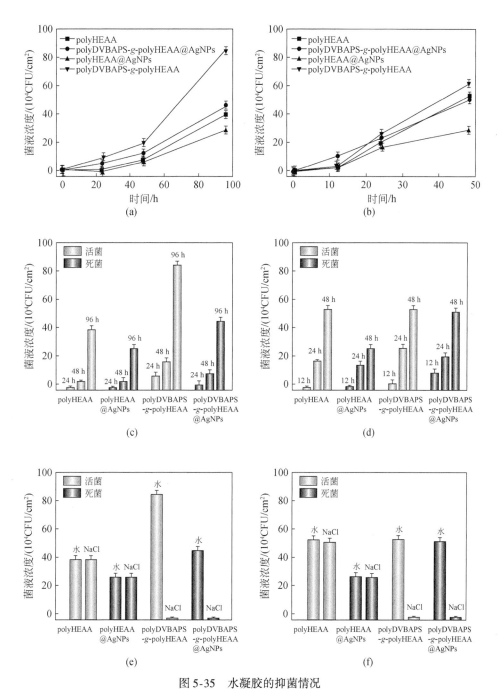

图 5-35　水凝胶的抑菌情况

（a）不同时间下水凝胶上大肠杆菌的总细菌密度；（b）水凝胶上金黄色葡萄球菌的总细菌密度；（c）活细菌的密度；
（d）死细菌的密度；（e）1.0 mol/L NaCl 溶液处理前的细菌密度；（f）1.0 mol/L NaCl 溶液处理后的细菌密度

参 考 文 献

［1］ Dai S, Ravi P, Tam K C. pH- Responsive polymers：synthesis, properties and applications. Soft Matter, 2008, 3 (4)：435-449.

［2］ Chen J K, Chang C J. Fabrications and applications of stimulus- responsive polymer films and patterns on surfaces：A review. Materials, 2014, 7 (2)：805-875.

［3］ 王世杰, 黄雯, 王磊, 等. pH 响应性高分子的合成及表征研究进展. 高分子通报, 2016, (4)：61-79.

［4］ Siegel R A, Firestone B A. pH- dependent equilibrium swelling properties of hydrophobic polyelectrolyte copolymer gels. Macromolecules, 1988, 21 (11)：3254-3259.

［5］ 黄月文, 罗宣干, 卓仁禧. 包埋在温度及 pH 响应性水凝胶中的阿司匹林的控制释放研究. 高分子材料科学与工程, 1998, 14 (6)：141-143, 147.

［6］ Scarpa J S, Mueller D D, Klotz I M. Slow hydrogen- deuterium exchange in a non- α- helical polyamide. Journal of the American Chemical Society, 1967, 89 (24)：6024-6030.

［7］ Pelton R H, Chibante P. Preparation of aqueous latices with N- isopropylacrylamide. Colloids and Surfaces, 1986, 20 (3)：247-256.

［8］ Halperin A, Kröger M. Winnik F M. Poly (N- isopropylacrylamide) Phase Diagrams：Fifty Years of Research. Angewandte Chemie International Edition, 2015, 54 (51)：15342-15367.

［9］ Schild H G, Tirrell D A. Microcalorimetric detection of lower critical solution temperatures in aqueous polymer solutions. Journal of Physical Chemistry, 1990, 94 (10)：4352-4356.

［10］ Oliveira E D, Silva A F, Freitas R F. Contributions to the thermodynamics of polymer hydrogel systems. Polymer, 2004, 45 (4)：1287-1293.

［11］ Tang L, Wang L, Yang X, et al. Poly (N- isopropylacrylamide) - based smart hydrogels：Design, properties and applications. Progress in Materials Science, 2021, 115：100702.

［12］ Yamada N. Thermo- responsive polymeric surfaces：control of attachment and detachment of cultured cells. Die Makromolekulare Chemie, Rapid Communications, 1990, 11 (11)：571-576.

［13］ Malcolm G N, Rowlinson J S. The thermodynamic properties of aqueous solutions of polyethylene glycol, polypropylene glycol and dioxane. Transactions of the Faraday Society, 1957, 14：921-931.

［14］ Saeki S, Kuwahara N, Nakata M, et al. Upper and lower critical solution temperatures in poly (ethylene glycol) solutions. Polymer, 1976, 17 (8)：685-689.

［15］ Karlstroem G. A new model for upper and lower critical solution temperatures in poly (ethylene oxide) solutions. Journal of Physical Chemistry B, 1985, 89 (33)：4962-4964.

［16］ Bailey F E, Callard R W. Some properties of poly (ethylene oxide) in aqueous solution. Journal of Applied Polymer Science, 1959, 1 (1)：56-62.

［17］ Saeki S, Kuwahara N, Nakata M, et al. Phase separation of poly (ethylene glycol) - water- salt systems. Polymer, 1977, 18 (10)：1027-1031.

［18］ Xu W, Wang X, Sandler N, et al. Three- dimensional printing of wood- derived biopolymers：a review focused on biomedical applications. ACS Sustainable Chemistry & Engineering, 2018, 6 (5)：5663-5680.

［19］ Azadeh B, Anahita R S, Mina S. Cellulose- based hydrogels for personal care products. Polymers for Advanced Technologies, 2018, 29 (12)：2853-2867.

［20］ Vlaia L, Coneac G, Olariu I, et al. Cellulose- derivatives- based hydrogels as vehicles for dermal and transdermal drug delivery. Emerging Concepts in Analysis and Applications of Hydrogels, 2016, 2: 64.

[21] Nasatto P L, Pignon F, Silveira J L M, et al. Methylcellulose, a cellulose derivative with original physical properties and extended applications. Polymers, 2015, 7 (5): 777-803.

[22] Chunjuan G, Xiulan L, Chen X, et al. Thermosensitive methyl cellulose-based injectable hydrogels for post-operation anti-adhesion. Carbohydrate Polymers, 2014, 101: 171-178.

[23] Sannino A, Demitri C, Madaghiele M. Biodegradable cellulose-based hydrogels: design and applications. Materials, 2009, 2 (2): 353-373.

[24] Chen Y S, Tsou P C, Lo J M, et al. Poly (N-isopropylacrylamide) hydrogels with interpenetrating multiwalled carbon nanotubes for cell sheet engineering. Biomaterials, 2013, 34 (30): 7328-7334.

[25] Katarzyna Z, Pratyawadee S, Wang Y, et al. Thermo-responsive poly (N-Isopropylacrylamide) -cellulose nanocrystals hybrid hydrogels for wound dressing. Polymers, 2017, 9 (12): 119.

[26] Jin X, Kang H, Liu R, et al. Regulation of the thermal sensitivity of hydroxypropyl cellulose by poly (N-isopropylacryamide) side chains. Carbohydrate Polymers, 2013, 95 (1): 155-160.

[27] Hardy J G, Larrañeta E, Donnelly R F, et al. Hydrogel-forming microneedle arrays made from light-responsive materials for on-demand transdermal drug delivery. Molecular pharmaceutics, 2016, 13 (3): 907-914.

[28] Nehls E M, Rosales A M, Anseth K S. Enhanced user-control of small molecule drug release from a poly (ethylene glycol) hydrogel via azobenzene/cyclodextrin complex tethers. Journal of Materials Chemistry B, 2016, 4 (6): 1035-1039.

[29] Yang Z, Gu H, Fu D, et al. Enzymatic Formation of Supramolecular Hydrogels. Advanced Materials, 2004, 16 (16): 1440-1444.

[30] Winkler S, Wilson D, Kaplan D L. Controlling β-Sheet Assembly in Genetically Engineered Silk by Enzymatic Phosphorylation/Dephosphorylation. Biochemistry, 2000, 39 (41): 12739-12746.

[31] Toledano S, Williams RJ, Jayawarna V, et al. Enzyme-triggered self-assembly of peptide hydrogels via reversed hydrolysis. Journal of the American Chemical Society, 2006, 128 (4): 1070-1071.

[32] Sanborn T J, Messersmith P B, Ba Rron A E. In situ crosslinking of a biomimetic peptide-PEG hydrogel via thermally triggered activation of factor XIII. Biomaterials, 2002, 23 (13): 2703-2710.

[33] Lutolf M P, Raeber G P, Zisch A H, et al. Cell-responsive synthetic hydrogels. Advanced Materials, 2003, 15 (11): 888-892.

[34] Plunkett K N, Berkowski K L, Moore J S. Chymotrypsin responsive hydrogel: application of a disulfide exchange protocol for the preparation of methacrylamide containing peptides. Biomacromolecules, 2005, 6 (2): 632.

[35] Thornton P D, Mcconnell G, Ulijn R V. Enzyme responsive polymer hydrogel beads. Chemical Communications, 2006, 47 (47): 5913-5915.

[36] Savariar E N, Ghosh S, Thayumanavan S. Disassembly of noncovalent amphiphilic polymers with proteins and utility in pattern sensing. Journal of the American Chemical Society, 2008, 130 (16): 5416.

[37] Koo A N, Lee H J, Kim S E, et al. Disulfide-cross-linked PEG-poly (amino acid) s copolymer micelles for glutathione-mediated intracellular drug delivery. Chemical Communications, 2008, (48): 6570-6572.

[38] El-Sayed M, Hoffman A S, Stayton P S. Rational design of composition and activity correlations for pH-sensitive and glutathione-reactive polymer therapeutics. Journal of Controlled Release, 2005, 101 (1-3): 47-58.

[39] Tsarevsky N V, Matyjaszewski K. Combining Atom Transfer Radical Polymerization and Disulfide/Thiol Redox Chemistry: A Route to Well- Defined (Bio) degradable Polymeric Materials. Macromolecules, 2005, 38 (8): 3087-3092.

[40] Li Y, Armes S P. Synthesis and Chemical Degradation of Branched Vinyl Polymers Prepared via ATRP: Use of a Cleavable Disulfide-Based Branching Agent. Macromolecules, 2005, 38 (20): 8155-8162.

[41] Zhang L, Liu W G, Lin L, et al. Degradable Disulfide Core- Cross- Linked Micelles as a Drug Delivery System Prepared from Vinyl Functionalized Nucleosides via the RAFT Process. Biomacromolecules, 2008, 9 (11): 3321-3331.

[42] Zhang J, Jiang X, Zhang Y, et al. Facile Fabrication of Reversible Core Cross-Linked Micelles Possessing Thermosensitive Swellability. Macromolecules, 2008, 40 (25): 9125-9132.

[43] Li Y T, Brad B S, Armes S, et al. Synthesis of Reversible Shell Cross- Linked Micelles for Controlled Release of Bioactive Agents. Macromolecules, 2006, 39 (8): 2726-2728.

[44] Hao X, Wang W, Yang Z, et al. pH responsive antifouling and antibacterial multilayer films with Self-healing performance. Chemical Engineering Journal, 2019, 356: 130-141.

[45] Wang W, Hao X, Chen S, et al. pH- responsive Capsaicin@ chitosan nanocapsules for antibiofouling in marine applications. Polymer, 2018, 158: 223-230.

[46] Hao X, Qin D, Wang W, et al. Potential non-releasing bacteria-triggered structure reversible nanomicelles with antibacterial properties. Chemical Engineering Journal, 2020, 403: 126334.

[47] Hu J, Liu S, Deng W. Dual responsive linalool capsules with high loading ratio for excellent antioxidant and antibacterial efficiency. Colloids and Surfaces B: Biointerfaces, 2020, 190: 110978.

[48] Baier G, Cavallaro A, Vasilev K, et al. Enzyme responsive hyaluronic acid nanocapsules containing polyhexanide and their exposure to bacteria to prevent infection. Biomacromolecules, 2013, 14 (4): 1103-1112.

[49] Liang Z, Wang Q, Dong B, et al. Ion- triggered calcium hydroxide microcapsules for enhanced corrosion resistance of steel bars. RSC Advances, 2018, 8 (69): 39536-39544.

[50] Risbud M V, Hardikar A A, Bhat S V, et al. pH- sensitive freeze- dried chitosan- polyvinyl pyrrolidone hydrogels as controlled release system for antibiotic delivery. Journal of Controlled Release, 2000, 68 (1): 23-30.

[51] Xu Y, Liu J, Guan S, et al. A novel Ag/AgO/carboxymethyl chitosan bacteriostatic hydrogel for drug delivery. Materials Research Express, 2020, 7 (8): 085403.

[52] Zheng Z, Hu J, Wang H, et al. Dynamic softening or stiffening a supramolecular hydrogel by ultraviolet or near- infrared light. ACS Applied Materials & Interfaces, 2017, 9 (29): 24511-24517.

[53] Bai J, Chen C, Wang J, et al. Enzymatic regulation of self- assembling peptide A9K2 nanostructures and hydrogelation with highly selective antibacterial activities. ACS Applied Materials & Interfaces, 2016, 8 (24): 15093-15102.

[54] Zhang D, Fu Y, Huang L, et al. Integration of antifouling and antibacterial properties in salt- responsive hydrogels with surface regeneration capacity. Journal of Materials Chemistry B, 2018, 6 (6): 950-960.

|第6章| 防污涂层新技术

6.1 防污涂层技术及其发展

我国目前处于向"低碳"经济转型的全球化"绿色浪潮"中,推动着航运市场未来向着"绿色船舶"的方向发展。绿色船舶未来重点发展方向有:①清洁能源的利用;②零污染、零排放目标的实现;③最优化船型的开发和绿色材料等。其中,绿色环保型海洋防污涂料是绿色船舶发展过程中重要组成部分,发展绿色环保的海洋防污涂料已逐渐成为绿色航运界关注的焦点。

目前海洋防污的主要方法有人工机械定期清除法、电解海水防污技术和防污涂层等。人工机械定期清除法劳动强度高、人力物力消耗大、效率低,但在许多场合仍然是常用的方法。电解海水防污技术是通过电解海水产生氯气,将氯气溶解在海水中形成次氯酸,利用次氯酸强氧化性杀灭细菌等微生物及大型污损生物幼体,从而达到防污的目的。防污涂层的主要防污原理是,在涂膜中添加具有防污作用的防污剂,通过防污剂渗出到海水中起到防止海洋生物附着的作用;或者形成具有特殊表面特性的涂膜,使污损生物不易于附着在涂膜表面上,或附着不牢,在航行水流冲刷下易脱落。经过多年的发展,防污涂层成为应用最为广泛和便捷的方法,海洋军事强国将新型防污涂层材料列入重点发展的新材料名录,开发新型防污涂层材料成为国内外研究机构的热点工作。目前的防污涂层策略可分为两大类:①化学活性涂料,通过使用化学活性化合物抑制或限制其沉降而作用于海洋生物。②无毒涂层,可抑制生物体的沉降或促进沉降生物体的释放,而不会发生化学反应。化学活性涂料包括杀菌剂基涂料和酶基涂料。在杀菌剂基涂料中,化学活性涂层技术基于杀菌剂的无锡活性化合物释放的防污涂料,可分为接触浸出涂料、可溶/受控损耗聚合物涂料和自抛光共聚物涂料三大类(图6-1)。

人类自从开始探索海洋世界,就一直努力解决海洋生物污损问题。传统的防污方法是往涂料中添加毒素,从而起到抑制污损生物在人工表面的附着生长。传统的防污涂料一般

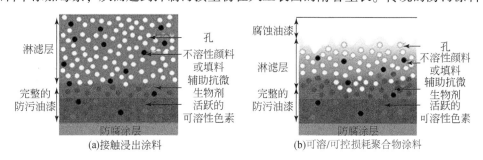

(a)接触浸出涂料   (b)可溶/可控损耗聚合物涂料

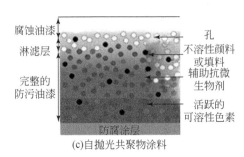

腐蚀油漆

淋滤层

完整的
防污油漆

孔

不溶性颜料
或填料

辅助抗微
生物剂

活跃的
可溶性色素

防腐涂层

(c)自抛光共聚物涂料

图 6-1　暴露在海水中的杀菌剂基防污系统行为的示意

技术比较成熟、防污效果好、寿命长、价格适中，因此得到了广泛的应用。然而，随着时间的推移，大量毒素不断地被排入海中，对生态环境造成极大的危害。随着人们对环境保护的日益重视，新型的无毒环境友好型防污方法越来越受到关注。下面将具体介绍各种防污方法、技术及发展。

6.1.1　材料表面的亲疏水性调控

（1）高度亲水表面

在海水中，亲水高分子链可结合大量水分子，在高度亲水表面形成水化层。污损生物必须克服一定的能垒才能突破水化层、排除结合水分子后方可与高分子基体黏结。水化层增加了污损物在基体上附着的难度，从而可阻止污损发生。PEG 接枝的表面具有优越的抗蛋白吸附性能，因此被广泛研究。Jiang 和 Cao[1]证明亲水性材料，特别是可水解的含两性离子的材料及其衍生物，具有良好的污损阻止性能，其防污性能的研究比较活跃。

水凝胶材料具有高度表面亲水性，是能显著地溶胀于水但不溶解于水的一类亲水性高分子聚合物，是一种具有三维互联网络结构的高吸水性材料。该聚合物同时存在亲水、疏水两种基团，亲水基团与水结合，将水分子锁在聚合物网络内部，且水分子以键合水、束缚水和自由水等形式存在于其聚合物网络内部，因而水凝胶能够在水中保持一定的形状。水凝胶是亲水性大分子经交联后，形成的具有网状结构的水溶胀体，其吸水后，具有一定的弹性，而且不被水溶解，具有多孔的微观结构，因此具有膜的特性，在水环境下，水溶性低分子物质可以在水凝胶中渗透扩散。研究表明，水凝胶吸水后具有较低表面能。水凝胶特有吸水、保水能力以及无毒环保、吸水后光滑、可流动、易剥离的特点，与大型海洋生物体表分泌的黏液层类似。因此，将水凝胶类材料制成防污涂层涂敷于船舶等海洋设施表面，在水体环境下防污涂层吸水后，可以具有类似于大型海洋生物表皮黏膜防止海洋生物黏附的特点。即使有微量污损物黏附在船舶等海洋设施防污涂层上，也会随着水凝胶在一定范围的流动而被剥离掉。因此水凝胶类材料可视为较理想的环保型海洋防污涂层材料。Cook 等[2]发现铜绿假单胞菌在聚甲基丙烯酸羟乙基水凝胶上的吸附量随着水凝胶吸水量的增加而降低。Rasmussen 和 Østgaard[3]发现水凝胶可以显著减少微生物附着，而且在高剪切状态下，防污效果更加明显。同时也证明藤壶幼虫在藻朊酸盐、壳聚糖、聚乙烯醇和琼脂糖水凝胶上的附着量明显小于聚苯乙烯对照样。图 6-2 是 Hempel 公司 X3 型水凝胶防污漆示意，这是迄今为止唯一一种市场化的应用水凝胶技术的防污漆。他们在涂料配方中添加了特殊的非响应性的聚合物，可以在船体表面和海水之间产生一个壁垒以防止污损生物附着。这种涂层原理很简单，即超级吸水凝胶在船舶表面形成一道聚合物网，使有机物感觉船体表面是流动的液体而非固体，从而使微生物不会附着。同时，这种由聚合链组成的水凝胶不溶于水，且有很高的吸水性，能够吸纳99%的水。水凝胶吸水后，使船体可以像流动的液体一样，不易被污损物识别，即使有微量污损物黏附在船体上，也会随着水凝胶的流动而被剥离掉。但是目前水凝胶自身也存在一些问题，如吸水率、较柔软，特别是吸水以后机械强度降低，因此在合成水凝胶的同时，必须通过某种改性来提高其力学性能。这也是未来学者将水凝胶广泛地应用到船体防污涂料当中要解决的问题。

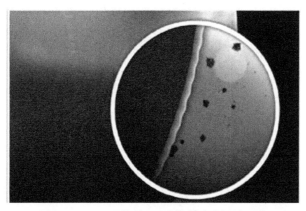

图 6-2　Hempel 公司 X3 型水凝胶防污漆示意

在我国，水凝胶类材料涂层正处于前期研究阶段，距离实海应用还有很大的差距。主要是因为水凝胶材料吸水柔软，吸水后强度较低。研究表明，对于同种水凝胶材料，材料结构中孔隙越大、结构越疏松，水凝胶吸水性越强、流动性越好，但其吸水后抵抗变形的能力越低，极易被海水冲刷力、压力等外力破坏，导致其吸水溶胀后与基底材料黏结力差，成膜后易在外力作用下与基底涂层分离。因此既要保持水凝胶材料超强的吸水性也要使其具有较强机械强度和基底附着力十分困难，这极大地限制了其在海洋防污工程领域的应用。目前国内还没有大量出现水凝胶类型的海洋防污涂料。

（2）超疏水表面

在探索防污技术方法的过程中，人们发现一些生物体表面具有特殊防污功能。例如，荷叶、一些昆虫的翅膀（如蝉、蜻蜓、蝴蝶翅膀等）表面以及水鸟（如鸭、鹅等）的羽毛等都具有自清洁功能（图 6-3），通过对这些具有自清洁功能的表面研究，观察到这些生物体表面均具有特殊的微观结构，正是由于它们表面具有这种特殊的微观结构，表面形成一层固/液界面气膜，从而导致水滴不能浸润平铺而呈现出超疏水性能。

超疏水表面是指那些表面静态接触角大于150°的固体表面。目前，随着超疏水表面研究中诸多新的科学现象的出现，人们对超疏水状态产生了不同的理解，主要是探究超疏水

图6-3　自然界自清洁表面

表面是否必须具有较低的滚动角。Liu 等[4]对超疏水状态进行了重新定义：水滴的静态接触角大于150°的固体表面被定义为超疏水表面。进一步考虑接触角滞后因素，认为超疏水表面大致存在五种状态（图6-4），即 Wenzel 状态、Cassie 状态、Lotus 状态、Wenzel 与 Cassie 的过渡态、Gecko 状态。在基础研究和实际应用中，这五种超疏水状态都有着其各自的优势和重要性。例如，Lotus 状态的超疏水表面可以用于表面的自清洁；Gecko 状态的超疏水表面的重要性在于可以在液体的无损失传输中扮演"机械手"的角色等。在制备超疏水表面的过程中，表面粗糙度的引入十分必要，因为单一的表面化学修饰来改变表面张力只能使水滴的接触角达到120°。在粗糙表面上，最常见的超疏水状态有两种，即 Wenzel 状态与 Cassie 状态。

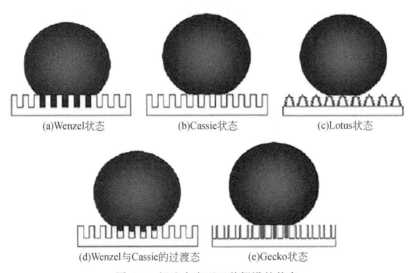

(a)Wenzel状态　　　(b)Cassie状态　　　(c)Lotus状态

(d)Wenzel与Cassie的过渡态　　　(e)Gecko状态

图6-4　超疏水表面五种假设的状态

　　作为一种典型的润湿性现象，超疏水表面近年来受到了极大关注，并被认为可以为海洋环境下的腐蚀与生物污损问题提供一种有效的解决方案。利用超疏水表面不润湿的特性，将金属和合金基体实现超疏水化，能够大幅减少腐蚀液体与表面的接触面积，增大电荷转移电阻，阻碍腐蚀离子（氯离子等）和电子向基体材料迁移，从而大幅降低腐蚀速率，延长基体材料的服役寿命。通过对自然界中具有超疏水特性的动植物进行研究可知，制备超疏水表面需要具备两个条件：一是材料表面需要构建一定粗糙度的微纳米多级结构；二是表面需具有极低的表面能。也就是说，材料表面的润湿性是决定亲水和疏水的前提，因此，低表面能物质是疏水性的最基本条件，而表面微细结构是显著提高其疏水性能的关键因素。从接触角方面来看，决定其疏水性的主要是表面基团，形貌仅仅强化这一效果。因此，在低表面能物质上构建粗糙表面和在粗糙表面结构上加入降低表面能的物质，是研制仿生超疏水性表面的必要途径。目前，许多文献中已报道了超疏水表面的制备技术，从其中所采用的加工工艺以及表面微细结构的形成机制两方面来考虑，目前构建粗糙表面的方法主要有模板法、机械加工法、光刻蚀法、电化学沉积法、阳极氧化法、电纺法、一次浸泡法等。为了使人造仿生超疏水材料具备与自然界生物体相近的表/界面性能，甚至超越自然界生物体，研究人员发展了许多制备技术来获取仿生微纳结构，进而获得性能优异的超疏水材料。

Marmur[5]认为，根据界面能量最优化原则，适当的材料和表面粗糙度可促使气泡夹杂在间隙中，使表面获得超疏水性能（图6-5）。该类超疏水表面可以减小污损生物与表面的接触面积，从而阻止和减缓污损。Watanabe 等[6]研究了丙烯酸树脂改性的氟烷烃疏水性材料的减阻效果，研究发现丙烯酸树脂改性的氟烷烃疏水表面用于管壁最大减阻率为14%。Ou 等[7]利用硅烷化的超疏水表面进行了减阻研究，发现减阻率可达 30%～40%。超疏水减阻目前普遍采用的是纳维（Navier）提出的滑移壁模型理论，认为流经疏水表面时，流体产生了壁面滑移，进而减小了边界面上的速度梯度和边界上的剪切力。同时，流体壁面滑移还推迟了附着面层流流态的转变，使层流流态的稳定性增高，层流边界层的厚度也有了一定程度的增加，产生了良好的减阻效果。Liu 等[8]从含银纳米颗粒的含氟多层膜中开发出超疏水表面，在制备过程中，银离子促进了聚乙烯亚胺/聚丙烯酸多层膜呈指数型增长，并构建了形成超疏水表面所必需的层次微纳米结构。在初始浸泡过程中，超疏水涂层能有效防止 SRB 的附着。通过这种方法，可以大大降低悬浮生物附着在固体表面上的概率。浸泡 7 天后，涂层的超疏水性降低。银纳米颗粒开始产生持续的银离子通量，这破坏了细菌细胞，减少了细菌的黏附。这项工作表明，在设计能够有效防止或减少细菌附着的海洋涂层时，控制表面的化学成分和拓扑结构非常重要。在涉海金属防腐蚀过程中，超疏水表面通过在金属材料和水溶液之间创造一个隔离界面，使海水无法浸润金属材料表面，从而大大减小海水的腐蚀效应，一些研究成果也表现出良好的应用前景。例如，超疏水涂层应用在水上建筑材料中，可以使材料具有自清洁或易于清洗的效果；用于船舶、舰艇的外壳或管道的内壁，可以减小它们与水流之间的摩擦阻力；用于微型水上交通工具中，可以提高其负载能力[9]。

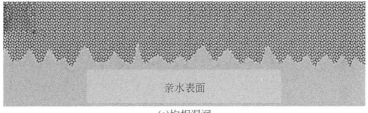

(a)均相湿润

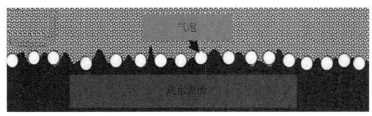

(b)不均相湿润

图 6-5　粗糙表面不同的湿润情况

（3）双亲性表面

双亲性纳米粒子是一种同时具有亲水基团和疏水基团的纳米材料，在适当的溶剂中可以进行分子自组装，在有机溶剂中形成外层疏水内层进水的结构，在极性大的溶剂中，如水等溶剂中则形成外层亲水内层疏水的结构。通过转变溶剂，两性纳米粒子会产生微相分离，由外层疏水内层亲水转变为外层亲水内层疏水的结构，反之亦然。双亲性分子指的是在一个分子结构中，既含有亲水性基团又含有疏水性基团的分子。而双亲性高分子指的是在一个高分子链段中，既含有亲水链段或基团又含有疏水链段或基团的聚合物。双亲性聚合物由于含有多种不同基团，具有特殊的表面性能，后期也容易改性，可以设计形成不同结构，如形成胶束、微乳胶和可吸收性聚合物层，因此备受学术界的关注。近年来，双亲性聚合物的研究热点开始集中到环境适应性双亲转换聚合物上，双亲转换聚合物又称双亲可逆聚合物，其不但拥有在极性和非极性溶剂中的溶解能力，而且拥有在不同极性的溶剂中切换其亲水单元和疏水单元的特性，这种聚合物材料可以根据外部刺激的变化，调节其自身的离子或分子单元，以改变外部的湿润性和可黏附性。Voronov 等[10]合成了一种二元脂肪酸的聚乙烯乙二醇双亲转换聚酯，对比了不同分子量的聚酯在两种不同染料中与其不相溶的溶剂混合后的增溶能力，结果显示分子量大的聚酯效果更明显，因为其亲水和疏水链段较长，能更好地结合极性和非极性溶剂，以产生更强的增溶效果。甜菜碱是一种具有良好防污性能的两性离子化合物，其具有良好的生物相容性，目前主要作为医用高分子材料。将其制成具有两性离子结构特点的甜菜碱化合物，该化合物表面具有超级抗蛋白质和微生物吸附的性能，可有效抑制小型和大型海洋污损生物的附着生长。如果将该类材料引入防污涂层表面，并在涂层表面不断更新，有望达到静止状态防污的目的。因此，适当调节双亲性表面也可在一定程度上阻止污损。但由于甜菜碱是一种强亲水性物质，与疏水的基料易发生相分离或聚集，这将严重影响涂层的使用寿命。为了提高甜菜碱与基料的相容性，在聚合的甜菜碱链端连接一段疏水的聚合物，增大甜菜碱聚合物的溶解性；同时将这种嵌段的聚合物制成纳米粒子，形成外壳疏水内核亲水的结构，从而降低甜菜碱对涂料使用寿命的影响；将嵌段聚合物添加到可水解的基料以后，随着涂层的不断水解，纳米粒子在涂层表面逐渐露出，纳米粒子与水接触以后再通过构型翻转得到外壳疏水内核亲水的结构，此时甜菜碱裸露在涂层表面起到抗吸附的效果，通过这一过程达到防污的目的。

朱立凯等[11]通过原子转移活性自由基聚合嵌段共聚物 PDMAEMA-b-PBMA 和 PBA-b-PDMAEMA，再将两种嵌段共聚物 PSBMA-b-PBMA 和 PBA-b-PSBMA 与 1，3-丙磺酸内酯反应,生成具有抗吸附性能的甜菜碱结构的季铵盐类两性嵌段聚合物,聚合物在有机溶剂发生分子自组装,形成外壳疏水内壳亲水的结构。Krishnan 等[12]合成了侧基含 PEG 和氟化烷基的双亲性嵌段聚合物。在海水中,PEG 段可迅速转移至由该聚合物制成的涂层表面,使得表面更加亲水。实验证明,此聚合物基材对舟形藻具有一定的附着阻止性能。通过适当设计双亲性聚合物材料,可使表面发生微相分离,形成亲水、疏水相间的纳米结构,这也是目前抑制生物污损的一个重要研究方向。Krishnan 等[13]利用表层微结构化的手段对有机氟及有机硅树脂的低表面张力涂层进行微结构化处理,在其表层构建具有双亲性的 PEG 微层,实验证实这种超亲水的 PEG 微观结构对蛋白质、细菌和海洋生物具有抑制作用。即使有附着生物也很容易从疏水表面脱落。双亲性分子同时含有亲水和疏水端,因此具有双重性。目前表面微结构构筑在有机硅防污涂料中已经得到使用。

6.1.2 酶基涂料

在 20 世纪 80 年代就已出现了用酶制作防污涂层涂料的想法,这一概念近年来受到越来越多的关注[14]。酶是具有催化活性的蛋白质,在自然界中无所不在。它们可以降解污染的生物或生物黏合剂,降低其附着力,或产生其他灭菌剂化合物。蛋白酶、糖酶、氧化酶、溶菌酶等可以通过溶解胶黏剂组件、催化生产防污化合物原位合成、溶解生物膜等原理破坏生物膜的有效形成,阻止污损生物的附着。Olsen 等[15]根据酶和底物的性质,将酶防污涂层分为直接和间接酶促的防污涂层。直接酶促防污涂层包括"生物杀灭"或黏附降解酶,而间接酶促防污涂层从存在于海水中的底物或涂层成分中生成灭菌剂。用于酶促防污涂层的机制总体分类如图 6-6 所示。Olsen 等[16]提出了酶基防污涂层体系的四个要求:①酶与涂层组分混合时必须保持活性;②酶不能恶化涂层性能;③酶必须具有广谱效应;④酶的活性必须在干燥的包衣中以及被包衣表面浸入大海后具有长期稳定性。黏附降解酶直接防污涂层是目前应用最广泛的方法之一,它利用蛋白酶和糖基化酶来降解以蛋白质和多糖为基础的生物胶黏剂[17]。许多商业上可获得的酶已被开发为无毒的抗污剂,如碱性酶(一种丝氨酸内肽酶枯草蛋白酶)A 的商业制备。这种酶具有易得、无毒、可生物降解的优点。以枯草菌素为主的蛋白酶已被证明可以抑制海洋细菌假交替单胞菌或荧光假单胞菌和四种海洋细菌共培养的生物膜形成[18]。目前有三种方法可以保持酶在涂料中的活性,第一种方法是将酶进行交联,以减缓其在水中快速渗出的速率;第二种方法是将酶做成水性浆料,与载体材料一起进行干喷,以制成固定化酶,然后将此固定化酶以粉末的形式加到涂料中去;第三种方法是用无机硅酸盐或有机硅来包封酶。

用酶进行防污,这是生物化学领域发展的一大进步,从有毒化合物杀灭海洋污损生物到无毒生物制剂抑制海洋污损生物附着,标志着环境友好型涂料的新发展。尽管用酶进行防污的征途艰难遥远,但目前已看出端倪,至少用酶降解海洋污损生物附着基质已经付诸实施,相信不远的将来,酶基防污涂料必将担当环境友好型海洋防污涂料的重要角色。

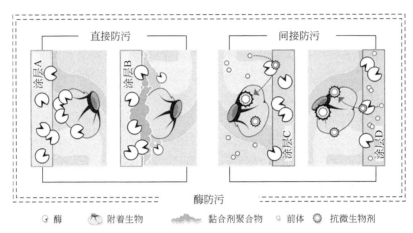

图 6-6　酶解防污的分类及机理

涂层 A 采用生物杀菌直接防污技术；涂层 B 基于胶黏剂降解直接防污；涂层 C 是基于基体在环境中的间接防污；

涂层 D 是基于间接防污涂料提供的基材

6.1.3　抗蛋白质防污涂层

蛋白质、微生物、动植物等在船舶水下表面的吸附将会导致表面粗糙度增加，从而降低航速、增加燃料消耗、破坏生态环境和腐蚀船体金属等。根据美国海军海洋体系委员会评价，船体上的生物污损可降低船舶 2% 的航速，并增加 6%～45% 的燃料消耗，因此需要降低蛋白质在材料表面的非特异性吸附。抗蛋白质非特异性吸附材料是一类优秀的生物相容性材料，具备优异的抗生物吸附能力。它作为船舶防污涂层时自然避开了材料的生物毒性问题，解决了环境相容性问题。目前，对材料表面进行抗蛋白修饰的方法有很多种，如改善表面的亲水性能、使表面带负电荷、表面接枝两性离子聚合物、种植内皮细胞以及表面肝素化等。截至目前被广泛研究的抗蛋白质非特异性吸附材料主要分为两类：一类为亲水性材料，另一类是两性离子材料。这两类材料均能形成紧密结合的水化层，从而形成表面物理和能量屏障，有效抵抗蛋白质分子不可逆物理吸附。亲水性材料包括 PEG、低聚（乙二醇）、多糖和聚酰胺等，这些聚合物有一些共同的结构和化学特性，如强亲水性、电中性、氢键受体和非氢键供体。细胞膜上的磷酰胆碱是一种电中性的两性离子结构，人们通过对磷酰胆碱进行仿生学研究，发现具有磷酰胆碱的表面具有很好的防污效果。

由于 PEG 本身不具有毒性且在水溶液当中拥有独特的吸水性以及体积排斥效应，不易与其他分子产生作用，具有非常好的生物兼容性，因此被广泛应用于抗蛋白质吸附材料。通常的修饰方法是在材料表面固定 PEG，使其形成一层亲水、无毒性的高分子层，当蛋白质接近 PEG 高分子层时，蛋白质分子除了会和高分子层的末端分子产生范德华力外，也会和基材产生范德华力，但由于高分子链段受蛋白质分子挤压，会形成一个分子间排斥力，这个排斥力是 PEG 抗蛋白质吸附的关键。PEG 之所以能够表现出优于其他高分子的抗蛋白质吸附性能，是因为 PEG 分子本身和蛋白质之间的范德华力较弱。虽然 PEG 是不错的抗蛋白质吸附材料，但由于 PEG 分子在结构上属于聚醚类，自身容易被氧化，尤其是在有氧环境下或存在过渡金属离子的环境中，更容易加速氧化反应；同时，PEG 在高于 35 ℃时会失去抗蛋白质吸附的效果。因此，稳定性不佳限制了 PEG 的应用。

仿生物细胞膜结构的双离子性高分子如磷酸胆碱（PC）及其衍生物（2-甲基丙烯酰氧乙基磷酸胆碱，MPC）制备的抗蛋白质吸附材料均能有效减少蛋白质吸附以及细胞的黏附。Feng 等[19]利用自由基聚合法将 poly（MPC）接枝到单晶硅表面，控制适当的条件，可让改性后的硅表面呈现优异的抗蛋白质吸附能力。除了理论研究之外，Moro 等[20]将 poly（MPC）应用在人造关节方面，发现其能有效减少蛋白质吸附以及细胞的贴附，具有非常好的生物相容性。

在分子水平上，污损海洋生物形成附着的开始阶段有着共同点，那就是蛋白质迅速地吸附在无保护的材料表面上，通过一系列的物理、化学作用最终形成附着污损。因此针对污损海洋生物附着过程中最基本的蛋白质吸附问题，研究抗蛋白质吸附材料对开发新型的海洋防污涂料具有重要意义。目前关于抗蛋白质吸附材料的研究主要集中在生物医学领域，将其应用于海洋防污方面的研究很少。中国船舶重工集团公司第七二五研究所通过接枝共聚法将聚两性离子分子 poly（SBMA）接枝到 PDMS 表面，制备了一种新型的双离子性分子修饰的抗蛋白质吸附防污材料，相对于 PDMS，能够减少 70% 的牛血清白蛋白吸附，减少典型污损海洋生物——硅藻 75% 的附着，具有优异的防污效果，有望以此为基础发展新型的防污新材料[21]。

6.2 防污涂层表面功能化

海洋环境极端复杂，海洋腐蚀损害情况极为严重，所造成的经济损失数目巨大。除经济损失外，海洋腐蚀还会造成安全隐患，其破坏程度甚至远远大于地震、飓风等自然灾害。海水中含有大量的腐蚀性氯离子并富集微生物，金属/海水界面同时存在着两个自然过程，即金属腐蚀和海洋生物污损，海洋腐蚀是金属腐蚀和海洋生物污损共同作用的结果。有关海洋的防腐及防污问题一直是国际性难题，寻找新的防腐及防污途径，开发新型耐海水腐蚀用材料，已经成为世界各国海洋科学研究的重要课题。铝及其合金比重轻、比强高，价格适当，规格品种齐全，因而在海洋工程结构中得到广泛应用，如船舶的上层建筑，快艇或游艇的艇体，鱼雷壳体、鱼雷水缸等，这些构件经常会受到海水的腐蚀作用。钛金属在地壳中含量极为丰富，位居铁、铝、镁后的第四位，且易于开采，同时，钛在海水中的耐蚀性仅次于铂，在海水中腐蚀率为 10^{-4} mm/a，比耐蚀等级标准的最高等级还高一个数量级，无晶间腐蚀、点蚀、脱成分腐蚀等危害较大的局部腐蚀。此外，钛在高速流动海水的冲刷状态下也具有优异的耐蚀性，被誉为"海洋金属"。钛作为耐蚀材料在海洋腐蚀环境中的应用越来越广，已成为海洋环境中应用最成功的工程金属材料。

无论是耐海水腐蚀性差的铝金属还是享有"海洋金属"美誉的钛金属，为了将其腐蚀造成的损失降到最低，各国科学家进行了长期细致的研究，找到了一些解决途径，其中采用金属表面涂层保护是目前应用最广泛也最有效的措施，金属表面涂层保护方法很多，包括有机涂料、镀层、缓蚀剂、磷化、钝化等，但仍存在许多问题，尤其是环境污染方面。

6.2.1　微地形表面工程

构筑微地形表面也是制备无毒防污涂层的一种方法。微地形表面可对海洋微生物的黏附起到物理破坏作用，自然界中很多生物都利用微地形来防御生物黏附。微地形已被证明可以阻止海洋哺乳动物、鲨鱼皮肤或软体动物外壳上的生物附着，并影响藤本植物、藻类和细菌的附着。虽然这些研究证明了海洋环境中微地形表面的防污潜力，但减少污染的潜在机制仍不清楚。由地形引起的表面润湿性的变化可能是这些响应的一个促成因素。也有人提出，微地形会影响表面附近的流体动力学，从而防止微生物附着。然而，最成熟的概念是假设黏附强度与海洋生物表面的附着点数量有关（图6-7）[22,23]。

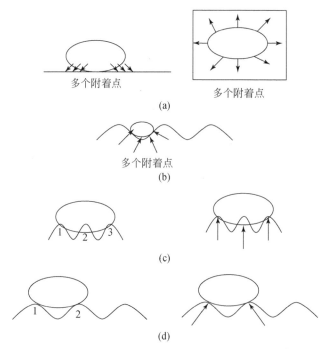

图6-7　硅藻附着点理论的说明

（a）所有硅藻在光滑表面上都具有较强的附着点；（b）*Fallacia carpentariae* 在 2 mm 波纹上具有较低的附着点；（c）*Navicula jeffreyi* 在 2 mm 波纹上具有较低的附着点；（d）*Amphora* sp. 在 4 mm 波纹上具有较低的附着点

当污垢生物处于附着阶段时，它们在形状和大小上有相当大的差异。细菌（约 1 μm）、硅藻（3~15 μm）和藻孢子（5~10 μm）被认为是主要的小型污染生物，而管虫、苔藓虫、海鞘和藤本鱼幼虫（120~500 μm）是在浸泡基质上发现的主要大型污染生物，两种类型的污物都受地形尺度的影响。普遍的观点认为附着的优选与表面能够提供的附着点数目相关。由于附着点的减少，大于表面结构初始长度的污垢生物通常表现出附着点强度降低。相反，当沉降在具有较大长度的地形特征的表面，即大于细胞或生物体的表面时，会出现更多的附着点，从而增强附着力。这一附着点理论已被记录在绿藻绿石、四种硅藻、线虫管虫、苔藓虫和圆蚧虫的孢子中。

工程微地形显示减少石莼孢子沉降高达58%（2 μm 直径的圆柱和 10 μm 的椎体复合的微结构表面），复制鲨鱼皮的微地形减少石莼孢子沉降高达77%。藤壶在微纹理 PVC 表面上的沉降几乎减少了100%，尽管光滑的 PVC 在所有测试材料中沉降最强，包括基于杀生物剂的防污涂料和结垢释放涂料以及一些处于光滑状态的 PVC[24]。Petronis 等[25]表明，具有大棱纹的 PDMS 表面微纹理可抑制藤壶双歧杆菌的沉降，最高可抑制67%。他们证明了石莼孢子的沉降行为与新描述的基于三个变量的无量纲工程粗糙度指数之间的负相关性，这三个变量反映了地形特征的大小、几何形状和空间排列。干诺（Genzer）和叶菲缅科（Efimenko）认为，具有单一长度尺度的地形模式不太可能作为通用的防污涂层表面，因为生物覆盖包括几个数量级的海洋生物（细胞、孢子、幼虫）[26]。与同等水平的平面表面相比，这些涂层在海水中暴露18个月后仍然相对没有生物污染，包括藤壶这种生物。污垢释放涂料是一种无生物农药的涂料，其性能依赖于双重作用模式，即不黏滞性和结垢释放行为。结垢释放涂料的一般思想是尽量减少污垢生物与表面之间的附着力，以便在航行过程中通过水动力应力或简单的机械清洗来清除污垢。结垢释放涂料的自清洁特性如图 6-8 所示，其中最初被污染的结垢释放涂料涂层在不同航速下的自清洁能力。

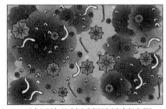 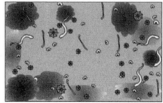 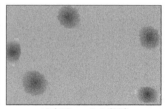

(a)被污染的结垢释放涂料涂层　　　(b)在10 n mile/h航速　　　(c)在20 n mile/h航速
　　　　　　　　　　　　　　　　动态浸泡1min　　　　　　　动态浸泡1min

图 6-8　结垢释放涂料的自清洁能力示意

1 n mile=1.852 km

此外，结垢释放涂料的平顺性使其能够减少船舶的阻力，从而减少燃料消耗和温室气体排放。污损释放涂料包括硅酮和氟聚合物结合剂，因为它们是显示结垢释放特性的两种主要聚合物材料。目前，市面上的结垢释放涂料通常是一种双系统，由结垢释放涂料面漆和涂在防腐环氧底漆上的涂层组成。表面涂层是基于交联的 PDMS 弹性体，通常含有添加剂油，以增强其光滑性。为了促进不黏面漆和环氧底漆之间的附着力，需要涂上扎染漆（图6-9）。结垢释放的特殊性能传统上与表面疏水性和低能有关，但也受到其他参数的影响，包括表面粗糙度、弹性模量和薄膜涂层厚度。目前污损释放涂料的使用寿命通常为5～10 年。以生物碱为基础的防污涂料和结垢释放涂料是目前全球船用涂料市场上可用的两种技术。阻碍微地形表面商业化的主要困难是价格和大型船只的不切实际的使用。据我们所知，目前丹麦的 Biolocus 公司只有一种用于水性或溶剂型涂料的酶添加剂，即涂层酶，其用于游艇市场。2003 年《国际海事组织公约》通过后，污垢释放涂料的总销售额显著上升，目前估计在商业航运中占 10%，但在游艇行业中仍低于 1%。结垢释放系统的一个优点是，与自抛光共聚物涂层（40%~50%）和 CDP（可溶性/可挖损耗聚合物）涂层（50%~60%）相比，其高体积固体含量约为 70%，减少了船厂的溶剂排放[27]。此外，与灭菌防污涂层的两层或三层相比，结垢释放层只需要一层顶层。这将缩短在码头的时间，降低油漆的消耗，并降低应用成本。据报道，与以前的技术相比，污损释放涂料的表面更光滑，从而导致更低的阻力，至少在最初是这样，因为光滑所带来的燃料节省可能会抵消结垢释放涂层的污染。Corbett 等[28] 比较了两艘船（一艘油轮和一艘散货船）在船体涂覆无锡自抛光共聚物涂层和结垢释放涂层的情况下的燃料消耗。结果表明，结垢释放层的应用将油轮的调速燃油消耗降低了 10%，散货船的燃油消耗降低了 22%。他们估计，如果在国际船队的所有油轮和散货船上都实现类似的燃油效率，则每年的燃料消耗可以大致减少 1600 万 t，燃料支出每年可减少 44 亿~88 亿美元，每年可避免近 4900 万 t 的二氧化碳排放。

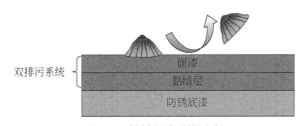

图 6-9 结垢释放系统示意

如果船舶不涂装防污涂料，生长的污损生物将使船舶燃油消耗由每年消耗 3 亿 t 增加至 4.2 亿 t，增加幅度高达 40%。因此，使用防污涂料为全球航运业每年减少 3.84 亿 t 二氧化碳和 360 万 t 二氧化硫的排放量，节约燃油价值高达 300 亿美元。IMO 通过的《国际防止船舶造成污染公约》附则修正案Ⅵ"防止船舶造成大气污染规则"于 2013 年 1 月 1 日生效，该公约要求对船舶航行能效进行优化，以降低航运带来的二氧化碳等温室气体排放。因此，具备节能减阻效果的防污涂层对于防止海洋生物污损、减少摩擦阻力、节约燃料和能源消耗、经济意义与社会效益的重要性不言而喻。

自 IMO 通过《国际控制船舶有害防污底系统公约》以来，船舶防污涂料中禁止使用污染环境和对生物有害的物质，研发环保型防污涂料成为未来发展趋势。在环境保护和低碳经济背景下，世界各大涂料公司及研究机构纷纷投入大量人力物力加强研究和开发环保型防污涂料技术及产品。船舶防污涂料是船舶涂料中最为重要的品种之一，是各船舶涂料生产商产品核心竞争力之所在。尽管我国持续地投入经费支持海洋防污涂料研究和开发，但产业化的防污涂料产品在技术性能和应用上，与国外差距却逐渐增大。高性能长效防污涂料市场基本上被国外或跨国公司垄断，导致整个船舶涂料市场由外资公司长期控制。发达国家对国际先进的防污涂料的核心技术严格保密，而且已经形成了完整的知识产权保护体系。伴随着国民经济的迅速增长，我国已经成为世界第一造船大国，据统计，2014年我国造船完工量高达3905万载重吨。此外，我国还是世界第一修船大国，这为我国的船舶涂料市场创造了巨大的发展机遇，防污涂料市场价值高达数十亿元。"一带一路"作为我国新的国际倡议框架，给航运业带来了新的发展机遇，航运业的复苏将进一步带动我国造船业的发展，防污涂料需求量还将继续扩大。因此研制具有自主知识产权的、能够满足国内外环境法规要求的减阻防污产品并产业化，以期打破跨国公司对高性能长效防污涂料技术的垄断，增强国有防污技术及产品在国际市场上的竞争力，推动国有船舶涂料品牌的树立，有利于发展具有自主知识产权的船舶涂料产业。产品满足目前IMO对船舶涂料的新要求，符合我国造船业提出的"绿色造船"的发展方向，促进我国造船业健康发展，对实现由世界造船大国向造船强国转变有十分重要的意义。造船业不仅是我国的支柱产业之一，其健康快速的发展，还能促进相关产业（如航运业、外贸等）的健康发展，对国民经济的发展具有重要意义。

6.2.2 铝表面功能化

具有低密度、良好导热性和优异耐腐蚀性的铝及其合金被广泛用于海洋探索过程中。虽然铝表面形成的致密保护氧化膜可以使其内部免受进一步的腐蚀，然而在含有丰富氯离子和微生物的海水与海泥中，仍会发生腐蚀。海洋环境中发生的大部分腐蚀与海洋生物和海洋设备之间的相互作用有关，微生物的附着造成严重的生物污损并加速了金属设备的腐蚀。研究微生物导致的铝的腐蚀机制对于铝防护策略的制定至关重要。海水偏碱性，pH为8.0~8.3。当pH=4.5~8.5时，电位-pH图中铝处于钝化区，铝的表面生成一层致密的氧化铝薄膜（非晶态的$Al_2O_3-3H_2O$），其厚度为50~2000 Å，它阻碍了活性铝表面和周围介质的接触，使铝及其合金在通常情况下具有很好的耐蚀性。铝是化学性质很活泼的金属，其平衡电极电位为-1.67 V，铝及其合金在海水中的腐蚀电位非常低，为-1250~-850 mV[29]。海水中，铝及其合金的耐蚀性完全取决于氧化铝保护膜的完好性和破裂后的修复能力。研究表明，在静止海水中，铝的耐蚀性与其自然腐蚀电位值存在一定的相关性，电位越负其耐腐蚀性越好。

1920年，人们首次发现铝表面氧化膜的结构和性质对基体腐蚀具有重要作用，并且对金属表面氧化膜的结构及其与金属腐蚀速率之间的关系进行了深入研究，发现铝及其合金的腐蚀是一个多步过程，一般而言分为四步[30]：①活性阴离子在铝表面氧化膜上吸附（假定活性阴离子从本体溶液向铝表面的扩散速率足够快）；②吸附的阴离子与氧化物晶格中的铝离子发生反应或与沉积的氢氧化铝发生反应（这可能是一个与晶格中的阴离子发生离子交换的过程）；③溶解导致氧化膜减薄（包括侵蚀性粒子进攻所引起的氧化膜穿孔作用）；④阴离子直接进攻暴露的金属基体，这个过程有时也称为点蚀的发展阶段，它有可能与过程③在同一材料表面的不同地点同时进行。其中，引起点蚀的阴离子等侵蚀性粒子在铝表面氧化膜上的吸附反应是一个竞争过程，它们与羟基或水分子在氧化膜表面发生竞争吸附，而后者的吸附将导致铝表面钝化。研究同时指出，侵蚀性粒子，特别是氯离子的吸附是金属发生点蚀的前置过程。点蚀是铝腐蚀的主要形式，海水中的氯离子对钝化膜的破坏作用尤其强烈。目前，提高铝基体耐蚀性的主要措施是增厚表面氧化膜，可以通过铝基体与特定介质一起发生化学转化作用，形成一层化学转化膜覆盖表面。为了延长铝材的使用寿命，一般采用表面涂层保护。因为铝面比较光滑，材质较软，要提高涂料对铝面的附着力不宜采用喷砂方法进行表面处理，较适用的处理方法有三种，一是磷化底漆，此法施工简单、效果较好。二是电化学阳极氧化法，将铝件浸入稀酸溶液，以铝为阳极通入电流而生成氧化膜，有铬酸阳极氧化法、硫酸氧化法及磷酸氧化法。三是化学溶液氧化法，采用各种化学转化液对铝面进行处理，有磷酸锌工艺、铬酸盐-氧化物工艺和铬酸盐-磷酸盐工艺等。用铬酸盐转化膜处理的铝面对氯化橡胶清漆层的干附着力和湿附着力比用金刚砂打毛处理铝面对氯化橡胶清漆层的附着力有很大改善。最常用的处理方法是电化学阳极氧化法，但此方法所形成的氧化铝膜具有超亲水性质，使海水中的氯离子容易渗透到铝基底表面而进行腐蚀，同时亲水的多孔氧化铝结构很容易使海水中的微生物在其表面吸附富集，造成生物污染。结合磷化底漆的方法，可以部分解决上述问题，但此类涂层保护措施过程使用的原料存在毒性、对生态破坏、套瓷性差等缺点，由此寻找新思路探求无毒、经济有效的防腐措施成为新的研究方向。

作者课题组利用化学刻蚀和电化学腐蚀的方法制备了微米粗糙化铝表面，通过控制刻蚀溶液 CuCl₂ 和 HCl 的浓度，调节所制备微米结构的尺寸（图6-10），最后经氟化修饰后得到其超疏水表面。首先利用电化学阳极氧化方法在微米结构化铝表面形成一层多孔氧化膜。其次通过选择不同的阳极氧化电解液，控制多孔氧化铝孔的尺寸，同时利用磷酸溶液的扩孔效应，调节氧化铝孔径尺寸，并形成氧化铝纳米线形貌结构（图6-11），最后氟化修饰后得到其超双疏表面。对比超疏水膜和同结构普通膜发现，超疏水膜表面为花瓣形貌，这种形貌极有利于截留大量空气，对基体起到保护作用。经动电位极化曲线分析得出，超疏水膜的存在，使阳极和阴极电流都明显减小，腐蚀电位 E_{Corr} 正方向移动，说明超疏水表面的存在阻止了铝的阳极溶解过程。铝空白样以及经过不同处理的铝试样在 3.5% NaCl 溶液中的 Bode 图曲线显示（图6-12），高频区对应基体表面膜层的性质，中频区对应膜层与基体之间的相互作用，低频区对应体系的腐蚀阻力（双电层电容和电荷转移电阻）。由图可以看出，未经处理的铝试样的低频（0.01 Hz）阻抗值在 $10^{3.4}$ Ω·cm²，而经过一次氧化或化学刻蚀后的铝试样的低频阻抗值能够达到 10^4 Ω·cm² 以上。这表明铝试样在过氧化或化学刻蚀之后在表面更容易生成一层氧化铝薄膜，在一定程度上能提高金属的抗腐蚀能力。但是一次氧化或化学刻蚀后的表面氧化层非常薄，不足以对铝基底进行保护，因此对铝试样进行二次氧化，而经过二次氧化的试样，其低频阻抗值能够达到 $10^{4.5}$ Ω·cm² 左右，与一次氧化处理相比提高了 0.5 个数量级，这能体现出经二次氧化处理的铝试样表面所形成的膜层更致密。实验中还分别对一次和二次氧化处理的试样用氟硅烷进行了氟化处理，并测试了其电化学阻抗性能。发现经过氟化处理的试样与未经处理的试样相比在抗腐蚀能力上有了明显的提高，低频阻抗值都提高了一个数量级以上，其中二次氧化处理的试样经过氟化处理之后，低频阻抗值达到了 $10^{5.7}$ Ω·cm²，较空白样提高了 2.3 个数量级，表现出优异的抗腐蚀能力。覆有超疏水膜的铝电极在海水中的阻抗值远大于无膜和普通膜电极，说明超疏水膜起到阻止表面铝溶解的作用。在微纳米结构化铝表面利用三种方法附载具有杀菌性的纳米银颗粒，结果显示金属铝表面的三维结构和多孔结构能够提高纳米银颗粒的负载量，对大肠杆菌显示出优良的抑菌效果。

(a)   (b)

(c)   (d)

图 6-10　化学刻蚀法制备微米结构化铝表面 SEM 形貌图

刻蚀溶液为 0.2 mol/L CuCl$_2$ 和 2 mol/L HCl 不同体积比混合，(a) 1∶5，(b) 1∶2，(c) 2∶1，(d) 5∶1

(a)   (b)

图 6-11　在磷酸电解液中阳极氧化 2 h 后所形成的 Al$_2$O$_3$ 孔大小为 100～200 nm，膜厚为 4～5 μm

不同分辨率的图

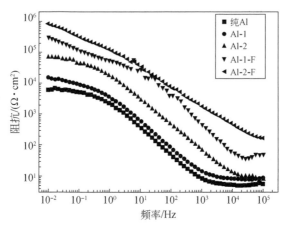

图 6-12　铝空白样以及经过不同处理的铝试样在 3.5% NaCl 溶液中的 Bode 图

Han 等[31]根据铜绿假单胞菌和普通硫弧菌对纯 Al 的腐蚀机制，采取在 Al 的表面制备超滑表面进行防护。在胞外电子传递–微生物腐蚀的过程中，生物膜中的固着细胞起到主要作用，而超滑表面具有优异的防止微生物黏附的性能，进而抑制固着细胞与基底的电子传递过程，降低金属基底的腐蚀。目前所制备的超滑表面在结构稳定性与储油稳定性方面仍有不足，所以他们从结构方面出发，制备具有优异的机械稳定性以及储油稳定性的超滑表面，从而对基底具有一个长期高效的防护效果。他们主要以 Al 为基底，采用阳极氧化—氟化改性—全氟聚醚注入三步法制备了两种不同的微观粗糙结构（图 6-13），并通过进一步的氟化改性以及注油改性制备了管堆叠金字塔复合超滑表面和管超滑表面样品。图 6-14 显示了将管堆叠金字塔复合超滑表面，管超滑表面和纯 Al 样品浸入含铜绿假单胞菌培养基中 1 天和 14 天，以及浸入实际海水中 1 天和 36 天后的动电位极化曲线。铜绿假单胞菌培养基中的管堆叠金字塔复合超滑表面和管超滑表面样品均比纯 Al 样品具有更低的腐蚀电流密度（i_{corr}）。第一天浸泡期间可以发现，两种超滑表面样品具有相似的 i_{corr}（管堆叠金字塔复合超滑表面样品腐蚀电流密度为 3.39×10^{-12} A/cm^2，管超滑表面样品为 3.28×10^{-12} A/cm^2），这主要归因于，在培养的第一天，两种样品具有足够的润滑剂，而润滑剂的绝缘性能以及对微生物黏附的抑制性能使得两种样品具有较低的腐蚀电流密度。值得注意的是，在铜绿假单胞菌培养基中浸泡 14 天后，管堆叠金字塔复合超滑表面样品的 i_{corr} 仅仅提高了一个数量级（达到 1.13×10^{-11} A/cm^2），而管超滑表面样品的 i_{corr} 提高了 5 个数量级（达到 1.77×10^{-7} A/cm^2）。在海水介质中也发现了类似的趋势，在浸入海水的第一天，管堆叠金字塔复合超滑表面和管超滑表面样品的 i_{corr} 分别为 3.17×10^{-13} A/cm^2 和 1.24×10^{-12} A/cm^2。浸泡 36 天后，管堆叠金字塔复合超滑表面样品的 i_{corr} 仅提高了一个数量级（达到 1.37×10^{-12} A/cm^2），而管超滑表面样品的 i_{corr} 增加了 4 个数量级（2.08×10^{-8} A/cm^2）。这表明，在长期应用中，具有管堆叠金字塔复合结构的超滑表面有效地提高了微生物介质和海水介质中 Al 基材的耐腐蚀性。由于超滑表面的类液体性质，无论是在动态流动条件下还是静态流动条件下，微生物都无法轻易黏附于基底表面。而管堆叠金字塔复合超滑表面样品的上层金字塔结构可以为结构内储存的润滑油提供一个保护屏障，使其在实际流动环境中仍然保持良好的类液体性能，避免微生物的进一步附着。他们通过胶带黏附实验和磨损实验证明制备的管堆叠金字塔复合超滑表面具有优异的结构稳定性，从而可以为基底提供稳定和连续的保护。经过多次的实验，上部金字塔结构没有发生崩塌。另外，管堆叠金字塔复合超滑表面在微生物介质和海水介质中都具有非常优异的长期腐蚀保护效果，而这主要归因于下部管状结构中润滑剂本身的绝缘作用以及对腐蚀离子的隔离作用，同时上部金字塔结构对油层的流失具有屏蔽保护作用。

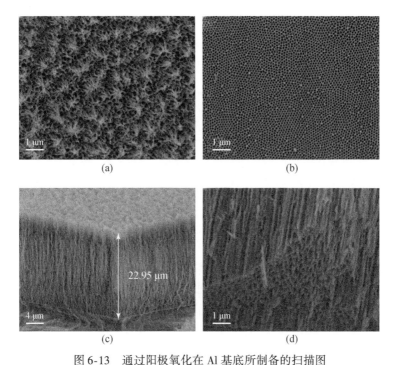

图 6-13　通过阳极氧化在 Al 基底所制备的扫描图
（a）氧化铝-管堆叠金字塔纳米结构形貌；（b）氧化铝-管纳米结构形貌；（c）氧化铝-管堆叠金字塔结构横截面形貌；
（d）氧化铝-管堆叠金字塔结构横截面形貌

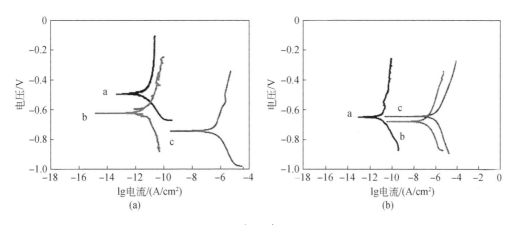

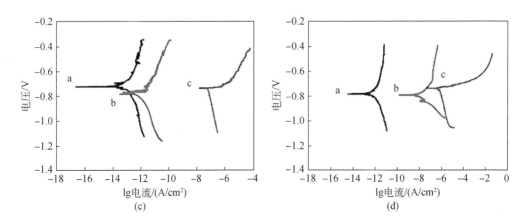

图 6-14　动电位极化曲线

a 是管堆叠金字塔复合超滑表面样品，b 是管超滑表面样品，c 是纯 Al 样品，浸入含铜绿假单胞菌
培养基中 1 天（a）和 14 天（b）；以及浸入实际海水中 1 天（c）和 36 天（d）后的动电位极化曲线

6.2.3　钛表面功能化

钛是 20 世纪 50 年代发展起来的一种重要的结构金属，具有优异的性质：①钛密度小（4.51 g/cm³），低于铜、镍而高于铝，比强度高；②钛性质非常活泼，平衡电位很低，在使用介质中极易发生热力学腐蚀生成一层致密的 TiO_2 氧化膜，从而阻止继续发生腐蚀，表现为极其耐蚀的性能；③钛金属没有磁性，即使在很大的磁场中也不会被磁化；④钛无毒并且具有良好的生物相容性；⑤与碳钢和铜相比，钛的导热系数相对较小，但它优异的耐蚀性能可以使壁厚减薄，减少了热阻。

凭借其高比强度、高耐蚀性和高耐热性，金属钛被广泛应用于航空航天、船舶及海洋工程、生物医学和口腔移植等领域，包括石油和天然气平台、海水淡化系统、制盐蒸发器、喷水推进系统、热交换器和冷凝器等。尽管几乎不存在腐蚀问题，但钛金属具有较好的生物相容性，容易被生物附着产生污损，钛发生生物污损之后，会引起很多问题。在海水养殖方面，需要用到热交换器。它以海水作为冷却介质，因此一些海洋生物会附着在管材上，导致冷却性能降低、冷却水量减少，如果海洋生物进入冷却管内，还会引起沉积物的腐蚀问题，这将会使热交换器需定期更换，费用增加。因此，需要特别关注其表面防污问题。

另外，在高温、低 pH 还原性的溶液中（如硫酸、盐酸、甲酸等），钛耐蚀性显著降低，使其在工业中的应用受到限制。用电位-pH 图分析钛在水溶液介质中热力稳定性，可计算腐蚀产物的稳定区，由此发现钛有两个稳定钝化区：TiH_2 区和 TiO_2 区。在 TiH_2 区，100 ℃ 以上氢将向钛内部扩散，导致氢脆，因此这一区域操作实际意义有限，阴极保护方法不予推荐；在 TiO_2 区，这一区域钛极为稳定，无论是从热力学考虑还是从实际考虑，该区最有意义。提高钛在还原性介质中的稳定性，维持表面 TiO_2 膜，可以采取以下途径：

①合金化；②加入缓蚀剂；③阳极钝化；④表面处理技术。氧化钛涂漆具有无毒无害、抗渗透性强、表面光洁度高、水油两亲、耐腐蚀、防污、耐磨、机械强度好等优异性能，因此它成为非常有前途的海洋环保型防污涂漆，可应用在船舶各个部位，以及海上建筑等。TiO_2 超亲水性表面修饰的材料在水下运动时，其摩擦阻力可减少 10%~15%，这意味着在同等动力下，可使轮船、潜艇的航行速度提高 10%。因此作为船舶的防污涂漆，既能防止海洋污损物附着，又能提高船舶航行速度。这种新型的船舶涂漆将很快被人们接受，并且可以节约大量的经济成本[32]。

王彩萍[33]通过金属钛表面等离子体活化和氨基化处理，并以聚多巴胺为中间黏结层，通过原子转移自由基聚合（ATRP）实现了甲基丙烯酰氧乙基-N,N-甲基丙磺酸盐（SBMA）的接枝修饰（图 6-15），制备了具有良好抗蛋白吸附、防硅藻附着和抑菌的钛表面材料，并利用热力学方法探讨了其防污机制。考察了磷酸处理、等离子体处理，以及多巴胺处理三种活化方式对钛表面的影响。实验表明，采用后两种表面活化方法处理后的钛金属表面平整、光滑，且活化分子层与钛金属表面结合牢固。在以上两种活化的钛金属表面上，通过 ATRP 制备了接枝有 SBMA 的钛表面材料，利用场发射电镜、红外光谱和能谱等测试手段对其进行了测试表征，并利用牛血清白蛋白、硅藻对其防污性能进行了研究。她对 Ti、TA（硅烷偶联剂处理过的钛片）、TAD（用多巴胺处理过的钛片）、TADB（用溴代异丁酰溴处理过的钛片）、TADBS（用 SBMA 处理过的钛片）进行了抗硅藻附着实验。研究结果表明，中间活化处理产物 TA 与最终产物接枝有 SBMA 的钛表面材料均能够提高钛表面的抗蛋白质吸附性能，对羽状舟形藻附着的抑制率分别达到 92.7% 和 98.7%（图 6-16），具有优良的防污性能。电化学测试结果显示，金属钛表面修饰 SBMA 并不影响其耐腐蚀性能，反而因有机层的隔离作用耐蚀性能有所提高。整体结果表明，通过在钛金属表面修饰磺酸甜菜碱分子来防止蛋白质吸附，抑制硅藻和细菌的附着，显示了优良的防污性能。

Wang 等[34]通过阳极氧化，1H,1H,2H,2H-全氟辛基三乙氧基硅烷（POTS）改性和聚全氟甲基异丙基醚（PFPE）注入，在 TC4 合金上制备 SLIPS（注入润滑剂的光滑多孔表面），以改善 TC4 合金的防污性能，并对所有涂料进行了研究和比较。通过记录大肠杆菌和舟形藻的沉降来获得 SLIPS 的防污机理。结果表明，通过阳极氧化在 TC4 合金上制备了三种不同的纳米结构，如图 6-17 所示，纳米结构的表面形态和尺寸随阳极氧化电压变化。内部体积最大的纳米管有利于储存更多的润滑剂并长时间保持润滑剂牢固。由于润滑剂层的超滑特性，SLIPS 可以有效抑制大肠杆菌和舟形藻的附着。特别是由最大的纳米管制成的 SLIPS-30 V 表现出长期的抗黏连性能（图 6-18）。通过图 6-18 观察得到在 10 V、15 V、30 V 电压处理的 SLIPS 表面上舟形藻数量逐渐减少，且 SLIPS 表现出长期的抗黏连性能。此外，SLIPS 可以提高 TC4 合金的耐腐蚀性。因此，这种具有优异的耐污垢和抗腐蚀性能的 SLIPS 可应用于钛合金或其他合金，以扩大其在海洋领域的应用范围。

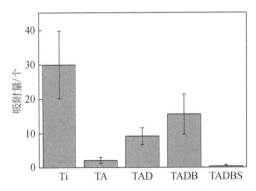

图 6-15 已处理钛片与 SBMA 的反应过程

图 6-16 Ti、TA、TAD、TADB 和 TADBS 在 5×10^5 个/ml 的羽状舟形藻溶液中浸泡 3 h 后表面吸附的硅藻数量（实验试样大小均为 1 cm×2 cm）

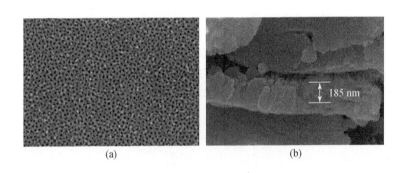

(a)   (b)

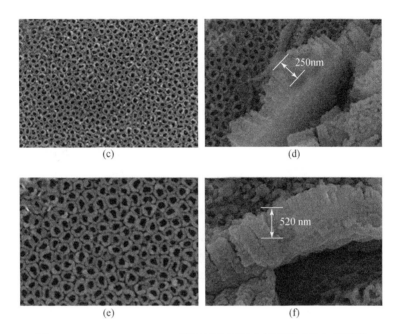

图 6-17　Ti-6Al-4V（TC4）阳极膜在不同电压下形成的扫描图像
(a)（b) 10 V；(c)（d) 15 V；(e)（f) 30 V

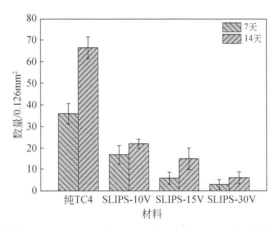

图 6-18　培养 7 天和 14 天后在纯 TC4 合金与 SLIPS 上的平均舟形藻数量

6.2.4　低表面能涂层

　　海洋生物附着机理极其复杂，防污涂料的防污效果亦受诸多因素的制约。海洋生物在物体表面上的附着首先是分泌一种黏液，润湿物体表面，并在其上分散，然后通过化学键合、静电作用、机械连锁及扩散作用四种机理之一或几种组合进行黏附。但实际上，一切涂料上面都会产生附着，因为不可能消除造成附着的一切因素。所以要设法使设计的防污涂料具有弱的附着界面，尽量减少附着并以此为基础设计便于清理污损物的涂料体系。

传统的毒性防污涂料一般只对某些海洋生物有抑制作用，但随着毒性物质的不断释放，其防污效果会逐步下降。物理作用表现为固体表面自由能越低，附着力越小，固体与液体表面的接触角就越大。由于该类涂料具有很低的表面能，海洋生物难以在上面附着，即使附着也不牢固，在水流或其他外力作用下很容易脱落。因此，低表面能防污涂料可防止各种海洋生物的附着，不存在毒性物质的释放，能起到长期防污的作用。低表面能防污涂料也称为无毒污损物脱落型防污涂料，由于其上的附着界面非常弱，利用自重、航行中水流的冲击或辅助设备的清理可以轻易除去污损物。低表面能防污涂层的防污机制是依靠有特殊表面特性的涂料，使海洋生物很难在其表面生长，即便附着在涂层表面，也会因为附着生物体与涂层之间的附着强度太弱，在海水流动的情况下易于脱落。作为低表面能的涂层应该具有备以下特点：①表面活性基团充足，能够较为自由地迁移到表面；②涂层表层的光滑度要达到分子级别，从而防止生物黏附物利用机械渗透作用进入涂层内部；③具有较高的主链及表层活性链的分子迁移速率；④对于可发生断裂机制改变的涂层，涂层厚度要适当；⑤对于长期在海水环境中使用的涂层应具有物理和化学稳定性。

目前应用的低表面能材料主要是有机硅系列和有机氟系列材料。这类涂料完全不含毒剂，从环保的角度讲是一种理想的选择。有机硅是指有机聚硅氧烷，其表面能很低、憎水性强，且结构极其稳定，即使在水中长期浸泡，结构变化也很小。有机硅系列防污涂料一般不需要添加颜料、呈透明状，与通常的涂料相比，具有更平滑的表面。有机硅系列化合物包括有机硅树脂、硅橡胶及其改性物质等。有机氟系列防污涂料是指将氟化物作为填料添加到其他树脂中制成高性能涂料、在聚合物中添加氟化物表面活性剂和利用氟聚合物和一些大单体聚合物制备含氟树脂涂料。科学家在研究低表面能防污涂料的过程中发现，有机氟与有机硅各自具有优缺点，氟树脂临界表面能较低，力学性能较好，但是氟树脂是刚性聚合物，表层污损生物的脱落需要较高能量，而且价格昂贵。有机硅树脂的价格低于氟树脂，但其防污性能和力学性能较差。因此，有人将有机硅、有机氟配用，制得一种新型的低表面能防污涂料——以氟代聚硅氧烷为基料的防污涂料。美国已有专利介绍了硅-氟树脂低表面能防污涂料产品，具体做法是以三甲基甲硅烷封端的聚甲基氢硅氧烷与九氟己烯在催化剂存在下反应制得低表面能防污涂料[35]。据称该涂料防污期很长，但尚缺乏实船使用报告。为了兼顾防污性能和涂层机械性能，各种树脂通常用有机硅或氟化物来进行改性，其中报道较多的是丙烯酸树脂。环境友好型防污涂料是未来防污涂料发展的方向，与生物防污剂、导电防污涂料、硅酸盐防污涂料等无毒防污涂料相比，低表面能防污涂料对海洋环境更友好，性价比更高。但截至目前，有机硅系列和有机氟系列低表面能涂料由于其各自不同的特点，仍没有得到广泛的应用。单纯的低表面能防污涂料往往只能使海洋生物附着不牢，需定期清理。附着生物一旦长大将很难除去，且清理过程中会破坏漆膜，因而目前其应用范围有很大的局限性，多应用于高速船，而对难以定期上坞清理的大型船只尚无法应用。随着涂料技术的不断发展，诸如有机氟改性、有机硅防污涂料等集两种甚至多种防污机理于一身的新型低表面能防污涂料将成为未来防污涂料开发的重点，进一步提高低表面能防污涂料的广谱性、高效性也是此类防污涂料研究的主要方向。

肖俊[36]从自然界中具有超疏水与自清洁性能的植物出发，借鉴具有优异自清洁与超疏水性能的荷叶表面，进行了新型无毒低表面能与表面微结构相结合的防污涂层研究。通过有机氟与有机硅单体对环氧树脂进行了化学改性，制备出了性能优异的基体树脂，作为仿照荷叶的疏水蜡状物质。以微米级与纳米级填料辅助，形成类似荷叶表面的微米纳米二级乳突结构。具体方法是通过对有机硅–有机氟–环氧树脂三体系复合的新型低表面能改性树脂三个部分树脂用量进行优化，得到了附着力为1级，与水接触角达到96°的新型低表面能树脂。在表面微结构构建方面，采用直接成膜法配合微纳米级填料构建表面微结构，制备了具有类似荷叶表面的新型防污涂层。为提高纳米二氧化硅在高分子聚合物中的分散性，并赋予其突出的疏水性，他采用硅烷偶联剂与羟基氟树脂作为改性剂对纳米二氧化硅进行了表面协同改性。探讨了改性温度与改性剂用量对改性效果的影响，得出改性温度为70～80 ℃，硅烷偶联剂的用量为纳米粉体质量的5.1%，羟基氟树脂用量在纳米粉体质量的4%左右，改性效果最佳，其活化率达到96%以上，改性后纳米粒子与水的接触角在150°以上。结合改性低表面能树脂与改性纳米二氧化硅，采用直接成膜法与微米、纳米级填料填充作用进行了仿荷叶表面微结构涂层的制备。对成膜过程中溶剂体系的挥发速度与纳米粉体用量对表面微结构的影响进行了分析，优化得出以二甲苯∶醋酸丁酯∶甲基异丁基酮＝7∶2∶1的复合溶剂体系作为涂料溶剂。通过对涂料常规力学性能与疏水性能的测试，对改性树脂与微纳米粉体的用量进行了优化，得到在改性树脂∶纳米粉体∶微米粉体＝1∶0.3∶0.15的比例下涂膜的综合性能最佳。此时涂膜接触角为137°，表面能为3.99 mN/m，柔韧性为1 mm，硬度为3 H。

6.3　功能涂层构筑

海洋防污涂层技术最初是利用沥青、焦油、石蜡、重金属（铅）或有毒的（砷基）涂料。至20世纪60年代开发出传统的三丁基锡基涂料，该涂料在使用过程中对海洋生态造成了诸多环境问题，从2008年起已经被国际海事组织全面禁用。随之产生以铜基为主，包含其他金属基的防污涂料，尽管这类涂料同样存在着许多环境问题，但仍是当前民用船舶防污涂料的主要来源。随着对环境的逐渐重视和科技的进步，越来越多的研究人员致力于寻找开发新型环保的防污添加剂，如从天然的生物中提取有机物或是人工合成有机物等。近年来，化学活性涂料带来的环境问题日益显著，环境友好型的硅基、氟基、酶基等涂料得到广泛应用。同时，为了延长环境涂层的使用寿命并提高涂层中活性剂的使用效率，pH响应、酶响应、温度响应，自修复等涂层也应运而生，且具有十分广阔的应用前景。

最常见的细菌响应机制包括pH响应和酶响应两种。细菌代谢产生酸性物质，如乳酸和醋酸，直接导致环境的pH下降。利用这种现象，已经开发了几种pH响应型抑菌涂层。

Zhuk 等[37]通过层层自组装法结合带正电荷的抗生素（庆大霉素、妥布霉素和多黏菌素B），与聚阴离子对应物（单宁酸），形成抑菌 PEMs 膜。在酸性条件下，根据 pH 降低程度，可以控制涂层释放抗生素的量。该涂层释放的驱动力主要是 PEMs 中的电荷平衡，涂层的释放动力学主要受分子间相互作用强度的影响。硫酸庆大霉素中对 pH 敏感的亚胺键与纳米粒子结合，而纳米粒子通过酰胺键与钛结合，这种通过对药物进行改性或改变基质材料的方法，可以获得更好的通用性。另一个常见的方法是使用细菌产生的酶来降解或分解涂层上的结合抑菌剂。虽然 pH 触发法不能区分不同菌株，但酶触发途径提供了为特定物种开发特定触发物的可能性。迄今为止，有部分酶触发释放的例子已经被报道，大多数都涉及抑菌化合物通过酶切断与底物的价键结合，其中包括凝血酶敏感肽连接部分和酸酐键可被脂肪水解酶切断。

　　几十年来，刺激响应材料在生物医学领域已经展开了大量研究，应用领域包括自修复涂层、微型/纳米传感器、促动器和药物释放系统等。聚合物和基于聚合物的水凝胶可以在特定的触发下发生体积变化（膨胀、收缩或弯曲）、结构变化或键断裂，从而导致药物从基质中洗脱，实现刺激响应作用。尽管如此，这些材料仍然很少被用于防污抑菌涂料。对外界刺激响应的材料通常具有很强的信号控制能力，不受扩散的限制，因此具有良好的生物活性涂层应用潜力。它们能够产生"按需"抑菌效果并延长涂层的使用寿命。因此，近十年有大量基于电、超声波、光热、磁性，以及机械触发的抑菌释放系统等被报道。刺激触发涂层面临的主要挑战是在多个周期内实现有效剂量的释放，并尽量减少表面的非触发性基材的浸出。对响应型防污涂层的设计而言，利用细菌本身的刺激响应，设计响应型智能防污涂层，"按需"释放防污剂，可以最大程度提高杀菌物质的杀菌效率并延长涂层的使用寿命。

6.3.1　pH 响应涂层表面构筑

　　生物污垢的形成主要从细菌沉降、生长开始，再发展成为生物膜。由于细菌大量繁殖会改变周围微环境，细菌触发材料（如酶或 pH 触发涂层）的设计已被逐步开发，从而达到控制防污剂释放的目的。酶通常对细菌具有选择性，因此酶的响应性释放局限性较大。相比而言，基于细菌代谢产生的酸性物质，如乳酸和醋酸等，能够导致环境 pH 立即下降。因此，pH 响应智能控释涂层的开发具有十分广阔的应用前景。Hao 等[38,39]以 CAP 和 CS 为原料制备出了具有 pH 响应性能的纳米胶囊，其在碱性溶液中表现出显著的 CAP 控释性能，且具有良好的 pH 响应抑菌防污性能。CAP@CS 纳米胶囊可作为聚阳离子电解质，通过选取适当的聚阴离子电解质与之配合，利用层层自组装法来开发制备具有防污性能的智能涂层。对该类聚电解质涂层而言，在聚阳离子电解质固定的情况下，聚阴离子电解质的电负性对涂层的制备过程起至关重要的作用。

　　对聚阴离子电解质而言，电负性的区别主要来源于含氧官能团类型和数量的不同。因此，他们分别选取了三种常见的含有不同含氧官能团的聚阴离子电解质作为代表，PEG、PVA 和 Alg 与 CAP@CS 纳米胶囊配合，通过理论计算对比不同含氧官能团电荷分布差异。

使用基于 DFT 的 Dmol 软件包对结构进行优化计算，使用 LDA-PWC 型交换关联泛函，对团簇模型进行计算。出于对实际情况的考虑和计算方便等需要，建立三个链节的团簇模型。对模型进行电荷密度作图分析，作出最佳对称平面上的电荷密度分布图，如图 6-19 所示，可以直观看出分子中原子的电荷密度变化。可以发现越靠近氧原子的部分电荷分布越为集中，且 PEG、PVA 和 Alg 三种聚阴离子电解质中的含氧官能团呈现的规律基本一致。通过理论计算得到 PEG、PVA 和 Alg 三种聚阴离子电解质中不同含氧官能的氧原子表面电荷差异。通过 Zeta 电位仪表征三种聚阴离子电解质 Zeta 电位，结果证实，聚阴离子电解质中含有羧基越多，含氧官能团越丰富，电负性越强。结果表明，Alg 电负性最强，PVA 次之，PEG 最弱。

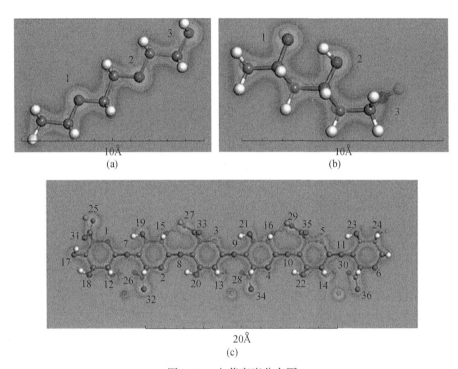

图 6-19　电荷密度分布图

（a）PEG、（b）PVA 和（c）Alg 三个链节团簇模型电荷密度分布图

Hao 等采用层层自组装法制备了 pH 响应（PEG/CAP@CS）$_m$、（PVA/CAP@CS）$_m$ 和（Alg/CAP@CS）$_m$ 聚电解质涂层，并对其杀菌性能、pH 响应性能和长效抑菌性能等进行了研究。在制备过程中，首先利用 PDA 对基体表面进行修饰，之后将基体在 PEG（或 PVA、Alg）和 CAP@CS 溶液中交替浸泡 10 次或 20 次，洗净吹干后得到 10 层和 20 层两种不同厚度的聚电解质涂层。在研究中三种涂层均表现出了对大肠杆菌、金黄色葡萄球菌和铜绿假单胞菌优异的抑菌性能，其杀菌率分别为 92.90%、94.94% 和 95.27%。同时，在不同 pH 溶液中浸泡震荡一段时间后，可以发现该涂层具有十分显著的 pH 响应性能，在酸性条件下涂层内的 CAP 释放十分迅速，在碱性条件下则始终保持较低的释放速率（图 6-20），且由

于聚阴离子电解质与 CAP@CS 间的氢键作用，在一定程度上限制了 CS 的质子化和去质子化作用，较游离的 CAP@CS 而言，进一步减缓了 CAP 的释放速率。对于（Alg/CAP@CS）$_{20}$、（PEG/CAP@CS）$_{20}$ 和（PVA/CAP@CS）$_{20}$ 聚电解质涂层在 pH 8.5 环境中震荡浸泡 60 天后，对铜绿假单胞菌仍然具有 90.35% 以上的杀菌率，且（Alg/CAP@CS）$_{20}$ 涂层抑菌效果最优，表明三种涂层在海洋环境中均具有良好的控释效果。而在 pH 4 条件下，CAP 迅速释放，表明该涂层在细菌大量繁殖后具有良好的释放 CAP 作用，从而解决了船体在停泊状态下生物污损过程加剧的问题。相比（PEG/CAP@CS）$_{20}$ 而言，（PVA/CAP@CS）$_{20}$ 在强酸环境中表现出更为灵敏的 pH 响应作用，而（Alg/CAP@CS）$_{20}$ 相比另外两种体系的涂层在酸性条件下的控释最为显著。因此，所制备的 CAP@CS 聚电解质涂层为未来防污涂层的发展提供了十分重要的思路，具有十分广阔的应用前景。

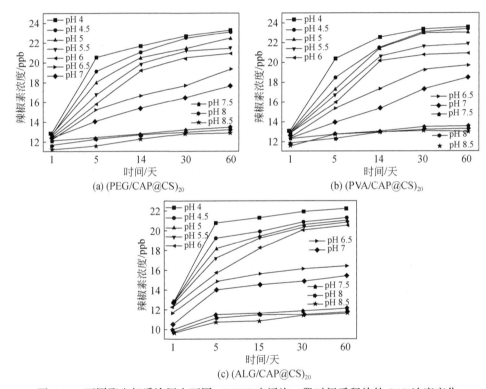

图 6-20 不同聚电解质涂层在不同 pH PBS 中浸泡一段时间后释放的 CAP 浓度变化

6.3.2 酶响应涂层表面构筑

近年来，由人类接触、受污染的水库、食物中毒和医疗等原因引起的细菌爆发越来越普遍，因此抑菌涂层的开发和研究越来越普遍，同时也具有十分重要的价值和意义。目前来讲，由于生物技术方法学、材料科学和环境微生物学等方面的发展和进步，以及对环境微生物学的日益了解，现有多种方法可用于设计具有抗菌性能的表面。但与此同时，抑菌涂料中防污剂浸出和毒性问题也使其应用受到了一定限制。采用酶防污剂就是一个不错的选择，它既对环境无害，又具有抑制生物污损的良好效果，且在海水里不到 12 天时间就会发生 100% 降解，因此不污染海洋环境[40]。酶以各种各样的机制来用作防污剂，如能降解污损生物，或降低其附着力，或产生其他杀生物化合物。酶是一种具有催化活性的蛋白质，在自然界，它无所不在，根据各种酶所催化的化学反应类型可把酶分为六大类，即水解酶、氧化还原酶、转移酶、裂合酶、异构酶和连接酶。酶以四种不同的方式来影响海洋污损生物的固着和附着。首先，它能攻击固着的生物黏结胶，这样就阻止了固着事件的发生；其次，酶可以降解因蔓延的固着生物所形成生物膜基质[40]；再次，酶会促进表面上的防污化合物的释放，不管这些化合物是无毒还是有毒，它们是在该处产生的，所以它们要比常规杀生物剂稳定性差得多，因此便解决了有害化学品的生物累积问题；最后，在表面群居期间的细胞间传递可通过专门的酶来阻断传递。

与微生物膜的形成一样，许多研究认为海洋有机物通过蛋白质或者糖蛋白等生物附着物黏附在船体表面。例如，在绿藻、硅藻和甲壳类动物的附着过程中，糖蛋白、碳水化合物和蛋白质就起到重要作用。考虑到蛋白质的特性，可以用蛋白酶来分解这些附着物质，以降低微生物的附着能力。在各种水环境下的研究中，使用含有蛋白酶的溶液可以有效防止微生物附着。Kristensen 等[17]研究了含有淀粉、葡萄糖淀粉酶和己糖基转化酶的防污涂层，这种涂层在水环境下可以产生过氧化氢，在各种抗附着测试中，这种涂层可以有效阻止微生物膜的产生。但在充满过滤海水的微生物膜反应装置中，并没有出现相同的结果，有涂层的表面附着微生物数量并没有明显减少，Kristensen 等认为这是一些死亡细胞的物理吸附造成的。

另外，在木船的涂装实验中，含酶涂层的防污效果要好于商用的自抛光涂料，含酶涂层的主要作用是阻止甲壳类生物长大，在经过大约 4 周后，附着生物开始增多，经过剪切力测试，证明含酶涂层表面附着的甲壳类生物和黏液与硅藻要少于自抛光涂层，它的防污机理主要是由于 H_2O_2 的释放。然而，这种方法的缺点是微生物腐蚀造成的膜会减少 H_2O_2 释放量并加重污损。早期研究表明，污损生物主要通过生物分子（如蛋白质）与材料表面接触，因此依靠生物酶涂层的方法便应运而生。2009 年，Tasso 等[41]制备了马来酸酐共聚物薄膜，并利用蛋白酶表面功能化，这种酶涂层对于海洋微生物附着，尤其是绿藻和硅藻的附着具有很好的效果。

溶菌酶是 Alexander Fleming 在 1921 年检测到的一种无毒防污剂[42]，该物质广泛存在于哺乳动物的乳汁、禽蛋白、唾液和眼泪中。与常见的防污剂（如银和强氧化剂）相比，溶菌酶对环境十分友好并且高效，对人体无害。溶菌酶通过特异性地催化 N-乙酰氨基葡萄糖的 C-4，以此来破坏对细菌具有保护作用的细胞壁。其中，该位置是链接 1，4-β-乙酰氨基葡萄糖和 N-乙酰胞壁酸上 C-1 的重要部分。通过此催化作用，可以使细菌细胞壁发生不可逆的破坏，从而杀死细菌。其中一种与之相似的酶为蛋清溶菌酶（cLY），它由 129 个氨基酸残基组成。cLY 对革兰氏阳性细菌（如金黄色葡萄球菌）等有良好的杀菌作用。但是，使用游离的溶菌酶作为防污剂受到酶稳定性和可重复使用性的限制。通过将 cLY 与其他材料进行复合后，可以有效激发 cLY 对革兰氏阴性菌的杀菌作用，如对大肠杆菌的杀菌作用。例如，为了增强杀菌效果，可以将 cLY 固定到 PDA 薄膜的表面、rGO 和功能化的石墨烯表面以及多壁碳纳米管上等。Hao 等[43] 将 PDA 的黏附性能与 GO 的杀菌性能、载药平台效应相结合，继而固定 cLY，制备一种复合载酶的抑菌涂层。首先利用静置浸泡的方法，在基体表面涂覆一层 PDA 膜，然后在不同条件下，在表面处理后的基体上沉积不完整的 GO 层，在沉积过程中，由于 PDA 的弱还原作用，GO 被部分还原成 rGO。最后将 cLY 固定到复合 PDA/rGO 涂层表面。同时他们对 PDA/rGO-cLY 表面进行了 SEM 检测以确定其结构形态。图 6-21（a）和（b）为 PDA/rGO 膜的 SEM 图像。由图可知，GO 可以在 PDA 膜上均匀铺展开，并且可以清楚地观察到一些褶皱。褶皱部分在图 6-21（b）中展示得更为清晰，这是由 rGO 边缘的羧基引起的，与此同时，rGO 表面上的部分羟基可以与 PDA 上的氨基和部分羟基相互作用。GO 的引入会给涂层带来大量的褶皱，从而提高复合膜的比表面积，增加膜层的载酶量。同时，rGO 带有的官能团也可以为后续 cLY 的负载提供更丰富的活性位点。因此，与 PDA 膜相比，PDA/rGO 复合膜上可以为 cLY 提供更多的固定位点。从图 6-21（c）可以看出，在视野内 rGO 褶皱的附近有白色物质聚集，表明这些位置是酶富集的区域。为了更好地观察边缘的载酶情况，将局部区域放大后如图 6-21（d）所示，可以看出在 rGO 边缘有大量白色球状物质（cLY）聚集。因此，rGO 的引入可以很好地提升复合膜载的载酶量。cLY 的固定主要通过静电相互作用和氢键相互作用。通过平板菌落法，PDA/rGO-cLY 复合膜对革兰氏阴性菌（大肠杆菌）也能够表现出优异的杀菌性能。在 PDA/rGO-cLY 复合膜中，cLY 和 rGO 具有协同杀菌性能，因此其杀菌效果明显优于 PDA-cLY 复合膜。通过细菌形貌照片的对比（图 6-22），可以明显看出细菌的致死情况包括 cLY 造成的细胞膜溶解损伤和 rGO 边缘造成的切割损伤。该复合膜在 18 h 后仍然可以表现出显著的杀菌性能（图 6-23）。在该复合膜中，PDA 和 GO 结合后可以有效地固载并提高 cLY 的活性区间，使 PDA/rGO-cLY 膜在 pH 7 周围环境中依旧能够表现出出色的杀菌作用。通过将 cLY 固载在其他材料上，可以有效地稳定酶的活性，并在一定程度上扩大酶活性区间。PDA/rGO-cLY 复合膜的开发为酶的开发和利用提供了新的思路。将不同的酶固定在某些特定材料表面，可以拓宽酶在抑菌杀菌领域中的应用。

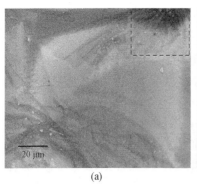

(a)　　　　　　　　　　　　　　　(b)

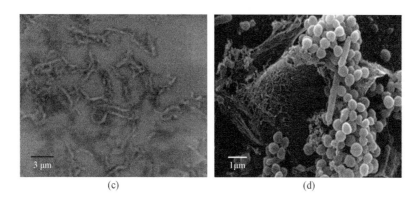

图6-21 PDA/rGO 和 PDA/rGO-cLY SEM 图像

（a）和（b）PDA/rGO 膜 SEM 图像；（c）和（d）PDA/rGO-cLY 膜的 SEM 图像

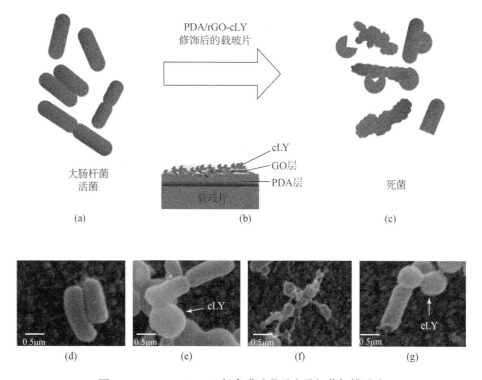

图6-22 PDA/rGO-cLY 复合膜杀菌示意及细菌扫描照片

（a）大肠杆菌活菌示意；（b）PDA/rGO-cLY 复合膜示意；（c）被 PDA/rGO-cLY 复合膜杀死后的大肠杆菌示意；
（d）大肠杆菌活菌扫描电镜照片；（e）cLY 刚刚接触大肠杆菌时的扫描电镜照片；（f）经过 cLY 作用一段时间之后的
大肠杆菌扫描电镜照片；（g）被 rGO 边缘损伤后的大肠杆菌扫描电镜照片

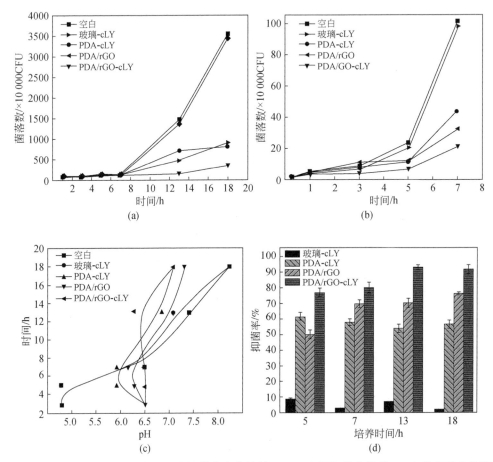

图 6-23　（a）大肠杆菌在培养 18 h 内的菌落变化情况；（b）大肠杆菌在培养 7 h 内的菌落变化情况；
（c）在大肠杆菌培养 18 h 内溶液环境的 pH 变化情况；（d）大肠杆菌经过玻璃-cLY、PDA-cLY、
PDA/rGO 和 PDA/rGO-cLY 膜处理 5 h、7 h、13 h 和 18 h 的杀菌率情况对比

6.3.3　温度响应涂层表面构筑

温度响应型材料是一种能够感应外界温度的变化进而发生预定响应的刺激响应型材料，也就是说外界温度发生变化能够促使材料的微观结构发生预定的响应变化，从而使其宏观性能随之发生相应的变化。温度响应是最为常见的一种响应，而且离我们的生活最近。因此对温度响应型材料的研究具有非常重要的现实意义。当前，温度响应型材料在水凝胶、药物释控系统、分离萃取、活性酶的固定及免疫分析和组织工程等领域有较为广泛的应用。在这些应用领域中最为常见的温度响应型物质主要有聚 N-异丙基丙烯酰胺和聚 N，N-二乙基丙烯酰。它们都是通过氢键与疏水作用协同合作而达到温度响应的目的。

温度响应型聚合物或水凝胶中含有一定比例的疏水和亲水基团，温度的变化会影响这

些基团的疏水作用以及大分子链间的氢键作用，从而引起结构的变化，水凝胶还会伴随有体积相变。孙以实和佟水心[44]、Inomata 等[45]分别用不同的 N-取代基的丙烯酰胺合成了水凝胶，这些水凝胶在水溶液中具有低温溶胀、高温收缩的温度响应性。聚丙烯酰胺中 N-取代基的疏水性越强，数量越多或体积越大，凝胶的相转变温度越低，同时在 LCST 处产生的体积变化越大，温度响应性表现得越明显。孙以实和佟水心[44]认为这些水凝胶在 25 ℃ 下剪切模量的差别主要是由它们在该温度下平衡溶胀度的不同所造成的。Inomata 等[45]认为水凝胶中大分子侧基的疏水作用是水凝胶能够感知温度变化的关键因素。

6.3.4 多功能防污涂层表面构筑

海洋生物污损是一个全球性的问题。细菌、藻类和软体动物等会在所有浸入海水环境中的基体表面进行附着。尽管近些年开发了大量防止生物附着沉降的防污涂层，但海洋环境中涂层的维护成本过高，且涂层使用寿命较短，其中一个影响防污涂层使用寿命的主要问题是防污剂释放过快。此外，在海洋环境中，砾石冲刷或珊瑚礁撞击等行为可能会对防污涂层造成损伤，而损伤的位置会导致基体完全暴露在海洋生物环境中，进而导致涂层失效。这种不可抗拒的物理损伤对涂层的使用寿命有着至关重要的影响。而涂层的自我修复能力可以有效减少这种不可抗拒因素造成的损失。因此，对于确保受损部分能够在短时间内完成自我修复，以防止海洋生物的附着固定是至关重要的。提高涂层杀菌效率和开发具有自修复性能的涂层是提高防污涂层性能的主要措施。研究人员从自然界中汲取灵感，研究开发了自修复材料。在近十年间，自修复材料作为发展起来的新兴材料得到了广泛关注，尤其是在防腐、抑菌等领域，这种智能体系可以利用其内置资源修复损伤，因此具有十分广阔的应用前景。尽管自修复涂层作为一种智能材料，但其愈合时间长、制备工艺复杂，目前应用于防污防护等领域的自修复涂层的开发仍处于初级阶段。自修复涂层主要包括外援型自修复涂层和本征自修复涂层。对外援型涂层而言，根据添加交联复合材料的形状和直径的不同，可分为胶囊型愈合系统、血管愈合系统和其他容器的愈合系统。这种涂料的核心原理是将高活性交联材料用聚合物包覆，均匀地放入涂料中。当涂层受损时，胶囊会释放压力、温度和酸碱度变化所触发的活性物质或者胶囊直接与涂层一起破损。对于此类涂料，高活性材料的稳定性和性能直接影响到涂料的自修复性能。自修复性能来自于添加的药剂，涂层本身不具备这种自修复能力，因此在制备这些涂层时必须考虑到分散性，以确保损坏后每个破损处都能得到修复。另一个问题可能是微观区域的结构变化。当容器破裂释放活性材料后，涂层局部的机械性能可能受到影响。对本征自修复涂层而言，通常有以下几种方法可以实现材料的自修复功能。根据自修复机制，可分为动态共价键、氢键、金属配位、离子相互作用、超分子主客体相互作用、非共价相互作用和主客体相互作用等。

延长抑菌防污涂料使用寿命的另一个重要考虑是制备自修复膜。PEI（聚醚酰亚胺）和 PAA 是制备聚电解质复合膜的常用材料，由于其重排和可逆的非共价相互作用，该复合膜具有独特的自修复性能。Syed 等[46]的研究结果表明，在生理盐水中浸泡后，PEI 的自愈性增强，但对皮肤和人体健康有一定的危害。而 DA 作为一种无毒、环保的聚阳离子电解质材料，可以取代 PEI，制备聚电解质复合膜。DA 具有独特的黏附能力，即使在潮湿、盐水和湍流环境中也能通过聚合形成 PDA 而黏附在有机与无机表面上。PDA 可以通过与带有负电荷分子（如 Alg 或 PAA 等）之间的静电相互作用来修饰基质材料。Alg 主要是从海藻或马尾藻中提取的无毒副产物。目前，已被用作治疗黏膜组织的药物载体，并得到了广泛的研究和应用。此外，当 Na+、Ca2+ 和 Sr2+ 等阳离子存在于溶液中时，可与 PDA 形成交联结构，其中 Na+ 和 Ca2+、Sr2+ 可以参与离子交换反应，促进薄膜的自愈合过程。

Hao 等[38]通过层层自组装的方法成功制备出 pH 响应型自修复（PDA/Alg-CAP@ CS-$n)_m$ 聚电解质防污抑菌涂层。涂层的 pH 响应杀菌性能是利用在涂层中添加 CAP@ CS 纳米微胶囊实现的。CS 作为可以被细菌刺激的开关，起到控制 CAP 释放的作用。在海洋环境中，细菌繁殖的数量和情况不同，会引起周围环境 pH 变化的不同，从而影响 CAP 的释放行为。相应地，（PDA/Alg-CAP@ CS-$n)_m$ 聚电解质涂层在酸性环境中会导致 CAP 释放速率的增加；而在碱性环境中从涂层中释放出的 CAP 速率则可以保持在很低的水平。制备的（PDA/Alg-CAP@ CS-$n)_m$ 聚电解质涂层对大肠杆菌、金黄色葡萄球菌和铜绿假单胞菌均呈现出优异的杀菌性能。其中，涂层对金黄色葡萄球菌的杀菌效果最好，大肠杆菌次之，铜绿假单胞菌较弱。在（PDA/Alg)$_m$ 中添加不同比例的 CAP@ CS，可以得到（PDA/Alg-CAP@ CS-8)$_{20}$ 聚电解质涂层的杀菌效果最好。该涂层在碱性 PBS 中浸泡 60 天后，依旧表现出对金黄色葡萄球菌和铜绿假单胞菌优异的杀菌和防污性能，通过对比（PDA/ALG-CAP)$_{20}$ 的长效杀菌效果，可以得出 CS 在涂层中控制 CAP 释放方面起着至关重要的作用。为了验证（PDA/Alg-CAP@ CS-$n)_m$ 的自修复性能，他们选用（PDA/Alg-CAP@ CS-8)$_{20}$ 进行了划伤性实验（图 6-24），（PDA/Alg-CAP@ CS-8)$_{20}$ 涂层在人造海水具有良好的自愈合性。经过研究发现，涂层在损伤修复前后杀菌性能没有太大变化，仍然具有十分优异的杀菌和防污性能，只有在修复过程中含有少量的 CAP 损耗（图 6-25）。证明该涂层的自修复作用可以有效缓解由涂层不可抗物理损坏造成的过早失效问题。其研究为未来开发多功能海洋防污涂层提供了新的研究思路。通过在涂层中引入细菌响应剂来控制防污剂的释放行为，并且构筑具有自我修复功能的涂层，可以进一步延长防污涂层在复杂的海洋环境中的使用寿命。

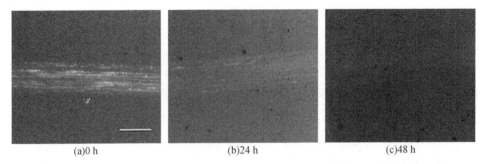

| (a)0 h | (b)24 h | (c)48 h |

图 6-24　（PDA/Alg-CAP@ CS-8)$_{20}$涂层在人工海水中的愈合过程的显微镜照片

（a）图层上原始刮伤宽度约为 20 μm 的显微镜照片；（b）在浸入人造海水 24 h 后的显微镜照片；
（c）人工海水溶液中浸泡 48 h 后的显微镜照片，比例尺为 20 μm

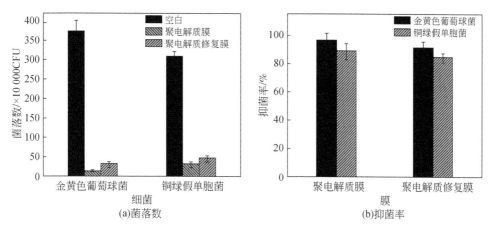

图 6-25　Luria-Bertani 培养基中细菌的菌落数量和抑菌率

随着人们对环保、安全、无毒材料的关注和开发，海洋防污涂层的安全性和可靠性得到了越来越多的重视。因此，随着研究的进步，开发环境友好型防污剂，如无毒环保的天然防污剂在近几年获得了大量的关注。但由于防污涂层中杀生物剂在前期释放速度较快，在一定程度上会造成涂层使用寿命的降低和杀生物剂的浪费。此外，静止停泊过程有利于污损生物的附着，但防污成分的释放却较航行情况下更低。不仅如此，杀生物剂过量释放进入海水环境，导致海洋环境污染严重。与此同时，防污剂释放速率的不可控使其服役效率远低于其可能发挥的最高效率，这也是经济成本较高的重要原因之一。因此，开发环境友好且智能响应（如细菌可触发）的防污剂、杀菌涂层具有十分深远的意义和巨大的实际应用价值。

参 考 文 献

［1］ Jiang S, Cao Z. Ultralow-fouling, functionalizable, and hydrolyzable zwitterionic materials and their derivatives for biological applications. Advanced Materials, 2010, 22（9）: 920-932.

［2］ Cook A, Sagers R, Pitt W. Bacterial adhesion to poly（HEMA）-based hydrogels. Journal of Biomedical Materials Research, 1993, 27（1）: 119-126.

［3］ Rasmussen K, Østgaard K. Adhesion of the marine fouling diatom amphora coffeaeformis to non-solid gel surfaces. Biofouling, 2001, 17（2）: 103-115.

［4］ Liu M, Wang S, Wei Z, et al. Bioinspired design of a superoleophobic and low adhesive water/solid interface. Advanced Materials, 2009, 21（6）: 665-669.

［5］ Marmur A. Super-hydrophobicity fundamentals: implications to biofouling prevention. Biofouling, 2006, 22（2）: 107-115.

［6］ Watanabe K, Udagawa Y, Udagawa H, et al. Drag reduction of newtonian fluid in a circular pipe with a highly water-repellent wall. Journal of Fluid Mechanics, 1999, 381: 225-238.

［7］ Ou J, Perot B, Rothstein J, et al. Laminar drag reduction in microchannels using ultrahydrophobic surfaces. Physics of Fluids, 2004, 16（12）: 4635-4643.

［8］ Liu T, Yin B, He T, et al. Complementary effects of nanosilver and superhydrophobic coatings on the prevention of marine bacterial adhesion. ACS Applied Materials & Interfaces, 2012, 4 (9): 4683-4690.

[9] Xie L, Hong F, He C, et al. Coatings with a self- generating hydrogel surface for antifouling. Polymer, 2011, 52 (17): 3738-3744.

[10] Voronov A, Kohut A, Peukert W, et al. Invertible architectures from amphiphilic polyesters. Langmuir the Acs Journal of Surfaces & Colloids, 2006, 22 (5): 1946-1948.

[11] 朱立凯. 两性纳米粒子的制备及其在海洋防污涂料中初步应用研究. 哈尔滨: 哈尔滨工业大学硕士学位论文, 2016.

[12] Krishnan S, Ayothi R, Hexemer A, et al. Anti- biofouling properties of comblike block copolymers with amphiphilic side chains. Langmuir the Acs Journal of Surfaces & Colloids, 2006, 22 (11): 5075-5086.

[13] Krishnan S, Weinman C, Ober C. Advances in polymers for anti- biofouling surfaces. Journal of Materials Chemistry, 2008, 18: 3405-3413.

[14] Noel R. Antisoiling composition for addition to the coatings of immersed bodies and coating containing it. FR2562554, 1985.

[15] Olsen S, Pedersen L, Hermann M, et al. Advances in marine antifouling coatings and technologies. Cambridge: Woodshead Publishing, 2009.

[16] Olsen S, Pedersen L, Laursen M, et al. Enzyme- based antifouling coatings: a review. Biofouling, 2007, 23 (5): 369-383.

[17] Kristensen J, Meyer R, Laursen B, et al. Antifouling enzymes and the biochemistry of marine settlement. Biotechnology Advances, 2008, 26 (5): 471-481.

[18] Hangler M, Burmølle M, Schneider I, et al. The serine protease Esperase HPF inhibits the formation of multispecies biofilm. Biofouling, 2009, 25 (7): 667-674.

[19] Feng W, Zhu S, Ishihara K, et al. Adsorption of fibrinogen and lysozyme on silicon grafted with poly (2-methacryloyloxyethyl phosphorylcholine) via surface-initiated atom transfer radical polymerization. Langmuir, 2005, 21 (13): 5980-5987.

[20] Moro T, Takatori Y, Ishihara K, et al. Surface grafting of artificial joints with a biocompatible polymer for preventing periprosthetic osteolysis. Nature Materials, 2004, 3: 829-836.

[21] 张金伟, 蔺存国, 许风玲, 等. 抗蛋白吸附材料及其在海洋防污领域的应用前景. 材料开发与应用, 2013, 28: 123-126.

[22] Scardino A, Harvey E, Nys R. Testing attachment point theory: diatom attachment on microtextured polyimide biomimics. Biofouling, 2006, 22 (1): 55-60.

[23] Scardino A, Guenther J, Nys R. Attachment point theory revisited: the fouling response to a microtextured matrix. Biofouling, 2008, 24 (1): 45-53.

[24] Berntsson K, Jonsson P, Lejhall M, et al. Analysis of behavioural rejection of micro-textured surfaces and implications for recruitment by the barnacle balanus improvisus. Journal of Experimental Marine Biology and Ecology, 2000, 251 (1): 59-83.

[25] Petronis Š, Berntsson K, Gold J, et al. Design and microstructuring of PDMS surfaces for improved marine biofouling resistance. Journal of Biomaterials Science, Polymer Edition, 2000, 11 (10): 1051-1072.

[26] Efimenko K, Finlay J, Callow M, et al. Development and testing of hierarchically wrinkled coatings for marine antifouling. ACS Applied Materials & Interfaces, 2009, 1 (5): 1031-1040.

[27] Yebra D, Català P. Redefining antifouling coating technology- Part 1. Materials Performance, 2011, 50: 40-44.

［28］ Corbett J，Winebrake J，Comer B，et al. Energy and GHG emissions savings analysis of fluoropolymer foul release hull coating. Energy and Environmental Research Associates，for International Paint，LLC，2011.

［29］ 许健翔，刘俊能. 吸收剂填充体系的反应特性研究. 宇航材料工艺，2001，31：58-60.

［30］ Foley R. Localized corrosion of aluminum alloys-a review. Corrosion，1986，42（5）：277-288.

［31］ Han X，Dou W，Chen S，et al. Stable slippery coating with structure of tubes and pyramids for inhibition of corrosion induced by microbes and seawater. Surface & Coatings Technology，2020，388：125596.

［32］ 张文毓. 钛及钛合金防污技术国内外研究现状. 全面腐蚀控制，2016，7：20-24.

［33］ 王彩萍. 钛表面有机复合膜的制备及防污性能研究. 青岛：中国海洋大学硕士学位论文，2014.

［34］ Wang Y，Zhao W，Wu W，et al. Fabricating bionic ultraslippery surface on titanium alloys with excellent fouling-resistant performance. ACS Applied Bio Materials，2018，2（1）：155-162.

［35］ Mera A E，Wynne K J. Fluorinated silicone resin fouling releasee compositeon. US Patent，6265515，2001.

［36］ 肖俊. 仿荷叶低表面能防污涂层的制备与性能研究. 大连：大连理工大学硕士学位论文，2014.

［37］ Zhuk I，Jariwala F，Attygalle A，et al. Self-defensive layer-by-layer films with bacteria-triggered antibiotic release. ACS Nano，2014，8（8）：7733-7745.

［38］ Hao X，Wang W，Yang Z，et al. pH responsive antifouling and antibacterial multilayer films with Selfhealing performance. Chemical Engineering Journal，2019，356：130-141.

［39］ Hao X，Chen S，Qin D，et al. Antifouling and antibacterial behaviors of capsaicin-based pH responsive smart coatings in marine environments. Materials Science & Engineering C，2020，108：11036.

［40］ 赵金榜. 酶防污涂料的探索及其发展前景. 中国涂料，2013，28：19-24.

［41］ Tasso M，Pettitt M E，Cordeiro A L，et al. Antifouling potential of Subtilisin A immobilized onto maleic anhydride copolymer thin films. Biofouling，2009，25（6）：505-516.

［42］ Fleming A. On a remarkable bacteriolytic element found in tissues and secretions. Proceedings of the Royal Society of London，1922，93（653）：306-317.

［43］ Hao X，Chen S，Zhu H，et al. The synergy of graphene oxide and polydopamine assisted immobilization of lysozyme to improve antibacterial properties. Chemistry Select，2017，2（6）：2174-2182.

［44］ 孙以实，佟水心. 温度敏感性水凝胶的溶胀特性与其结构的关系. 功能高分子学报，1990，3（3）：192-199.

［45］ Inomata H，Goto S，Saito S. Phase transition of N-substituted acrylamide gels. Macromolecules，1990，23：4887-4888.

［46］ Syed J A，Tang S C，Lu H B，et al. Smart PDDA/PAA multilayer coatings with enhanced stimuli responsive self-healing and anti-corrosion ability. Colloids & Surfaces A Physicochemical & Engineering Aspects，2015，476（5）：48-56.